인간 본성에 대하여

사이언스 클래식 20

On Human Nature
Edward O. Wilson

인간 본성에 대하여

에드워드 윌슨

이한음 옮김

인간 본성에 관한 이런 추론들이 추상적이고 이해하기 어려운 것 같지만, 그것들을 틀렸다고 말할 수 있는 근거는 없다. 오히려 현명하고 박식한 수많은 철학자들이 지금까지 회피해 왔던 것들이야말로 명료하고 간단하게 밝혀질 수는 없을 듯하다. 그리고 이 탐구가 얼마나 힘든 것이든 간에, 형언할 수 없을 만큼 중요한 이런 쟁점들에 관한 우리의 지식 자산을 조금이라도 늘릴 수 있다면, 유익함뿐만 아니라 즐거움의 측면에서도 충분한 보답이 있으리라 생각한다.

—데이비드 흄의 『인간 오성의 탐구』에서

추천의 말

너무 늦었다. 이 책은 적어도 20년 전에 번역이 되었어야 했다. 그런 책이 어디 이뿐이랴만 지금이라도 이렇게 우리 독자들 곁에 다가갈 수 있게 된 것을 무척이나 다행스럽게 생각한다. 그리고 어쩌면 번역이 너무 늦었다고 한탄할 일이 아닐지도 모르겠다. 만일 이 책이 20년 전에 번역되어 나왔더라면 이해는커녕 아무도 읽으려고조차 하지 않았을 것 같은 우려도 없지 않다. 사회는 물론 학계도 전혀 준비가 되어 있지 않은 시절이었으리라.

하지만 이젠 다르다. 이 책의 관점을 토론할 수 있을 만큼은 사회적인 분위기가 무르익었고 학문도 어느 정도 성장했다. 동성애자란 사실을 세상에 알린 어느 연예인이 비록 방송국에서는 외면을 당했을망정 사회는 그를 완전히 버리지 않았다.

이 책의 원본은 내가 도미하기 바로 전해인 1978년에 미국에서 출간되었다. 나는 사실 도미하기 전까지는 사회 생물학 또는 동물 행동학이라는 학문에 대해 전혀 아는 바가 없었다. 미지의 신대륙에 첫발을 내딛기 무섭게 이 책은 마치 열병처럼 나를 쓰러뜨렸다. 인간의 본성과 역사를 어쩌면 이렇게도 새로운 관점에서 볼 수 있단 말인가. 나는 지금도 그 병을 앓고 있다.

이 책의 저자이자 내 스승인 에드워드 윌슨은 원래 개미를 연구하는 곤충학자다. 이제는 대학 강단에서도 은퇴한 칠순의 노학자이지만, 그는 지금도 하루에 몇 시간씩 자신의 연구실에서 개미들을 관찰하여 논문을 쓴다. 일단 유명해지면 연구는 미련 없이 접어 버리는 우리 주변의 많은 학자들과는 근본적으로 다른 분이다. 그저 학문이 좋아 학문을 하는 사람과 학문을 출세의 수단으로 삼는 사람은 말년이 다르다. 누구의 손바닥에 싯구절이 남느냐에 따라 시인의 삶이 마름질되듯 학자의 삶도 훌륭한 저서와 논문으로 평가된다.

윌슨이 생물학 분야를 넘어 두루 광범위한 명성을 얻게 된 것은 그가 1971년 하버드 대학교 출판부에서 『곤충의 사회들(The Insect Societies)』이란 책을 펴냈을 때이다. 이 책은 물론 제목이 말해 주듯 곤충들의 사회생활에 관한 것이지만, 벌·개미·흰개미 등 이른바 사회성 곤충들의 행동과 그들이 구성하는 사회의 구조가 원숭이나 심지어는 인간의 사회적 행동과 근본적으로 다르지 않다는 점을 일깨워 생물학은 물론 다른 많은 학문에 상당한 자극이 되었다.

『곤충의 사회들』의 집필을 끝내자마자 윌슨은 바로 사회를 구성하고 사는 다른 모든 동물들에 관한 연구 논문들을 분석하기 시작하여 불과 4년 후인 1975년에 또 하나의 역작『사회 생물학: 새로운 종합

(*Sociobiology: The New Synthesis*)』을 내놓았다. 무려 2,000건이 넘는 참고 문헌과 50만 단어 이상을 함유하고 있는 이 방대한 저서는 사회 생물학이라는 새로운 학문을 여는 중대한 역할을 했다. 『곤충의 사회들』과 마찬가지로 『사회 생물학』 역시 대부분의 비평가들로부터 극찬을 받았으나 그에 못지않게 극심한 논란의 대상이 되기도 했다.

『사회 생물학』의 첫 장과 마지막 장에서 윌슨은 인간의 행동을 이해하는 데 사회 생물학적 방법론이 가장 중요한 역할을 할 것이라 주장했다. 그의 표현에 따르면, 지구상에 존재하는 모든 사회성 동물들을 조사하러 어떤 다른 행성으로부터 날아 온 동물학자에게는 역사학, 문학, 인류학, 사회학은 물론 법학, 경제학, 심지어 예술까지도 모두 인간이라는 한 영장류에 관한 사회 생물학에 불과하다는 것이다. 다시 말해서 모든 인문 과학과 사회 과학이 결국 생물학의 소분야들로 존재할 것이라는 예측이다. 인문·사회 과학 분야 학자들의 반발이 거셌으나 의외로 많은 학자들이 윌슨의 제안을 받아들여 오늘날 사회 생물학적 개념은 학문의 영역을 넘어 활발하게 응용되고 있다.

오히려 비판은 생물학 내부로부터 거세게 일었다. 특히 같은 교정에 몸담고 있는 하버드 대학교 생물학자들의 인신 공격은 윌슨에게 큰 고통을 안겨 주었다. 그들은 마르크스의 사회주의 이론으로 중무장한 '민중을 위한 과학(Science for the People)'이라는 단체에 합류하여 행동의 유전적인 중요성을 강조한 사회 생물학이 계급주의, 인종 차별, 남녀 불평등, 제국주의 등 온갖 정치적 불합리를 지지하는 이론이라고 비난했다. 이같은 정치적 좌익들은 사실상 사회 생물학의 이론들이 그들이 원하는 사회적 변화에 학문적인 뒷받침이 되어 줄 수 있다는 가능성은 전혀 고려하지 않고, 인간의 본성을 근본적으로 부인하는 전통적인 사회주의적 고정관념에서 벗어나지 못했다.

이 같은 사회적 압박에도 불구하고 윌슨은 인간 사회 생물학에 대한 그의 생각을 더 광범위하게 발전시켜 1978년에 바로 이 책을 발간하기에 이른다. 이 책에서 윌슨은, 종교와 윤리를 포함한 인간의 모든 사회 행동은 결국 생물학적 현상에 불과하며 집단 생물학과 진화학적 방법론으로 분석될 수 있다고 주장했다. 이 책은 윌슨에게 첫 퓰리처상을 안겨 주었다. 그 후 1990년에는 거의 20년간 공동 연구를 해 온 베르트 휠도블러(Bert Hölldobler)와 함께 개미 생물학 전반에 걸친 모든 연구를 종합하여 펴낸, 개미 백과사전과도 같은 방대한 저서 『개미(The Ants)』를 출간하여 두 번째 퓰리처상을 받았다.

월슨은 두 번에 걸친 퓰리처상 외에도 1977년 카터 대통령으로부터 받은 국가 과학 메달(National Medal of Science)과, 스웨덴 한림원이 노벨상이 수여되지 않는 분야를 위해 마련한 크러퍼드상(Crafoord Prize)을 비롯해 헤아릴 수 없을 정도로 많은 상들을 수상했다. 이렇듯 학문적으로나 사회적으로 성공한 뒤에는 늘 끊임없이 노력하는 인간 월슨이 있었다. 집단 생물학계의 거물로 꼽히는 그는 사실 교수가 된 후에 학부 학생들과 함께 강의실에서 수학 공부를 다시 하였다. 또한 어려운 과학 이론을 누구보다도 쉬운 말로 간단 명료하게 서술한다는 평을 듣는 우리 시대의 대표 작가이기도 한 그는 역시 뒤늦게 교수 신분으로 작문 개인 수업을 받기도 하였다.

이 책에 전개되어 있는 월슨의 논리는 그가 영국의 소설가 새뮤얼 버틀러(Samuel Butler)의 말을 새롭게 표현한 "닭은 달걀이 더 많은 달걀을 생산하기 위해 잠시 만들어 낸 매개체에 불과하다."라는 한마디로 축약할 수 있다. 우리 스스로가 숨쉬고 먹고 마시며 인생을 살다 죽어 가기 때문에 우리는 우리가 생명의 주체라는 것을 의심해 본 적이 없다. 하지만 생명체란 태어나서 일정 기간을 보낸 다음 어김없이 사라지는 존재일 뿐이다.

그에 비하면 태초에서 지금까지 면면이 명맥을 유지해 온 DNA야 말로 진정한 생명의 주체이다. 그래서 『이기적 유전자(*The Selfish Gene*)』의 저자 리처드 도킨스(Richard Dawkins)는 DNA를 가리켜 "불멸의 나선(immortal coil)"이라 부르고 생명체는 그저 "생존 기계(survival machine)"라 일컫는다.

유전자의 눈높이에서 생명을 바라보는 이 새로운 관점에 따르면, 사랑·윤리·자기희생·종교 등 인간만이 갖고 있을 법한 특성들조차 인류의 진화사를 통해 어떤 방식으로든 번식을 도와 왔기 때문에 오늘날까지 우리 속에 남아 있다는 것이다. 번식을 돕는 성향을 조절하는 유전자는 그만큼 더 많은 복제자를 후세에 남겼을 것이고 또 그래서 그 성향이 세대를 거듭할수록 더 많이 발현된다는, 언뜻 생각하면 꼬리에 꼬리를 무는 듯한 지극히 간단한 논리만 제대로 이해하면 금방 새로운 세계가 열린다.

그러나 한 가지 분명하게 밝혀 둘 일이 있다. 이른바 '유전자 결정론(genetic determinism)'이라는 논리에 대한 몰이해를 이야기하고자 한다. 물론 초기의 사회 생물학자들이 약간은 미숙하게 설명한 것은 사실이다. 하지만 유전자 결정론은 유전자가 우리의 일거수 일투족을 매 순간 일일이 조정한다는 뜻은 아니다. 생명체는 누구나 유전과 환경의 공동 작업에 의해 형성되는 독특한 존재다. 아무리 완벽하게 똑같은 유전자를 가진 일란성 쌍둥이도 모든 성품이나 사고까지 똑같은 복제품은 아니다. 아무리 같은 자궁 속에서 컸어도, 미세한 수준에서 그들의 초기 발생 환경은 차이가 있었고 더욱이 태어난 후에는 한 집에서 자란다 해도 분명히 다른 환경 요인들의 영향을 받으며 성장하기 때문에 서로 다른 영혼을 지니게 된다.

한 생명체가 죽으면서 다음 세대에 남길 수 있는 유일한 물질이 DNA 뿐이며 그 DNA 속에 들어 있지 않은 정보가 갑자기 하늘에서 뚝 떨어질 수 없는 법이고 보면, 생명 현상의 모든 것은 일단 유전자에 의해 그 영역이 결정되는 것이다. 우리가 아무리 날고 싶어도 갑자기 날 수 없는 것은 우리 몸속에 날개를 만들어 주는 유전적 변이가 존재하지 않기 때문이다. 유전자 속에 들어 있지 않은 것은 우리에게 존재할 수 없다. 그런 의미에서 유전자는 필연적으로 우리의 운명을 좌우할 수밖에 없다. 하지만 동일한 유전자가 언제나 동일한 모습으로 표현되지는 않는다. 유전자가 표현되는 과정이 환경의 영향을 받기 때문이다.

지난 세기 말 영국의 이언 윌머트(Ian Wilmut) 박사가 복제양을 만든 이후 세상은 마치 금방이라도 히틀러나 칭기즈칸들이 여기저기에서 나타나 온 세상을 쑥밭으로 만들기라도 할 것처럼 공포에 떨고 있다. 분명히 알아야 할 사실은 유전자를 복제한 것이지 생명체를 복제한 것은 결코 아니라는 점이다. 아무리 칭기즈칸을 복제한다 하더라도 그가 칭기즈칸으로 성장할 가능성은 거의 없다. 위대한 정복자가 될 약간의 포악한 성격은 타고날지 모르나 세상이 완전히 딴판으로 바뀐 현대에 그가 제2의 칭기즈칸이 될 확률은 거의 없다. 데레사 수녀를 여럿 복제한다 해도 그들이 모두 남을 위해 평생을 바치지는 않을 것이다.

복제 인간은 출산 시간이 많이 늦어진 쌍둥이에 불과하다. 나는 쌍둥이로 태어나지 않았지만 내가 만일 지금 나를 복제한다면, 무슨 이유에선지 어머니의 뱃속에서 몇 십 년을 더 있다가 나온 쌍둥이 동생이 태어났다고 생각하면 그만이다. 몇 초 간격으로 태어난 쌍둥이 형제조차 결코 똑같은 사람으로 자라지 않는 것과 마찬가지로 그 늦둥이 쌍둥이 동생이 나와 완벽하게 똑같은 인간이 될 리는 절대 없다. 유전자는 나와 완벽하게 같을지라도 그 유전자들이 발현되는 환경이 나와 다르기 때문에 전혀 다른 인간으로 성장하게 될 것이다.

사회 생물학자들은 결코 생명체가 유전자의 꼭두각시라고 말하지 않는다. 생명체가 하는 모든 일이 유전자의 존재 이유에 어긋날 수 없다는 것을 말할 뿐이다. 지난 수십억 년 동안 이 지구상에서 벌어진 생명의 역사는 결국 DNA라는, 한 기막히게 성공적인 화학 물질의 일대기와 다름없다. 태초에는 별 볼일 없이 발가벗은 채로 태어났지만 묘하게도 자기 복제를 할 줄 알았던 DNA는 지금도 여러 생존 기계들을 만들어 오로지 한 가지 일, 즉 자기 복제를 위해 애쓰고 있다. 우리 속담에 "호랑이는 죽어서 가죽을 남기고 사람은 죽어서 이름을 남긴다."라고 했지만, 결국 "호랑이도 죽어서 유전자를 남기고 사람도 죽어서 유전자를 남길 뿐"이다.

2000년 12월

최재천(이화 여자 대학교 석좌 교수)

저자 서문

이 책은 거의 탈고할 때까지 어떠한 논리적 연관성도 염두에 두지 않고 전개해 온 3부작 중 세 번째 책이다. 『곤충의 사회들(*The Insect Societies*)』(1971년) 마지막 장의 제목은 「통합된 사회 생물학의 전망」이었다. 그 장에서 나는 사회성 곤충들의 견고한 체제를 제대로 설명해 온 집단 생물학과 비교 동물학의 원리들이 척추동물에게도 그대로 적용될 수 있다고 주장했다. 그리고 조만간 우리가 하나의 변수 집합과 단일한 정량적 이론으로 흰개미 군체와 붉은털원숭이 무리 양쪽을 설명할 수 있게 될 것이라고 말했다.

나는 스스로의 의욕에 도취된 나머지, 척추동물의 사회적 행동을 다룬 엄청난 양의 우수한 문헌들을 연구했고, 그 연구 성과가 『사회 생물학: 새로운 종합(*Sociobiology: The New Synthesis*)』(1975년)이었다. 「인간: 사회 생물학에서 사회학까지」라고 제목을 붙인 그 책의 마지막 장에서, 나는 현재 동물들에게 합리적으로 적용되고 있는 보편적인 생물학 원리들을 사회 과학에까지 확장할 수 있다고 주장했다. 이 주장은 비상한 관심과 논쟁을 불러일으켰다.

『사회 생물학』 출간이 계기가 되어 나는 인간 행동에 관한 책들을 더 폭넓게 읽게 되었고, 사회 과학자들과 많은 세미나를 하고 서신도 교환했다. 나는 마침내 두 문화, 즉 생물학과 사회 과학 사이의 현저한 거리를 줄일 시기가 도래했으며, 집단 생물학과 진화론을 사회 조직에까지 확장한 일반 사회 생물학이 그런 시도를 하기 위한 적절한 도구라는 것을 그 어느 때보다 확신하게 되었다. 이 책은 그 주제를 다룬 연구서다.

그러나 이 세 번째 책은 과학 문헌들을 상투적으로 종합한 책이나 교과서가 아니다. 인간 행동을 체계적으로 연구하려면, 인간 정신의 미로 속에서 주제들을 도출해 내고, 사회 과학만이 아니라 철학과 과학적 발견 과정 자체를 포함하고 있는 인문학도 고려해야만 한다. 그러므로 이 책은 '과학책'이 아니라 '과학에 관한 책'인 동시에, 자연 과학이 어떤 새로운 것으로 바뀌기 전에 인간 행동 속으로 얼마나 깊숙이 침투할 수 있는가에 관한 책이다.

또 이 책은 인간 행동에 관한 참된 진화적 설명이 사회 과학과 인문학에 미칠 영향도 다루고 있다. 그리고 이 책이 단순히 인간 행동과 사회 생물학에 관한 정보를 얻기 위해 읽혀질 수도 있으므로, 그런 내용을 추가하는 일에도 신경을 썼다. 하지만 본질적으로 이 책은 사회 과학 이론이 자신과 가장 관련이 깊은 집단 생물학 및 진화론이라는 자연 과학과 접목되었을 때 나타날 심오한 결과들을 다룬 사색적인 에세이다.

『사회 생물학』에서 인간 행동을 다룬 부분이 그랬듯이, 이런 논증이 과연 유용한 것인가를 놓고 각자의 견해가 뚜렷이 갈릴 것은 분명하다.

거부하는 것 말고는 선택의 여지가 없다는 신념을 가진 사람들에게 유리한 고지를 넘겨줄 위험이 있다는 것을 알지만, 그래도 나는 이 책을 검증된 과학의 성과물로서 비판 없이 받아들이려는 사람들에게 이렇게 말하고 싶다. 어쩌면 내가 내린 어떤 결론이나, 자연 과학의 역할에 대해 원대한 희망을 품은 것이나, 과학적 유물론을 지나치게 확신한다는 점이 잘못된 것인지도 모른다고. 이런 전제를 두는 것은 겸손한 체하려는 것이 아니라, 이 작업의 힘을 유지하기 위함이다. 과학 정신 자체가 머뭇거리고 있거나, 이론들이 객관적인 검증을 통해 완벽하게 구축되지 않는다면, 진화론을 인간 존재의 모든 측면에 배타적으로 적용하겠다는 시도는 무의미해질 것이다.

이 책에서 수없이 재고된 명제들에 비하면, 사회 과학은 아직 너무 어리고 연약하며, 진화론 자체도 너무나 불완전하다. 그래도 나는 기존의 증거들이 그 명제들을 충분히 뒷받침하고 있다는 것과, 그 명제들을 통해 이 작업의 주된 추진력인 생물학적 탐구를 더욱 신뢰하게 되었다는 것을 확신하고 있다.

이 책을 저술하는 동안, 나는 친구들과 동료들로부터 이루 말할 수 없을 만큼 유익한 도움과 조언을 받는 행복을 누렸다. 물론 그들 모두가 내가 말한 내용에 전부 동의하는 것은 아니며, 아직 남아 있는 오류들은 그들과 전적으로 무관하다. 그들의 이름은 다음과 같다.

리처드 알렉산더(Richard D. Alexander), 제롬 바코(Jerome H. Barkow), 다니엘 벨(Daniel Bell), 윌리엄 베넷(William I. Bennett), 허버트 블로흐(Herbert Bloch), 윌리엄 보그스(William E. Boggs), 존 보너(John T. Bonner), 존 보스웰(John E. Boswell), 랠프 버로(Ralph W. Burhoe), 도널드 캠벨(Donald T. Campbell), 아서 캐플런(Arthur Caplan), 나폴레옹 샤농(Napoleon A. Chagnon),

조지 클라크(George A. Clark), 로버트 콜웰(Robert K. Colwell), 버나드 데이비스(Bernard D. Davis), 어빈 드보어(Irven DeVore), 밀드레드 디커맨(Mildred Dickeman), 로빈 폭스(Robin Fox), 다니엘 프리드먼(Daniel G. Freedman), 윌리엄 해밀턴(William D. Hamilton), 리처드 헤른슈타인(Richard J. Herrnstein), 베르트 횔도블러(Bert Hölldobler), 제럴드 홀튼(Gerald Holton), 새라 블래퍼 허디(Sarah Blaffer Hardy), 해리 제리슨(Harry J. Jerison), 메리클레어 킹(Mary-Claire King), 멜빈 코너(Melvin Konner), 조지 오스터(Geroge F. Oster), 올랜도 패터슨(Orlando Patterson), 존 파이퍼(John E. Pfeiffer), 데이비드 프리맥(David Premack), 콰인(W. V. Quine), 욘 시저(Jon Seger), 요셉 셰퍼(Joseph Shepher), B. F. 스키너(B.F. Skinner), 프랭크 설로에이(Frank Sulloway), 라이오넬 타이거(Lionel Tiger), 로버트 트리버스(Robert L. Trivers), 피에르 반 덴 베르거(Pierre van den Berghe), 아서 왕(Arthur W. Wang), 제임스 와인리치(James D. Weinrich), 이렌 윌슨(Irene K. Wilson), 리처드 랭엄(Richard W. Wrangham).

캐슬린 호튼(Kathleen M. Horton)은 앞서 내가 책을 썼을 때 그랬듯이, 문헌 조사를 도와 주었고 원고도 정리해 주었다. 그녀의 도움으로 이 작업의 정확성과 효율이 크게 향상되었다. 어떻게 감사의 말을 전해야 할지 모르겠다.

1장은 이전 논문들인 「사회적 본능」(*Bulletin of the American Academy of Arts and Sciences*, 30: 11-24, 1976) 및 「생물학과 사회 과학」(*Daedalus*, 106(4): 127-140, 1977)에 실린 내용들과 크게 다르지 않다. 5장 및 7장은 「인간의 예절은 동물적인 것이다」(*The New York Times Magazine*, October 12, 1975)의 내용 대부분을 수록하고 있고, 4장 및 8장은 『사회 생물학』 27장의 일부 절을 수록하고 있다. 그 부분들을 재수록할 수 있게 허락해 준 여러 출판사에게 감사한다. 다른 저자들이 쓴 작품의 인용은 캘리포니아 대학교 출판부, 시카고 대학교 출판부, 맥밀란 출판사로부터 허락을 받았다. 특별한 인용문들은 주를 달아 놓았다.

차 례 ●

1장
인간 본성의 딜레마

위대한 철학자 데이비드 흄(David Hume)이 형용할 수 없을 만큼 중요하다고 한 핵심 논제들은 다음과 같다. 정신은 어떻게 작용하는가? 그리고 그러한 물음을 떠나서 정신은 왜 다른 방식이 아닌 그런 방식으로만 작용하는가? 그리고 그 두 가지를 함께 놓고 생각했을 때, 인간의 궁극적인 본성은 무엇일까?

우리는 주저하고 심지어 두려워하면서도 끊임없이 그 주제로 돌아간다. 뇌가 100억 개의 신경 세포로 이루어진 기계이고, 정신이 제한된 숫자의 화학 및 전기 반응의 총체적 활동이라는 말로 어느 정도 설명될 수 있다면, 인간의 전망을 가로막는 경계선이, 즉 우리는 생물학적 존재이고 우리의 영혼은 자유롭게 날 수 없다는 한계가 존재하게 된다.

만일 인류가 다윈의 자연 선택을 통해 진화한다면, 우리 종은 신이 창조한 것이 아니라 유전적 우연과 환경적 필연이 빚어낸 것이 된다. 신은 물질을 이루는 최소 단위인 쿼크와 전자 껍질의 기원으로서 여전히 탐구될 수는 있으나, 종의 기원으로서는 아니다(한스 큉(Hans Küg)이 무신론자들에게 "무(無) 대신에 왜 다른 무엇이 존재하는가?"라고 물은 데에는 타당한 이유가 있었다.). 우리가 은유적 또는 비유적 표현을 써서 이 확고한 결론을 아무리 윤색한다 해도, 그것이 19세기의 과학적 탐구가 남긴 철학적 유산이라는 점에는 변함이 없다.

비록 그것이 호소력을 갖지 못한 명제라 할지라도 인정할 수밖에 없다. 그것은 인간 조건에 대한 모든 진지한 고찰에 반드시 포함되어야 할 본질적인 첫 번째 가설이다. 만약 그것이 없다면, 인문학과 사회 과학은 물리학 없는 천문학이나, 화학 없는 생물학, 또는 대수학 없는 수학처럼 피상적인 현상의 서술에 국한된다. 그것이 있어야 인간 본성은 완전한 경험적 탐구의 대상으로서 활짝 열려 있을 수 있고, 생물학은 교양 교육에 기여할 수 있으며, 진정 우리의 자아상도 풍성해질 수 있다.

하지만 그 신자연주의가 참이라고 하면, 그것에 대한 탐구는 두 가지 커다란 정신적 딜레마를 낳을 것이 분명하다.[1] 첫 번째는 인간을 포함한 모든 종은 자신의 유전적 역사가 부과한 명령을 수행할 뿐 그 외의 다른 어떠한 목적도 갖고 있지 않다는 것이다. 모든 종이 물질적·정신적으로 폭넓은 발전 가능성을 보유하고 있을지 모르지만, 종은 자신이 직접 접하고 있는 환경이나 자신의 분자 구조가 자동으로 지시하는 진화의 방향을 넘어선 그 어떤 내재적 목적이나, 관리자가 내려보내는 지침 따위를 갖고 있지 않다.

나는 인간의 정신이 이런 근원적인 한계에 갇혀 있고 전적으로 생물학적인 기구를 이용하여 선택을 할 수밖에 없도록 구성되어 있다고 믿는다. 뇌가 자연 선택을 통해 진화한다면, 어떤 특정한 심미적 판단과 종교 신앙을 선택하는 능력도 그와 동일한 기계론적 과정을 통해 형성되어야만 한다. 그런 능력은 인간의 조상들이 진화를 거쳐 왔던 당시의 환경에 대한 직접적인 적응의 산물이거나, 더욱 엄격한 생물학적 관점에서 본다면 이미 과거에 적응을 거쳤던 더 심층적이면서 덜 가시적인 활동에 딸려 있던 부속물에 불과할 수도 있다.

이 논증의 핵심은 뇌가 자신의 짜 맞추기를 지시하는 유전자의 생존과 증식을 촉진하기 때문에 존재한다는 것이다. 인간의 정신은 생존과 번식을 위한 장치이며, 이성은 그 장치의 다양한 기능 중 하나일 뿐이다. 미국의 물리학자 스티븐 와인버그(Steven Weinberg)는 물리적 현실이 인간의 정신이 이해할 수 있는 방식으로 구성되어 있을 가능성은 거의 없기에 그것은 물리학자에게조차 불가사의한 것으로 남아 있다고 지적했다.[2]

그런 통찰을 뒤집어 생각해 보면, 지성이라는 것은 원자를 이해하고 더 나아가 자신을 이해하기 위해 구성된 것이 아니라, 인간 유전자의 생존을 강화하기 위해 구성된 것이라고 강력하게 주장할 수도 있다. 양식 있는 사람이라면 누구나 자신의 삶이 생물학적 개체 발생 과정에 따라, 즉 어느 정도 고정되어 있는 생명 발생 단계를 따라, 이해할 수 없는 어떤 방식으로 인도된다는 것을 안다. 그래서 충동, 재치, 사랑, 긍지, 분노, 희망, 근심 등 자기 종의 모든 특징을 갖고 있는 자신이, 결국 바로 그 개체 발생 주기를 영속시키는 데 기여할 뿐임을 확신하게 되리라고 직감한다. 시인들은 이 진리를 비극이라고 규정했다. 예이츠는 그것을 "지혜의 도래(the coming of wisdom)"라고 노래했다.

잎은 무성하지만, 뿌리는 하나;

내 청춘의 거짓된 모든 나날 동안

나는 양지에서 잎과 꽃을 하늘거렸지;

이제 나 진리 속으로 떠나가네.[3)]

첫 번째 딜레마는 한마디로 우리가 나아가야 할 정해진 곳이란 결코 없다는 것이다. 종은 자신의 생물학적 본성 외에 그 어떠한 목표도 갖고 있지 않다. 물론 앞으로 100년 내에 인류가 해야 할 일, 즉 기술과 정치의 난관을 극복하고, 에너지와 자원의 위기를 해결하며, 핵전쟁을 피하고, 인구 증가율을 조절하는 것 등이 목표가 될 수 있다. 그런 식으로 세계는 최소한 안정된 생태계와 풍족한 인간적인 삶을 기대할 수는 있다.

하지만 그다음에는 무엇을 목표로 삼아야 할까? 식자층은 으레 물질적 욕구를 넘어서는 곳에 개인적 가능성의 성취와 실현이 있다고 믿고 싶어 한다. 그렇지만 성취란 무엇이며, 어디까지 도달해야 가능성이 실현되는 걸까? 전통적인 종교 신앙은 자신의 신화가 굴욕적으로 반박되어서라기보다는, 그 신앙이 '실제로' 생존 메커니즘 역할을 한다는 인식이 높아지면서 계속 침식되어 왔다. 다른 제도들과 마찬가지로, 종교도 그 추종자들의 생존과 영향력을 강화하는 방향으로 진화한다.

마르크스주의나 다른 세속 종교들도 인간 본성이 낳은 결과물로부터의 합법적인 해방이나 물질적 복지를 약속하는 데 그쳤다. 그들 역시 자기 집단의 확대라는 목표를 통해 힘을 얻는다. 프랑스의 정치가인 알랭 페르피트(Alain Peyrefitte)는 마오쩌둥을 두고 "중국인들은 그의 안에 있는 자신들을 사랑하는 나르시스적 기쁨을 알고 있었다. 그가 그들을 통해 자신을 사랑한 것도 당연하다."라고 찬양한 적이 있다.[4)] 이데올로기는 자신의 드러나지 않은 주인인 유전자에게 복종하고, 고차원적인 충동은 더 세밀히 탐구할수록 생물학적 활동으로 변모하는 듯하다.

로버트 하일브로너(Robert Heilbroner), 로버트 니스빗(Robert Nisbet), L. S. 스타브리아노스(L. S. Stavrianos) 같은 이 시대의 비관적인 사회 분석가들은 서구 문명, 나아가 인류 전체가 아주 가까운 장래에 파멸의 위기에 처할 것이라 예측하고 있다. 그들의 추론은 구성원들이 방종을 향해 계속 타락해 가는 탈이데올로기 사회의 미래상으로 귀결된다. 군터 스텐트(Gunther Stent)는 "권력을 향한 의지가 완전히 사라지지는 않을 것이다."라고 『황금기의 도래(*The Coming of the Golden Age*)』에서 말하면서 이렇게 덧붙인다.

> 그러나 그 의지의 강도 분포도는 극적으로 변할 것이다. 그 분포도의 한쪽 끝에는 대중의 생활 수준을 높게 유지하는 기술을 온전히 보전하는 일을 하는 소수의 사람들이 자리할 것이다. 그리고 중앙에는 현실과 환상의 구분이 아직은 의미가 있는, 대체로 실업 상태에 있는 유형이 있을 것이다. 그들은 세상이 어떻게 돌아가는지 관심을 갖고 있으며 감각적 쾌락을 추구할 것이다. 그리고 다른 쪽 끝에는 실업자가 될 가능성이 높은 유형이 자리할 것이다. 그들에게 현실과 상상의 경계는 육체적 생존이 가능한 정도만 남기고 대체로 붕괴해 있을 것이다.[5]

따라서 첫 번째 딜레마에는 사회가 에너지를 선험적인 목표 쪽으로 집중시킬 수 있게 되면 그 목표가 급속히 소멸한다는 위험이 내포되어 있다. 전쟁의 진정한 도덕적 등가물이라 할 그런 목표들은 서서히 퇴색되어 왔다. 우리가 가까이 다가감에 따라 그것들은 신기루처럼 하나씩 사라졌다. 인간에 대한 더 참된 정의에 바탕을 둔 새로운 윤리를 모색하려면 내면을 들여다보고, 마음의 기구를 해부하고, 그것의 진화사를 되짚어 볼 필요가 있다.

그러나 예측하건대, 그러한 노력은 두 번째 딜레마를 드러낼 것이다. 두 번째 딜레마는 우리가 인간의 생물학적 본성에 내재한 윤리적 전제들을 놓고 '선택'을 해야 한다는 것이다.

이것을 뒷받침하는 논증들은 다음 장에서 다루기로 하고, 여기서는 두 번째 딜레마의 원리를 간단하게 언급해 두기로 하자.

뇌에는 우리의 윤리적 전제들에 심층적이고도 무의식적으로 영향을 미치는 선천적인 검열자(censor)와 동기 부여자(motivator)가 있다. 도덕은 이 근원들에서 나와 본능으로 진화했다. 이 생각이 옳다면, 과학은 머지 않아 인간 가치의 바로 그러한 기원과 의미를 조사하는 자리에 서게 될 것이다. 그 가치란 모든 윤리적 발언과 다양한 정치적 실천이 흘러나오는 근원을 말한다.

진화적 관점이 결핍된 대다수의 철학자들은 이런 문제에 그다지 관심을 기울이지 않았다. 그들은 윤리 규범을 기원이 아니라 결과에 비추어 연구한다. 그래서 존 롤스(John Rawls)는 『정의론(*Theory of Justice*)』(1971년)을 논쟁의 여지가 없는 다음과 같은 명제로 시작한다. "정의로운 사회에서는 평등한 시민의 자유가 보장된 것으로 받아들여진다. 정의에 의해 보장되는 권리는 정치적 흥정이나 사회적 손익 계산의 대상이 되지 않는다." 마찬가지로 로버트 노직(Robert Nozick)도 『무정부주의, 국가, 유토피아(*Anarchy, State, and Utopia*)』(1974년)를 확고한 명제로 시작한다. "모든 개인은 권리를 가지며, 모든 개인이나 집단은 상대의 권리를 침해하지 않고서는 타인에게 아무것도 행사할 수 없다. 이 권리는 너무나 강력하고 광범위해서 '국가와 관료들이 과연 무엇을 할 수 있는가?'라는 의문을 갖게 한다."

이 두 명제는 내용 면에서 거의 차이가 없지만, 근본적으로 다른 처방을 이끌어 낸다. 롤스는 사회 보상의 평등한 분배라는 목표에 접근하기 위해 엄격한 사회적 통제를 인정했다. 반면에 노직이 인정하는 이상적인 사회는 오직 강압과 착취로부터 시민을 보호할 권리만 부여받은 최소 국가가 통치하며, 사회 보상의 불균등 분배가 완전히 허용되는 사회다. 롤스는 능력주의를 거부하지만, 노직은 그것을 바람직하다고 받아들인다. 다만 노직은 지역 공동체가 자발적으로 평등주의를 실험하기로 결정한 경우는 제외시킨다. 다른 사람들과 마찬가지로, 철학자들도 자신들이 다양한 대안에 대해 갖는 감정적 반응을 마치 숨겨진 신탁의 조언처럼 여긴다.[6]

그 신탁은 뇌 깊숙이 자리한 감정 중추에서 나온다. 감정 중추는 대뇌 피질의 '사고' 영역 바로 밑에 있는, 신경 세포와 호르몬 분비 세포의 복합체인 변연계 내에 있다. 인간의 감정적 반응들 그리고 그것에 바탕을 둔 더 일반적인 윤리적 실천 행위들은 수천 세대 동안 자연 선택을 거치면서 상당한 수준까지 프로그래밍되어 왔다. 과학의 과제는 마음의 진화사를 재구성하여, 그 프로그램의 속박이 얼마나 촘촘한지 파악하고, 뇌에서 그것의 근원을 찾아내고, 그 속박의 의미를 해석하는 것이다. 이 작업은 앞으로의 문화적 진화 연구를 논리적으로 보완할 것이다.

이 일의 성공은 두 번째 딜레마를 낳을 것이고, 그것은 다음과 같이 시작된다. 검열자와 동기 부여자 중 어느 쪽이 복종해야 하며, 어느 쪽이 축소 또는 승화되는 것이 더 바람직할까? 이 두 부류의 안내자가 바로 우리 인간성의 핵심이다. 우리를 컴퓨터와 구별해 주는 것은 정신이 고결하다는 믿음이 아니라, 바로 이 안내자들이다. 언젠가 우리는 이런 궁극적이자 생물학적인 의미에서 얼마만큼 인간으로 남고 싶은지를 결정해야 할 것이다. 왜냐하면 우리는 물려받은 두 부류의 감정적 안내자들 중에서 의식적으로 '선택'을 해야 하기 때문이다. 우리의 운명을 도표화한다는 것은 우리가 생물학적 '특성'에 바탕을 둔 자동 제어로부터, 생물학적 '지식'에 바탕을 둔 정교한 조종으로 이행해야 한다는 의미이다.

인간 본성의 안내자들은 복잡하게 배열된 거울들을 통해 탐구되어야 하므로, 그것은 늘 철학자들을 자충수에 몰아넣는 기만적인 주제다. 앞으로 나아갈 수 있는 유일한 길은 자연 과학을 사회 과학 및 인문학과 통합함과 동시에, 인간 본성을 자연 과학의 한 부분으로서 연구하는 것이다.

나는 그 일에 어떤 이데올로기적 혹은 형식주의적 지름길이 있다고는 믿지 않는다. 자연 과학인 신경 생물학을 힌두교 정신적 지도자의 발치에 앉아 배울 수는 없으며, 유전적 역사의 결과물들을 놓고 의회에서 투표로 선택할 수도 없다. 무엇보다 우리 자신의 육체적 행복을 위해서라도, 도덕 철학을 현인들의 손에 그냥 맡겨 두어서는 안 된다. 설령 인류의 진보가 직관이나 의지력을 통해 이루어질 수 있다고 해도, 서로 경합하는 진보의 기준들 중에 최적의 것을 선택하는 일은 힘들게 얻은 생물학적 본성에 대한 경험 지식을 통해서만 가능하다.

* * *

이 방면에서 처음 이루어진 중요한 발전은 심리학, 인류학, 사회학, 경제학 등 다양한 사회 과학과 생물학의 접목일 것이다. 두 문화는 최근에서야 서로의 진면목을 보았을 뿐이다. 그 결과 회피, 오해, 열광, 국지적 갈등, 타협 등과 같은 진부한 혼합물이 형성되어 왔다. 상황은 오늘날 생물학이 사회 과학의 반(反)분야라는 위치에 서 있다는 말로 요약될 수 있다. 나는 어떤 조직화 수준에 있는 한 연구 분야가 인접한 분야와 상호 작용을 처음 시작했을 때 흔히 나타나는 특수한 적대적 관계를 강조하기 위해, '반분야'라는 용어를 쓴다. 화학에 다체 물리학, 분자 생물학에 화학, 생리학에 분자 생물학이라는 반분야가 있듯이, 전문성과 복잡성이 증가되는 각각의 조직화 수준마다 쌍을 이루는 관계가 나타난다.[7]

어떤 분야의 초기 역사를 보면, 그 분야의 종사자들은 자신들의 주제가 새롭고 독특하다고 믿는다. 그들은 특이한 실체와 패턴을 탐구하는 일에 일생을 바치며, 연구 초기에는 그러한 현상들을 간단한 법칙으로 환원할 수 있지 않을까 하고 궁리한다. 반면 반분야의 종사자들은 상반된 태도를 취한다. 마치 분자에 대립되는 것으로서 원자를 선택했다는 듯이, 그들은 조직화의 더 하위 수준에 있는 단위를 일차 주제로 선택했기 때문에, 그다음의 상위 분야가 자신들의 법칙으로 재구성될 수 있고 그래야만 한다고 믿는다. 물리 법칙으로 화학을 재구성하고, 화학 법칙으로 생물학을 재구성하는 것처럼. 그들의 관심은 상대적으로 좁고 추상적이며 편파적이기까지 하다. 폴 에이드리언 모리스 디랙(P. A. M. Dirac)은 수소 원자론을 펼치면서, 단지 화학만 갖고도 그런 결론을 전개할 수 있다고 말했다. 일부 생화학자들은 아직도 생명이란 원자와 분자의 활동에 '불과하다.'라는 신념에 만족하고 있다.

각 과학 분야가 반분야이기도 한 이유는 쉽게 알 수 있다. 적대 관계는 원자 대 분자처럼 인접한 두 조직화 수준의 각 추종자들이 분자 같은 상위 수준에 관심을 집중할 때, 처음부터 각기 자신들의 방법과 생각만을 고집하기 때문에 생기는 것 같다. 오늘날의 기준으로 볼 때, 화학 전공자를 예로 들면, 박식한 과학자란 물리학이라는 하위 반분야와 생물학의 화학 분야라는 반분야까지, 세 분야를 함께 연구하는 사람이라고 정의할 수 있다. 더 구체적인 예를 들자면, 신경계에 박식한 전문가는 각 신경 세포의 구조를 세밀히 연구하면서도, 그 세포의 내부와 세포들 사이를 흐르는 신경 전류의 화학적 기초를 이해하고 싶어 하며, 어떻게 신경 세포들이 협력하여 기초적인 행동 패턴을 만들어 낼 수 있는지 설명하고 싶어 한다. 성공한 과학자들은 모두 자신의 전공을 둘러싼 현상들을 세 가지 수준에서 다루고 있다.

인접 분야 사이의 경쟁은 처음에는 팽팽하고 창조적이지만, 시간이 지나면서 완전히 상보적으로 변한다. 분자 생물학의 탄생을 생각해 보자. 1800년대 말 세포의 현미경 연구 분야인 세포학과, 세포 내부 및 외부의 화학적 과정을 연구하는 분야인 생화학은 급속도로 발전했다. 이 시기에 그들은 복잡한 관계를 맺고 있었지만, 넓게 보면 내가 기술한 역사적 틀에 들어맞는다. 세포학자들은 세포가 복잡한 구조를 이루고 있다는 증거가 계속 늘어나자 흥분했다. 그들은 세포 분열 과정에서 나타나는 염색체의 수수께끼 같은 춤사위를 해석함으로써, 현대 유전학과 실험 발생학이 출현할 무대를 마련했다. 한편 많은 생화학자들은 현미경 수준에서 그렇게 많은 구조들이 존재한다는 이론을 믿지 않았다. 그들은 세포학자들이 묘사하는 것은 현미경 연구를 위해 세포를 고정하고 염색하는 과정에서 창조된 인공 구조물에 불과하다고 생각했다. 그들의 관심은 원형질의 화학적 특성이라는 더 '근본적인' 주제들, 특히 생명이 효소에 바탕을 두고 있다는 새로운 이론에 집중되어 있었다. 그러나 세포학자들은 세포가 '효소들을 담은 주머니'라는 개념에 조소를 보냈다.

대체로 생화학자들은 세포학자들이 화학을 잘 모르기 때문에 근본적인 과정을 이해하지 못하고 있다고 판단한 반면, 세포학자들은 화학자들이 쓰는 방법이 살아 있는 세포 특유의 구조에는 부적합하다고 생각했다. 1900년 이후 멘델 유전학이 부활했고, 뒤이어 염색체와 유전자의 역할이 조명을 받기 시작했지만, 이런 상황도 초기에는 위의 두 분야를 통합하는 데 별다른 역할을 하지 못했다. 생화학자들은 고전 유전학을 직접적으로 설명할 수 있는 방법을 찾는 일에 전혀 관심이 없었고,

대부분 그것을 무시했다.

본질적으로는 양쪽 모두 옳았다. 지금 생화학은 초창기에 남발했던 가장 기발한 주장들까지 정당화할 수 있을 만큼 상당수의 세포 기구를 자신들의 용어로 설명하고 있다. 하지만 그러기 위해서 생화학은 주로 1950년 이후에 일부를 분자 생물학이라는 새로운 분야로 전환시켜야 했다. 분자 생물학은 DNA 나선이나 효소 단백질 같은 분자들의 특수한 공간적 배치를 설명하는 생화학이라고 정의할 수 있다. 그래서 세포학은 전기 영동, 크로마토그래피, 밀도 구배 원심 분리, 엑스선 결정학 같은 강력하고 새로운 실험 기술들을 받아들여 특수한 형태의 화학을 발전시켜야 했다. 그와 동시에 세포학은 현대 세포 생물학으로 다시 태어났다. 대상을 수십만 배 확대하는 전자 현미경의 도움을 받아, 세포학은 관점과 용어 측면에서 분자 생물학으로 수렴되어 왔다. 마지막으로 고전 유전학은 연구 대상을 초파리와 쥐에서 세균과 바이러스로 바꿔 생화학과 통합됨으로써, 분자 유전학이 되었다.

세포 생물학과 생화학, 즉 분야와 반분야로부터 나온 다양한 관점과 기술은 경쟁하면서 생물학을 크게 발전시켜 왔다. 그러한 상호 경쟁은 과학적 유물론의 승리를 가져오기도 했다. 그것은 생명의 본질에 대한 우리의 지식을 아주 풍성하게 해 왔고, 문학에 과학 이전 문화의 그 어떠한 심상보다 더 강렬한 소재들을 제공해 왔다.

나는 우리가 위와 같은 과정을 반복함으로써 바야흐로 생물학과 사회 과학을 통합하려 하고 있으며, 결국은 서구 지성이 이룩한 두 문화가 통합될 것이라고 주장한다.[8] 전통적으로 생물학은 의약이 주는 편익, 유전자 짜깁기 같은 유전학 기술이 주는 위험을 수반한 축복, 인구 증가라는 망령 같은 기술적 구현 사례들을 통해, 간접적으로만 사회 과학에 영향을 미쳐 왔다. 하지만 그것들은 실용적으로는 매우 중요하다고 해도,

사회 과학의 개념적 토대에 비추어 보면 사소하다. 우리의 대학 강단에서 종래 논의되어 오던 '사회적 생물학'과 '생물학의 사회적 현안들' 같은 것들은 어느 정도 가공할 만한 지적 도전이라고 할 수는 있지만, 사회 이론의 핵심을 건드리지는 않고 있다. 그 핵심이란 인문학의 주된 관심사인, 그러나 근본적으로는 생물학적 현상인, 인간 본성이라는 심오한 구조를 말한다.

우리는 과학이 단지 몇몇 형태의 정보를 생성할 수 있을 뿐이고, 과학의 냉정하고 명쾌한 아폴론식 방법은 지극히 디오니소스적인 정신적 삶에 결코 적합하지 않으며, 과학에 외골수적으로 헌신하다가는 인간성을 상실한다는 등의 적대적인 관점에 현혹되기 쉽다. 반(反)문화적 입장에 서 있는 시어도어 로잭(Theodore Roszak)은 마음의 지도가 "서로 적절하게 뒤섞이는 가능성들의 스펙트럼"이라고 주장한다. "한쪽 끝에는 과학의 꺼지지 않는 밝은 등불들이 있다. 거기에서 우리는 정보를 발견한다. 그리고 중앙에는 예술의 감각적 빛깔이 있다. 거기에서는 세계의 미학적 형상을 발견한다. 그리고 다른 쪽 끝에는 모든 지각을 초월하여 전율 속에 침잠하는 종교적 경험이라는 어둡고 그늘진 색조가 있다. 거기에서는 의미를 발견한다."[9]

아니, 거기에서 우리는 몽매주의(蒙昧主義, obscurantism)를 발견한다. 그리고 마음이 성취할 수 있는 것에 관한 희한한 과소평가도 발견하게 된다. 감각적 빛깔과 그늘진 색조는 우리 신경과 감각 조직이 유전적 진화를 겪으면서 형성한 것이다. 그것들이 생물학적 탐구 대상이 아니라고 한다면, 그것들을 과소평가하는 것이 된다.

과학적 방법의 핵심은 인식된 현상을 근본적이고 검증 가능한 원리로 환원시키는 것이다. 우리가 아름다움이라고도 말할 수 있는, 과학적 일반화가 지닌 우아함은 그것이 많은 현상들을 얼마나 간결하게 설명할 수 있는가에 따라 평가된다. 물리학자이자 논리 실증주의의 선구자인 에른스트 마흐(Ernst Mach)는 그 개념을 하나의 정의로 담아 냈다. "과학은 최소한의 사유로 사실들을 가장 완벽하게 표현하는 최소 문제로 볼 수 있다."[10]

마흐의 인식은 거부할 수 없을 만큼 매력적이긴 하지만, 다듬지 않은 환원은 과학적 과정의 반쪽에 불과하다. 나머지 반쪽은 분석을 통해 새롭게 설명해 낸 법칙하에, 확대 종합하여 복잡성을 재구성하는 것이다. 이 재구성은 새로운 창발적 현상들을 드러낸다. 물리학에서 화학으로, 또는 화학에서 생물학으로 옮겨 갈 때처럼, 조직화의 한 수준에서 다음 수준으로 관심을 전환하는 과학자들은 상위 수준의 현상들이 하위 수준의 법칙에 종속된다는 것을 발견하겠거니 예상한다. 하지만 조직화의 상위 수준을 재구성하려면 하위 구성 단위들이 어떻게 배열되어 있는지 하나하나 파악해야 하는데, 그 과정은 다시 다양성과 예기치 않았던 새로운 원리의 토대가 된다. 그 명세서에는 구성 단위들의 조합뿐만 아니라 구성 요소 집합들의 공간적 배치와 역사까지 기재된다.

화학에서 간단한 예를 하나 들어 보자. 암모니아 분자는 음전하를 띤 질소 원자 하나와 양전하를 띤 수소 원자 세 개가 결합한 구조이다. 만일 원자들이 한 위치에 고정되어 있다면, 암모니아 분자의 각 말단(쌍극자)은 반대 전하를 띠게 되어 핵물리학의 대칭 법칙에 명백히 모순된다. 그러나 암모니아 분자는 어느 정도 유연성이 있다. 암모니아 분자의 질소 원자는 수소 원자들로 이루어진 삼각형 안을 초당 300억 번꼴로 지나다님으로써 쌍극자를 중화시킨다. 그러나 설탕과 같은 커다란 유기 분자들은 그런 대칭성이 없다. 그것들은 구조가 너무 크고 복잡하기 때문에 형태를 뒤집지 못한다. 그것들은 물리 법칙을 깨뜨리기는 하지만 무효화시키지는 않는다. 그 명세서가 핵물리학자에게는 별다른 관심거리가 아닐지 몰라도, 거기에서 나오는 결과들은 유기 화학과 생물학의 발전에 기여한다.

이제 두 번째로 우리 주제와 더 밀접한, 곤충의 사회성 진화를 예로 들어 보자. 약 1억 5000만 년 전, 중생대의 원시 말벌은 수정란은 암컷이 되고 미수정란은 수컷이 되는, 반배수성(haplodiploidy)이라는 성 결정 형질을 진화시켰다. 이 단순한 제어 방식은 암컷들이 먹이가 되는 곤충의 특성에 따라 자손의 성을 선택할 수 있도록 배려한 특수한 적응 형태다. 특히 적은 양의 단백질로도 성장이 가능한 수컷 자손에게는 작은 먹이가 배당된다. 그러나 최초의 원인이 무엇이든 간에, 반배수성 획득은 아주 우연히 이 곤충들에게 고도의 사회생활이 발달할 수 있는 성향을 제공한 진화적 사건이었다. 반배수성으로 모녀보다 자매 사이가 유전적으로 더 가까운 관계가 되었고, 암컷들은 자매들을 돌보도록 특화된 불임 계급이 됨으로써 유전적 이익을 얻었을 것이다. 자매를 돌보는 일에 종사하는 불임 계급은 곤충 사회 조직의 본질적 특징이다.

곤충의 사회생활은 반배수성과 연결되어 있기 때문에, 대개 말벌, 꿀벌, 개미 중 말벌과 유연관계가 가까운 곤충에 한정되어 있다. 게다가 그 대부분은 여왕이 딸 군체를 통제하는 모권제나, 불임의 딸들이 어머니의 배란을 통제하는 자매제로 분류될 수 있다. 말벌, 꿀벌, 개미의 사회는 지구의 육상 서식지를 변화시켰고, 그곳에서 우위를 차지할 만큼 성공을 거두었다. 브라질 삼림에 사는 그 곤충들을 모두 모은다면, 환형동물, 큰부리새, 재규어 같은 육상 동물 전체 몸무게의 20퍼센트 이상을 차지한다. 이 모든 것이 반배수성을 습득함으로써 나왔다고 누가 추측할 수 있었겠는가?

환원은 전통적인 과학 분석 도구이지만, 공포와 분노를 일으키기도 한다. 인간의 행동을 생물학 법칙을 통해 상당한 수준까지 환원시키고 단순화시킬 수 있다면, 인류는 그다지 독특하다고 할 수 없는 존재가 될 것이고, 그만큼 비인간화할 것이다. 자신의 영역을 넘겨주기는커녕, 그러한 음모에 가담할 태세가 되어 있는 사회 과학자나 인문학자조차 찾아보기 어렵다. 그러나 이런 인식, 즉 환원을 퇴보의 철학과 같다고 보는 인식은 전적으로 잘못된 것이다. 어느 한 분야의 법칙들은 그것의 상위 분야에 반드시 필요하고, 더 효율적으로 재구성되어야 하지만, 결국 상위 분야의 목적에는 충분치 않다.

아무튼 생물학이 인간 본성을 푸는 열쇠이기 때문에, 사회 과학자들은 빠르게 옥죄어 드는 생물학 원리들을 무시할 수 없다. 그러나 내용 면에서는 사회 과학이 훨씬 더 풍부한 잠재력을 지니고 있다. 궁극적으로 사회 과학자들은 적절한 생물학 개념들을 흡수하고 나서 그것들을 넘어설 것이다. 이제 인간 중심주의를 넘어서고 있기에 인간 연구의 진정한 대상은 인간이어야 한다.

2장

유전적 진화

우리는 생물 다양성이 풍부한 행성에 살고 있다. 1758년 스웨덴의 식물학자 칼 폰 린네(Carl von Linné)가 분류 체계를 정립한 이래로 동물학자들은 동물 약 100만 종의 목록을 작성하여, 각각에 학명을 부여하고, 학술지에 그들의 특징을 몇 줄 기재하고, 전 세계 여러 박물관 안에 그들이 놓일 작은 공간도 마련했다.

그러나 이렇게 엄청난 노력을 기울였음에도, 새로운 생물의 발견이라는 이 과정은 아직 시작되었다고 말하기조차 어렵다. 1976년에는 전혀 알려지지 않은 길이 4.2미터, 몸무게 725킬로그램의 거대한 상어가 하와이 부근에서 미국 해군 함정의 닻을 삼키려고 하다가 잡혔다. 비슷한 시기에 곤충학자들은 뉴질랜드 토종 박쥐의 둥지에서만 서식하는, 커다란 붉은 거미를 닮은 전혀 새로운 분류군에 속하는 기생 파리를 발견했다. 박물관 표본 관리자들은 매년 전 세계에서 채집된 요각류, 선형동물, 극피동물, 새예동물, 소각류, 초편모충류 같은 새로운 곤충 수천 종을 정리하고 있다. 학자들은 특정 서식지를 집중 조사한 결과를 토대로, 전 세계 동물 종수를 300만에서 1000만 종 정도로 추정하고 있다. 박물학자인 하워드 에반스(Howard Evans)가 자신의 책 제목에 썼듯이, 생물학은 "거의 알려져 있지 않은 행성에 사는" 생명을 연구하는 학문이다.[1]

이 중 수천 종은 고도의 사회성을 지니고 있다. 그중 내가 동물 사회성 진화의 세 정점이라고 부르는, 산호와 이끼벌레 등의 군체 형성 무척추동물, 개미·말벌·꿀벌·흰개미 등의 사회성 곤충, 그리고 사회성을 지닌 어류·조류·포유류는 가장 진화한 동물이라고 할 수 있다. 이 세 정점에 있는 동물들은, 인간을 포함한 모든 생물의 모든 사회적 행동의 생물학적 토대에 관한 체계적 연구라고 정의되는, 사회 생물학이라는 새로운 학문의 주요 연구 대상이다.[2]

새로운 학문이기는 하지만, 사회 생물학도 기원을 따지면 오래되었다고 할 수 있다. 사회 생물학의 수많은 기초 자료와 일부 핵심 개념들은 생물들의 전반적인 행동 양식을 자연 상태에서 연구하는 학문인 동물 행동학에서 빌려 온 것이다. 줄리언 헉슬리(Julian Huxley), 카를 폰 프리슈(Karl von Frisch), 콘라트 로렌츠(Konrad Lorenz), 니콜라스 틴버겐(Nikolaas Tinbergen) 등이 개척한 동물 행동학은 현재 수많은 혁신적이고 창의적인 신세대 연구자들을 통해 계승되고 있다. 동물 행동학은 각 종이 보여 주는 행동 양식의 특성, 이 행동 양식을 통해 동물이 특정 환경에 적응하는 방법, 종 자체가 유전적 진화를 겪을 때 한 행동 양식이 다른 행동 양식을 낳는 과정 등에 가장 큰 관심을 둔다.

현대 동물 행동학은 호르몬이 행동에 미치는 영향이나 신경계 연구와도 깊은 관련을 맺고 있다. 그리고 그 연관성은 점점 더 깊어지고 있다. 연구자들은 동물의 발달 과정뿐 아니라, 과거에 심리학의 배타적 영역이라고 여겨졌던 학습 과정에도 깊이 관여하고 있으며, 가장 집중적인 연구 대상이 되고 있는 종 속에 인간도 포함시키기 시작했다. 그렇지만 동물 행동학은 여전히 동물들의 생리와 각 개체의 연구에 중점을 두고 있다.[3]

반면 사회 생물학은 동물 행동학(행동 양식 전반의 자연주의적 연구), 생태학(생물과 환경의 관계 연구), 유전학 등을 총괄하는 종합적인 학문으로서, 사회 전체의 생물학적 특성에 관한 일반 원리를 도출하고자 한다. 사회 생물학의 새로운 점은 기존의 행동학과 심리학 지식 속에서 사회 조직에 관련된 주요 사실들을 추출하고, 그 사실들을 개체군 수준에서 연구된 생태학 및 유전학을 토대로 재구성하여, 사회 집단이 진화를 통해 환경에 어떻게 적응해 왔는지를 보여 주고자 한다는 것이다. 생태학과 유전학이 정교해진 것은 최근이라고 할 수 있지만, 두 학문은 탄탄한 토대가 되기에 충분하다.

사회 생물학은 대체로 사회성 생물 종들의 비교 연구에 토대를 둔다. 모든 생물은 진화 실험의 산물, 즉 오랜 세월에 걸쳐 유전자와 환경 사이에 이루어진 상호 작용의 산물이라고 할 수 있다. 그런 실험들을 더 많이 더 세밀하게 연구함으로써, 우리는 유전적인 사회성 진화의 일차 일반 원리들을 찾아낼 수 있었고, 그것들을 검증하기 시작했다. 이제 우리가 할 일은 이 광범위한 지식을 인간 연구에 적용하는 것이다.

인간과 다른 사회성 생물들을 동시에 조망하기 위해, 사회 생물학자들은 망원경을 거꾸로 대고 보듯 인간을 평소보다 먼 거리에 놓고 고찰한다. 즉 잠시 크기를 줄이는 것이다. 그들은 지구의 사회성 종들을 나열한 목록에서 인간을 과연 어느 자리에 끼워 넣어야 적당할지 고심한다.

그들은 "인류를 연구하려면 가까이에서 볼 필요가 있지만, 한 인간을 연구하기 위해서는 멀리 떨어져 보아야만 한다."라는 루소의 말에 동의한다.[4]

이 거시적 관점은 기존 사회 과학의 인간 중심주의보다 유리한 점이 있다. 사실 고상한 체하는 자아 도취적 인간 중심주의보다 더 지능적인 악(惡)은 없다. 로버트 노직은 채식주의를 옹호하는 글에서 이 점을 명쾌하게 지적하고 있다. 그의 지적에 따르면 인간은 자신이 죽인 동물이 감수성과 지능 면에서 감히 자신과 비교할 수 없을 만큼 저급하다는 생각을 가지고 육식을 정당화한다.[5]

따라서 정말로 우월한 외계 생물 종의 대표자들이 지구를 방문하여 같은 기준을 적용한다면, 그들은 아무런 양심의 가책도 받지 않고 우리를 먹을 수 있을 것이다. 같은 맥락에서 이 외계 생물 종의 과학자들은 인간이 흥미롭지도 않고, 지능도 낮고, 열정도 그저 그렇고, 사회 조직도 이미 다른 행성에서 흔히 보았던 유형이라는 것을 발견할지 모른다.

우리에게는 통탄스럽겠지만, 그들은 다음에 개미를 주목할지 모른다. 왜냐하면 이 작은 생명체들은 반배수성 성 결정 기구와 특이하게도 암컷 중심의 카스트 제도를 갖춘, 은하계를 통틀어 지구만의 진짜 새로운 산물일 수 있기 때문이다. 우리는 이런 포고문이 발표되리라고 상상할 수도 있다. "과학적 돌파구가 열리고 있다. 우리는 마침내 1~10밀리미터 크기의 반배수성 사회성 생물을 발견했다." 그리고 나서 방문자들은 최대한의 예의를 갖출지 모른다. 그들은 인간을 과소평가하지 않았다는 것을 보여 주기 위해, 우리를 실험실에 모사해 놓을 것이다. 단순한 성분으로부터 유기 화합물을 조합하여 구조적 특징을 조사하는 화학자들처럼, 외계 생물학자들은 한두 명의 유사 인간(hominoid)을 합성할 필요가 있다고 생각할 수도 있다.

과학 소설에서 빌린 이 시나리오에는 인간의 정의가 함축되어 있다. 최근 컴퓨터 과학자들은 인공 지능 설계 분야에서 놀라운 발전을 이루었다.[6] 그들은 인간인지 여부를 검사하는 방법을 제시한다. 인간처럼 행동하는 것은 인간이라는 것이다. 인간의 행동은 상당히 정확한 수준까지 정의될 수 있다. 인간의 행동 앞에 열려 있는 진화 통로들이 모두 똑같이 협조적이지는 않았기 때문이다. 진화는 전능한 문화를 만들지 않았다. 아직도 많은 정통 마르크스주의자, 일부 학습 이론가, 놀랄 만큼 많은 인류학자와 사회학자는 사회적 행동을 원하는 그 어떤 형태로도 빚어낼 수 있다는 주장을 굽히지 않고 있다.

이것은 오해다. 범환경주의자들은 인간이 자기 문화의 산물이라는 전제에서 출발한다. 그러나 "문화가 인간을 만든다."라는 상투적인 말에는 "그 인간은 문화를 만들고 문화는 인간을 만들고"라는 말이 따라붙을 수 있다. 그들의 주장은 반쪽 진리에 불과하다. 개인은 자신의 환경, 특히 문화적 환경과 사회적 행동에 영향을 미치는 유전자 사이의 상호 작용을 통해 형성된다. 주류 문화에 살고 있는 우리의 눈에는 전 세계 수백 종류의 문화들이 엄청나게 다양해 보인다. 하지만 인간의 사회적 행동에서 볼 수 있는 다양한 변이들은 수많은 사회성 종들이 이 행성 위에 구현해 낸 수많은 조직 형태 중 극히 일부분에 불과하다. 또한 사회 생물학 이론의 도움을 받아 쉽게 상상할 수 있는 조직의 수에 비하면, 훨씬 더 미미하다.

* * *

인간의 사회적 행동이 유전적으로 결정되는가 하는 문제는 이제 더이상 질문거리도 되지 않는다. 문제는 어느 정도인가 하는 것이다. 유전적 요소가 큰 부분을 차지한다는 증거는 많으며, 그것은 대부분의 사람들이 — 나아가 유전학자들이 — 알고 있는 것보다 훨씬 더 상세하고 압도적이다. 나는 좀 더 강하게 말하겠다. 그것은 이미 결정적이라고.

이왕 말을 꺼냈으니 유전적으로 결정된 형질이 무엇을 의미하는지 정확한 정의를 내려 보기로 하자. 유전적으로 결정된 형질이란 하나 이상의 특정한 유전자가 존재함으로써 적어도 어느 정도 다른 형질들과 달라지는 형질을 말한다. 중요한 점은 유전적 영향을 객관적으로 평가하려면 한 형질의 상태를 두 가지 이상 비교해야 한다는 것이다. 파란색 눈이 유전된다는 말은 좀 더 구체화하지 않는다면 아무런 의미도 없다. 왜냐하면 파란색 눈은 홍채에 최종적으로 색깔을 불어넣는 주로 생리적인 환경과 유전자의 상호 작용의 산물이기 때문이다. 그러나 파란색 눈과 갈색 눈의 차이가 전적으로 또는 부분적으로 유전자의 '차이'에 근거를 두고 있다고 말하는 것은 의미 있는 주장이다. 왜냐하면 그것은 검증할 수 있고 유전학의 법칙으로 해석될 수 있기 때문이다. 그다음에는 관련된 자료들을 찾아야 한다. 부모, 형제자매, 자손, 약간 먼 친척들의 눈 색깔이 바로 그것이다. 이 자료들을 세포 증식과 유성 생식에 바탕을 둔, 두 유전자 사이의 상호 작용만을 다루는 가장 단순한 멘델 유전 모형과 비교한다. 자료들이 모형에 부합된다면, 차이는 두 유전자에 바탕을 둔다고 해석할 수 있다.

만약 그렇지 않다면 상당히 복잡한 분석틀이 적용되어야 한다. 합리적인 수준으로 들어맞을 때까지 유전자의 수가 점점 더 늘어나고, 더 복잡한 상호 작용 양상이 상정된다. 교과서에 나오는 이상적인 사례와 달리 차이를 모호하게 만드는 복잡한 변이가 존재하기는 하지만, 앞에 인용한 파란색 눈과 갈색 눈의 주된 차이는 사실상 두 개의 유전자에 토대를 두고 있다. 가장 복잡한 형질에는 수백 개의 유전자가 관여하기 때문에, 각 유전자의 상대적인 영향은 정교한 수학 기법의 도움을 받는다고 해도 대략적인 수준까지만 측정이 가능하다. 그래도 그 분석이 적절하게 이루어진다면, 유전적인 영향이 존재하는지 여부와 그 영향의 대략적인 크기는 거의 명확히 파악할 수 있다.[7]

인간의 사회적 행동도 본질적으로 동일한 방식으로 평가할 수 있다. 즉 먼저 다른 종들의 행동과 비교한 후, 훨씬 더 어렵고 모호한 일인 인간 집단 내 및 집단 간의 변이를 연구하여 평가하는 것이다. 유전자 결정론의 진면목은 선택한 주요 동물 분류군과 인간 종을 비교할 때 가장 선명하게 드러난다. 해부학적 및 생화학적으로 우리와 가장 가까운 진화상의 친척인 아프리카와 아시아의 대형 유인원과 원숭이 대다수는 다음과 같은 몇 가지 보편적인 인간 형질들을 우리와 공유하고 있다.[8]

- 우리의 친밀한 사회 모임들은, 조류와 명주원숭이들이 대부분 그렇듯, 두 명이 아니라 10~100명의 성인들로 구성되기도 하고, 많은 어류와 곤충이 그렇듯, 많으면 수천 명에 달하는 성인들로 이루어진다.
- 수컷이 암컷보다 크다. 이것은 구대륙 영장류와 유인원, 그리고 다른 많은 포유류들에게서도 나타나는 상당히 중요한 특징이다. 많은 종을 조사한 결과, 성공한 수컷과 짝을 짓는 암컷의 평균 수는 수컷과 암컷의 몸집 차이와 밀접한 상관관계가 있다. 이 규칙은 수긍이 간다. 암컷을 차지하려는 수컷들의 경쟁이 심해질수록 큰 몸집은 더 유리해지고, 큰 몸집에 수반되기 마련인 단점들의 영향력은 줄어든다. 인간 남성은 여성보다 그리 크지 않다. 이런 점에서 우리는 침팬지와 비슷하다. 인간 남녀의 몸집 차이를 다른 포유류를 연구하여 얻은 곡선에 대입해 보면, 성공한 남성 한 명과 짝을 짓는 여성의 수는 평균적으로 1보다 크고 3보다 작을 것으로 추정된다. 이것은 현실과 가깝다. 우리는 스스로가 어느 정도 일부다

처제형 종이라는 것을 알고 있다.

- 청소년은 처음에는 어머니와의 친밀한 관계를 통해, 그 후에는 연령과 성별이 같은 아이들과 점점 더 어울리는 장기간의 사회적 훈련을 거쳐 다듬어진다.
- 사회성 놀이는 역할 연습, 모의 공격, 성행위 흉내, 탐사가 특징인 고도로 발달한 활동이다.

구대륙 원숭이, 대형 유인원, 인간으로 이루어진 분류군은 이런 특성들을 통해 식별할 수 있다. 인간이 어류, 조류, 영양, 설치류 같은 분류군들이 지닌 근본적으로 다른 형질 목록을 갖추는 쪽으로 사회화될 수 있다고는 상상할 수 없다. 의도적으로 그런 것들을 모방할 수는 있겠지만, 그것은 무대 위에서 공연되는 허구일 것이고, 심층의 감정적 반응을 거스를 것이며, 한 세대 이상 지속될 수 없을 것이다. 진지한 의도를 갖고 대강의 외형만 채택한다고 해도, 그 비영장류식 사회 체제는 말 그대로 제정신이 아닐 것이다. 인격은 급속히 붕괴하고, 관계는 해체되며, 번식은 중단될 것이다.[9]

더 세밀한 분류 단계로 가면, 우리 종은 인간 고유의 유전자 집합의 결과라고밖에 달리 설명할 수 없는 방법으로 구대륙의 원숭이와 구분된다. 물론 가장 열렬한 환경주의자조차도 이 점에는 주저하지 않고 동의한다. 그들은 위대한 유전학자 테오도시우스 도브잔스키(Theodosius Dobzhansky)의 말에 기꺼이 동의할 것이다. "어떤 의미에서 보면, 인류의 진화 과정에서 인간 유전자는 전혀 새로운 비생물학적 또는 초유기체적 행위자인 문화에게 자신의 주도권을 넘겨주었다. 그러나 이 행위자가 인간의 유전형에 전적으로 의존하고 있다는 점을 잊어서는 안 된다."[10]

그러나 이 문제는 그보다 더 심층적이고 더 흥미롭다. 여러 구체적인 연구들은 다른 동물 종의 특징과 구별되는 인류의 식별 형질이 있다는 것, 즉 날개 무늬가 표범나비의 식별 형질이고 복잡한 선율의 봄 노래가 개똥지빠귀의 식별 형질인 것처럼, 모든 문화에 편재하는 인간의 진정한 사회적 형질이 있다는 것을 보여 주고 있다. 1945년 미국의 인류학자 조지 머독(George P. Murdock)은 역사와 민족지(民族誌)가 알려져 있는 모든 문화에 공통으로 기록되어 있는 특징들을 뽑아 보았다.

> 나이 서열, 운동 경기, 신체 장식, 달력, 청결 훈련, 공동체 조직, 요리, 협동 노동, 우주론, 구애, 춤, 장식 예술, 점, 분업, 해몽, 교육, 종말론, 윤리학, 민족 식물학, 예절, 신앙 치료, 가족 잔치, 불 피우기, 민간 전승, 음식 금기, 장례 의식, 놀이, 몸짓, 선물 주기, 정치 체제, 인사하기, 머리 모양, 환대, 주택, 위생, 근친 상간 금기, 상속 규칙, 농담, 친족 집단, 친족 명명법, 언어, 법, 행운 미신, 주술, 혼례, 식사 시간, 의약, 조산술, 처벌, 개인 이름, 인구 정책, 양육, 임신 관례, 재산권, 초자연적 존재 달래기, 사춘기 풍습, 종교 의식, 거주 규칙, 성적 규제, 영혼 개념, 지위 분화, 외과 수술, 도구 제작, 거래, 방문, 천 짜기, 날씨 조절.[11]

이 공통 특성들 중 고도의 사회생활이나 높은 지능의 필연적 성과물이라고 해석될 수 있는 것은 거의 없다. 우리 인간의 사회보다 구성원들의 지능이 훨씬 더 높고 더 복잡하게 조직된 비인간 사회이면서 위에 열거된 특징들을 거의 지니고 있지 않은 사회를 상상하는 것은 어렵지 않다. 곤충 사회에서 가능한 특성들을 생각해 보자. 불임 노동자들은 인간보다 더 협동적이고 이타적일 것이며, 카스트 제도와 분업을 더 선호하는 경향을 나타낼 것이다. 개미들이 우리와 같은 수준까지 자신을 합리화할 수 있는 뇌를 갖고 있다면, 그들은 우리의 동료가 될 수 있을 것이다. 그들의 사회는 다음과 같은 특징을 지닐 것이다.

나이 서열, 더듬이 의식(儀式), 몸 핥기, 달력, 식육 관습, 계급 결정, 계급 규율, 군체 창설 규칙, 군체 조직, 청결 훈련, 공동 육아, 협동 노동, 우주론, 구애, 분업, 게으름뱅이 통제, 교육, 종말론, 윤리학, 예절, 안락사, 불 피우기, 음식 금기, 선물 주기, 정치 체제, 인사하기, 데릴사위제, 환대, 주택, 위생, 근친상간 금기, 언어, 유충 돌보기, 법, 의약, 탈바꿈 의식, 먹이 게워 내어 나눠 주기, 육아 계급, 혼인 비행, 영양란, 인구 정책, 여왕 존중, 거주 규칙, 성 결정, 군대 계급, 자매애, 지위 분화, 불임 노동자, 외과 수술, 공생 균류 돌보기, 도구 제작, 거래, 방문, 날씨 조절.

그 외에 우리 언어로는 묘사하기 힘든 기이한 행동들이 있을 것이다. 게다가 그들이 군체 간의 다툼을 없애고 자연 환경을 보호하도록 프로그램되어 있다면, 그들은 인간보다 더 큰 규모의 체제 유지 권력을 지닐 것이고, 넓은 의미에서 그들은 인간보다 더 높은 수준의 도덕성을 지닐 것이다.

* * *

문명은 본래 호미니드(호모 속의 동물, 즉 인류 — 옮긴이)만의 것이 아니다. 그것은 단지 우연히, 노출된 피부를 갖고 두 발로 선 포유류의 신체 구조 및 인간 본성의 특이한 성질과 연결되었을 뿐이다.

프로이트는 신이 조악하고 들쭉날쭉한 작품을 만든 죄를 지었다고 했다. 그 말은 그가 의도한 것보다 훨씬 더 의미 적절한 표현이다. 인간 본성은 상상할 수 있는 수많은 것들 중에서 나온 단지 하나의 잡동사니에 불과하다. 그러나 인간의 식별 형질 중 극히 일부만이라도 떼어 낸다면, 아마 아무짝에도 쓸모 없는 혼돈이라는 결과가 나올 것이다. 인간은 구대륙 영장류 중 우리와 가장 가까운 친척의 행동을 모방하는 것조차 참지 못할 것이다. 만약 상호 동의가 이루어져 어떤 인간 집단이 침팬지나 고릴라의 독특한 사회 체제를 상세히 모방하려 시도한다면, 그들의 노력은 곧 좌절될 것이고 그들은 인간의 행동으로 완전히 복귀할 것이다.

인간을 태어나자마자 문화적 영향이 거의 전무한 환경에서 키울 경우 인간 사회생활의 기본 요소들을 새롭게 구성해 낼 수 있을까 추정하는 것도 흥미로운 일이다. 나는 단기간 내에 언어의 구성 요소들이 새로 발명되고, 문화가 풍요로워질 것이라고 본다. 인류학자이자 인간 사회 생물학의 개척자인 로빈 폭스(Robin Fox)는 이 가설을 가장 과격한 용어로 표현했다. 그는 상상했다. 우리가 전설 속의 인물인 파라오 차메티쿠스(Psammetichus)나 스코틀랜드의 왕 제임스 4세가 했던 것처럼 잔인한 실험을 한다고 가정해 보라고. 그들은 아이들을 연장자들로부터 완전히 격리시킨 상태에서 원격 조종으로 키웠다고 알려져 있다. 과연 그 아이들이 서로에게 말하는 법을 습득할 수 있을까?

나는 그들이 말할 수 있다고 믿는다. 이론적으로 볼 때 그들이 말 한마디 배운 적이 없다고 해도, 나는 시간이 주어진다면 그들이나 그들의 자손이 언어를 발명하고 발전시키리라는 것을 의심하지 않는다. 더 나아가 그 언어가 우리가 알고 있는 다른 언어들과 전혀 다르다 해도, 언어학자들은 그 언어를 다른 언어와 똑같은 토대 위에서 분석할 수 있고, 기존의 모든 언어로 번역할 수 있을 것이다. 여기서 더 나아가 보자.

만약 우리의 새 아담과 이브가 살아남아 자손을 낳는다면 ─ 여전히 모든

문화적 영향으로부터 완전히 고립된 상태에서 — 결국 그들은 소유에 관한
법, 근친 상간과 혼인에 관한 규칙, 금기와 회피 관습, 유혈 참극을 최소화하
면서 분쟁을 해결하는 방법, 초자연적인 것에 대한 믿음과 관련 행위들, 사
회적 지위 체계와 그것의 표시 방법, 젊은이의 통과 의례, 여성들의 몸치장
을 비롯한 구애 행위, 상징적인 몸치장 양식, 여성을 배제하고 남성만을 위
해 창설된 특정한 활동이나 모임, 갖가지 도박, 도구 제작 및 무기 제조 산업,
신화와 전설, 춤, 불륜, 다양한 살인·자살·동성애·정신 분열증·정신병·신
경 질환, 그리고 관점에 따라 다르겠지만 그들을 치료하거나 이용하는 일에
종사하는 다양한 사람들 등이 있는 사회를 만들어 낼 것이다.[12]

인간의 사회적 행동의 기본 특징들은 몹시 독특하며 다른 동물들의
특징과 비교하는 데에도 한계가 있기는 하지만, 대체로 다른 포유류의
특징, 특히 다른 영장류들을 망라해서 나온 특징들과 유사하다. 행동을
조직하는 데 쓰이는 몇 가지 신호들, 구대륙 원숭이와 대형 유인원에게
서 지금도 볼 수 있는 원시 신호로부터 논리적으로 이끌어 낼 수 있다.
겁에 질린 표정, 웃음, 심지어 조소까지도 침팬지의 얼굴 표정과 흡사하
다. 이러한 폭넓은 유사성은 인간 종이 구대륙 영장류 조상으로부터 진
화했다면 — 이것은 설명 가능한 사실이다. — 그리고 지금 다루고 있는
더 폭넓은 가설처럼 인간의 사회적 행동 발달이 아주 조금이라도 유전
적으로 속박되어 있다고 하면, 예상할 수 있는 바로 그런 패턴이다.

침팬지의 지위는 특히 세심한 주의를 기울일 가치가 있다. 가장 지적
인 이 유인원에 대한 지식이 축적되면서, 인간의 독특함이라는 허약한
도그마는 상당 부분 풍화되었다. 무엇보다도 침팬지는 해부학적·생리
학적 측면에서 인간과 뚜렷한 유사성을 갖고 있다. 또한 분자 수준에서
도 매우 가까운 것으로 밝혀졌다. 생화학자인 메리클레어 킹(Mary-Claire

King)과 앨런 윌슨(Allan C. Wilson)은 44개의 유전자좌에 있는 유전자들이 만든 단백질을 비교해 보았다. 그들은 두 종의 총괄적인 차이가 거의 구별이 안 되는 초파리 두 종의 유전적 차이와 같은 수준이며, 백인, 아프리카 흑인, 일본인 집단 간의 차이보다 단지 25~60배 큰 수준이라는 것을 밝혀냈다. 침팬지와 인간의 계통은 진화적 시간으로 보면 비교적 최근인, 약 2000만 년 전에 갈라져 나온 것으로 추정된다.[13]

엄격한 인간적 기준에 따르면 침팬지는 정신적으로 중간 수준까지 지체되어 있는 셈이다. 그들의 뇌는 인간의 3분의 1밖에 안 되고, 후두는 원시 유인원의 것과 같아서 분절된 인간의 말을 할 수 없다. 그러나 그들은 수화를 하거나 판 위에 플라스틱 상징물을 순서대로 늘어놓음으로써, 자신의 보조자와 의사 소통하는 방법을 습득한다. 그중 가장 영리한 침팬지는 200여 개의 영어 단어와 초보적인 문법을 배워서 "메리가 내게 사과를 준다."나 "루시가 로저를 괴롭혀." 같은 문장들을 만들어 내기도 한다.

네바다 대학교의 비어트리스 가드너(Beatrice Gardner)와 로버트 가드너(Robert Gardner)가 훈련시킨 침팬지 암컷 라나는 조련사에게 홧김에 "이 죽일 놈아."라는 신호를 보내면서 방에서 꺼내 달라고 요구했다. 데이비드 프리맥(David Premack)이 훈련시킨 암컷 사라는 2,500개의 문장을 기억하고, 그 가운데 많은 것들을 사용했다. 그런 교육을 잘 받은 침팬지들은 "녹색 위에 붉은색(이 반대가 아니라)이 있으면 (녹색이 아니라) 붉은색을 집어라."라든지 "바나나는 통에, 사과는 접시에 놓아라." 같은 복잡한 명령도 이해했다. 그들은 오리를 "물새", 수박을 "마시는 과일"이라고 함으로써, 영어를 창안한 자들의 머리에 떠올랐던 것과 본질적으로 동일한 새로운 표현들을 발명하기도 했다.[14]

침팬지는 언어 창안력과 욕구 측면에서는 결코 인간의 아이를 따라

갈 수 없다. 게다가 정말로 언어학적 창조성이 있다는 증거도 없다. 그 어떤 천재 침팬지도 "메리가 내게 사과를 준다."와 "나는 메리를 좋아해." 라는 문장을 결합하여 더 복잡한 문장인 "메리가 내게 사과를 주기 때문에 나는 그녀를 좋아해."를 만들어 내지는 못했다. 인간의 지능은 침팬지의 지능보다 훨씬 더 높다. 그러나 상징물과 구문을 통해 의사 소통하는 능력은 유인원의 이해 범위 내에 있다. 현재 많은 동물학자들은 동물과 인간 사이에 다리를 놓을 수 없는 언어학적 협곡이 존재한다는 점을 의심하고 있다.[15] 1949년 저명한 인류학자 레슬리 화이트(Leslie White)가 했던 "인간 행동은 상징적 행동이고 상징적 행동은 인간 행동이다."[16] 라는 말은 이제 더 이상 할 수 없다.

새롭게 다리가 놓인 또 다른 협곡은 자의식이다. 심리학자 고든 갤럽(Gordon Gallup)이 침팬지들에게 2, 3일 동안 거울을 들여다보도록 하자, 그들은 처음에 자신의 거울상을 낯선자로 인식했다가 나중에 자기 자신으로 보기 시작했다. 이때부터 그들은 거울을 이용해 자신의 신체 중, 이전에는 볼 수 없었던 부위를 탐색하기 시작했다. 그들은 표정을 지어 보고 이빨로 음식을 물어뜯어 보고, 튀어나온 입술 사이로 풍선껌을 불어 댔다. 갤럽을 비롯한 여러 사람들이 원숭이나 긴팔원숭이에게도 거울을 주어 보았지만, 그들은 그런 행동을 전혀 보이지 않았다. 연구자들이 침팬지들을 마취시킨 후 얼굴 한쪽에 물감을 칠해 놓기도 했다. 그러자 침팬지들은 자의식을 가지고 있다는 뚜렷한 증거를 보여 주었다. 그들은 겉모습에 일어난 변화를 탐구하고, 달라진 부위들을 손가락으로 만진 뒤 냄새를 맡아 보고, 거울을 보며 많은 시간을 보냈다.[17]

만일 침팬지가 자의식이 있고 다른 지적 존재와 의사 소통할 능력도 있다면, 인간 정신의 다른 특징들을 지니는 것도 가능할까? 프리맥은 침팬지에게 죽음이라는 개념을 전달하는 것이 의미가 있는지 고심했지만,

주저하고 있다. 그는 묻는다.

유인원도 죽음을 두려워하고, 인간처럼 이 인식을 기이하게 취급할 것인가? 우리의 목적은 죽음에 대한 인식을 함께 나누는 것뿐만 아니라 더 나아가 유인원이, 두려움에 겨워 의식(儀式)·신화·종교를 창안한 인간과 달리 그것에 두려움을 갖지 않도록 할 방법을 찾아내는 것이다. 두려움이 없는 죽음의 개념을 가르칠 절차를 확립할 수 있을 때까지는, 나는 유인원에게 죽음에 관한 인식을 나누어 줄 생각이 전혀 없다.[18]

그렇다면 침팬지는 어떤 사회적 존재인가? 그들은 인간 중에서 가장 단순한 경제 체제를 지닌 수렵 채집인들보다도 훨씬 더 엉성하게 조직되어 있다. 그러나 양자 사이에는 놀라울 만큼 근본적인 유사성이 있다. 유인원들은 50마리까지 무리를 이루어 사는데, 더 작고 더 우연히 모인 집단일수록 더 빨리 흩어진다. 며칠 지나지 않아 흩어졌다가 다른 개체들과 재결합하곤 하는 것이다. 인간과 거의 마찬가지로 수컷들은 암컷들보다 몸집이 약간 크고, 뚜렷이 정립된 위계 구조의 정상을 차지하고 있다. 어린 유인원들은 수년 동안, 때로는 다 자랄 때까지도 어미와 친밀한 관계를 유지한다. 젊은 침팬지들은 장기간 동년배끼리 몰려다니는데, 어미가 죽으면 동생들을 맡아 기르기도 한다.

각 무리의 거주 영역은 30제곱킬로미터 정도이다. 인접한 무리들이 만나는 일은 거의 없으며, 만남도 대개 부자연스럽다. 어쩌다가 접촉이 일어날 때 유모 암컷과 젊은 어미들이 다른 집단으로 이주하기도 한다. 그러나 상황이 달라지면, 침팬지들은 영토를 확보하기 위해 애쓰고 흉포해질 수 있다. 제인 구달(Jane Goodall)이 눈부신 연구를 수행했던 탄자니아의 곰베 강 보호 구역에서는, 한 집단에서 나온 수컷 무리가 인접한 작은 무리의 주거 영역을 침범해 그들을 공격하고 상처를 입히기도 했다. 결국 원래의 거주자들은 침입자들에게 영토를 넘겨주고 말았다.[19]

원시인과 마찬가지로 침팬지는 주로 열매 같은 식물성 먹이를 채집하며, 사냥은 부수적인 활동에 해당한다. 원시인과 침팬지의 식량 차이는 정도의 차이에 불과하다. 수렵 채집 사회에 있는 인간은 평균적으로 열량의 35퍼센트를 육식을 통해 얻는 데 반해, 침팬지는 전체 열량의 1~5퍼센트만 육식을 통해 얻는다. 또 원시인 사냥꾼은 인간 몸무게의 100배나 되는 코끼리를 비롯해 크기에 상관없이 먹잇감을 잡는 데 반해, 어른 침팬지는 수컷 몸무게의 5분의 1 이상 나가는 동물은 거의 공격하지 않는다.[20]

아마 침팬지들에게서 볼 수 있는 인간다운 행동 중 가장 뚜렷한 것은, 사냥할 때 펼치는 지능적이고 협동적인 기동 작전일 것이다. 보통은 어른 수컷들만이 동물을 사냥한다. 이것은 영장류가 가진 또 하나의 형질이다. 버빗원숭이(긴꼬리원숭이의 일종 ― 옮긴이)나 어린 비비 같은 사냥감을 점찍고 나면, 침팬지의 자세, 움직임, 표정은 현저하게 달라진다. 그는 자신의 의도를 신호로 보낸다. 다른 수컷들은 표적이 된 동물을 향해 시선을 돌리는 반응을 보인다. 그들은 털을 곤두세우고 긴장된 자세를 취하면서 소리를 죽인다. 대개 침팬지는 가장 소란스러운 동물이기 때문에, 인간 관찰자의 관점에서 볼 때 이것은 뚜렷한 변화다. 이 경계 상태는 거의 일시에 돌진하는 신속한 공격으로 이어진다.[21]

사냥꾼 수컷들의 공통 전략은 비비 집단과 뒤섞인 후 총알처럼 돌진해 어린 비비 한 마리를 잡는 것이다. 또 다른 전략은 사냥감이 신경이 곤두서서 멀어져 가도 개의치 않고 계속 에워싼 채 살금살금 포위망을 좁혀 가는 것이다. 곰베 강 보호 구역에 사는 피간이라는 모험심이 강한 수컷은 어린 비비가 야자수 위로 도망갈 때까지 추적했다. 그러자 근처에서 쉬거나 몰려 있던 다른 수컷들이 사냥에 참가하기 위해 삽시간에 몰려들었다. 몇몇은 비비가 올라가 있는 나무 밑에 섰고, 나머지는 탈출로로 이용될 수 있는 근처의 나무들 밑에 흩어졌다. 비비가 두 번째 나무로 뛰자, 그 밑에 있던 침팬지가 재빨리 나무 위로 기어오르기 시작했다. 비비는 6미터 아래 땅으로 뛰어내려, 근처에 있던 무리 속으로 들어가 간신히 달아날 수 있었다.

침팬지는 고기 분배에도 호혜적이다. 누군가가 원하면 준다. 고기를 원하는 침팬지는 고기나 고기를 먹고 있는 동료의 얼굴에 자신의 얼굴을 가까이 대고 뚫어지게 쳐다본다. 또 손을 뻗어 고기와 상대방의 턱이나 입술을 만지거나, 상대의 턱 밑에 손바닥을 벌리기도 한다. 이때 고기를 가진 수컷이 갑자기 떠나 버리는 경우도 가끔 있다. 하지만 고기를 가진 침팬지는 다른 침팬지가 직접 고기를 씹거나 손으로 고기를 조금 뜯어내는 것을 묵인하기도 한다. 어떤 때는 수컷들이 고기를 잘라 수요자에게 나누어 주기도 한다. 이타주의라는 인간의 기준으로 볼 때, 이것은 미미한 몸짓이지만 동물에게는 극히 드문 행위이다. 즉 유인원류(apekind)를 향한 거대한 진보인 것이다.

마지막으로 침팬지는 초보적인 문화를 지니고 있다. 아프리카 삼림에서 자유롭게 살고 있는 침팬지 무리를 25년 동안 연구한 유럽, 일본, 미국의 동물학자들은 원숭이들이 일상생활에 도구를 사용한다는 것을 보여 주는 명백한 증거들을 발견해 왔다. 막대기나 작은 나무를 표범에 대한 방어 무기로 사용하는 것, 막대기나 돌 또는 작은 식물을 던져 비비나 인간이나 침팬지를 공격하는 것, 막대기로 흰개미 집을 부순 후 잎을 떼어 내고 중간까지 씹은 나무줄기로 흰개미를 '낚는' 것, 막대기로 상자를 여는 것, 나뭇잎을 씹어 만든 '스펀지'로 나무 구멍에서 물을 퍼 올리는 것 등이 그렇다.

학습과 놀이는 도구 사용 기술을 습득하는 데 핵심적인 역할을 한다. 두 살짜리 침팬지에게 막대기를 갖고 놀 기회를 주지 않으면, 더 나이 든 뒤에 막대기를 사용해 문제를 해결하는 능력이 줄어든다. 갖고 놀물건들이 주어지면 생포당한 어린 침팬지도 별 차이 없이 기술을 습득한다. 태어난 지 2년이 안 된 침팬지는 주어진 물건들을 조작하려는 시도 없이 단순히 만지고 쥐기만 한다. 성장함에 따라 그들은 때리거나 다른 일을 하기 위해 물건을 사용하는 빈도를 늘려 가며, 그와 더불어 도구 사용에 필요한 문제들을 해결해 나간다.

아프리카 야생 집단에서도 성장 과정은 비슷하다. 6주밖에 안 된 침팬지는 어미에게 안긴 채 팔을 뻗어 잎과 가지를 만져 본다. 조금 더 자란 침팬지는 눈, 입술, 혀, 코, 손으로 주변 환경을 끊임없이 살피면서 주기적으로 잎을 건드리고 흔들어 본다. 이렇게 성장하면서 그들의 도구 사용 능력은 조금씩 발달한다. 8개월 된 아기 침팬지가 자신의 장난감에 풀줄기를 덧붙이는 모습이 관찰된 경우도 있다. 그 침팬지는 장난감을 돌이나 어미에 대고 닦아 내겠다는 구체적인 목적을 갖고 있었다. 이것은 흰개미 '낚시'와 연관된 행동 양식이다. 침팬지는 흰개미들을 도발해 물체에 달려들도록 한 다음 재빨리 그들을 씹거나 핥아 낸다. 놀이를 하는 동안 어린 침팬지들은 풀줄기의 넓은 쪽을 떼어 내고 긴 줄기 끝을 씹어서 낚시 도구를 준비하기도 했다.

제인 구달은 이 전통의 전수 과정에서 모방 행동이 나타난다는 직접적인 증거들을 찾아냈다. 그녀는 아기 침팬지들이 도구를 쓰는 어른들의 행동을 유심히 봐 두었다가 어른들이 떠난 뒤에 그 도구를 집어 사용하는 것을 관찰할 수 있었다. 엉덩이에 묻은 똥을 잎사귀로 닦아 내는 어미를 유심히 관찰하는 3년생 침팬지의 모습이 두 번 관찰된 적이 있다. 그 아기는 어미의 행동을 모방해 더럽지도 않은 엉덩이를 잎으로 닦

아 내는 시늉을 했다.[22]

　침팬지는 기술을 발명하고 남에게 전해 주기도 한다. 막대기를 사용해 먹이 상자를 여는 행동이 그 예다. 그 방법은 곰베 강 보호 구역에 사는 침팬지 한 마리 혹은 몇 마리가 창안한 것인데, 나중에 모방을 통해 무리 전체에 퍼졌다. 그 지역에 새로 들어온 한 암컷은 다른 침팬지들이 상자를 열려고 애쓰는 동안 덤불에 숨어 있고는 했다. 네 번째 방문했을 때, 그 암컷은 걸어 나와 막대기를 집어 상자에 꽂고 흔들기 시작했다.

　아프리카에서 기록된 도구 사용 행동들은 일부 침팬지 무리들에 한정된 것이기는 하지만, 전체적으로 보면 각 행동은 대체로 연속적인 분포를 보인다. 이 분포는 어떤 행동이 문화적으로 전파되었을 때 볼 수 있는 바로 그런 양상을 띤다. 스페인 동물학자 호르헤 사바터르피(Jorge Sabater-Pí)가 제작한 침팬지들의 도구 사용 도표는 슬그머니 인류학 교과서의 원시 문화 단원 중의 한 장을 차지할지도 모른다. 비록 도구 사용법의 발명과 전파에 관련된 증거들이 대부분 간접적이기는 하지만, 그것들은 원숭이가 이럭저럭 문화적 진화의 임계점을 건넜다는 것, 따라서 어떤 의미에서는 인간의 영역 속으로 진입했다는 것을 시사한다.[23]

＊ ＊ ＊

　침팬지의 생활을 설명한 이유는 내가 인간 조건에 관한 한 가지 근본적인 사항이라고 생각하는 것을 설명하고 싶어서다. 기존의 진화적 척도와 심리학의 주요 기준에 비춰 보았을 때, 우리는 천애고아가 아니다. 우리 인류에게는 몇몇 형제 종이 있다. 인간과 침팬지의 사회적 행동의 유사성은, 비교적 최근에 유전적 분화가 일어났다는 부인할 수 없는 해부학적, 생화학적 흔적들과 결합될 때, 단지 우연의 일치라고 치부할 수 없는 강력한 증거를 형성하게 된다. 나는 그 유사성 중 최소한 일부는 똑같은 유전자를 소유하고 있기 때문에 나타난다고 믿는다. 이 말에 어떤 진리가 담겨 있다면, 구대륙 원숭이와 원시 영장류뿐 아니라 침팬지를 비롯한 대형 유인원의 보호와 연구가 더욱 시급해진다. 이 동물 종들에 관한 지식이 더 완벽해진다면, 현재 유일하게 인간만이 차지하고 있는 진화 단계로 이어지는 단계적인 유전적 변화에 관해 더 명확한 그림을 그릴 수 있을 것이다.

요약하자면 이렇다. 인간 본성의 일반 형질들은, 다른 모든 종들의 형질이라는 거대한 배경 앞에 놓고 보면 특별하며 특이해 보인다. 그러나 추가 증거들은 더 상투적인 인간 행동들이 일반 진화론에서 예측한 대로 포유류의 것이며, 더 구체적으로는 영장류의 특징에 해당한다는 것을 보여 주고 있다. 구체적인 사회생활과 정신적 특성을 볼 때, 침팬지는 이전에는 비교 자체가 부적당하다고 여겼던 영역들에서도 인간과 거의 같은 등급에 놓일 수 있을 정도로 우리와 가깝다. 이런 사실은 인간의 사회적 행동이 유전적 토대 위에 있다는 가설, 더 정확히 말하면 인간의 행동이 근연 관계에 있는 종들과 공유하고 있는 일부 유전자와 인간 종 고유의 유전자로 조직된다는 가설과 일치한다. 한편 이런 사실은 수세대 동안 사회 과학의 주류를 차지해 온 경쟁 관계에 있는 가설, 즉 인류가 전적으로 문화에 토대를 두는 수준까지 자신의 유전자로부터 탈출해 왔다는 가설과는 부합되지 않는다.

이 문제를 체계적으로 탐구해 보자. 유전자 가설의 핵심은 신(新)다윈주의 진화론에서 직접 이끌어 낸 명제, 즉 인간 본성을 형성하는 형질들은 인간 종이 진화해 온 기간만큼 적응을 거쳐 왔고, 그 결과 유전자들은 그것을 지닌 사람에게서 그 형질이 발달하도록 함으로써 집단 전체로 퍼졌다는 명제이다. 적응이란 간단히 말해, 한 개체가 형질을 드러내지 않을 때보다 드러냈을 때 다음 세대에 그의 유전자를 발현시킬 기회가 더 많아진다는 것을 의미한다. 이렇게 가장 엄격한 의미에서 본 개체들의 차등적 이점을 '유전적 적응도'라고 한다. 유전적 적응도는 개체의 생존 능력 강화, 개체의 번식 능력 강화, 공통 조상에게서 물려받은 동일한 유전자를 공유하는 가까운 친족들의 생존 및 번식 능력 강화라는 세 가지 기본 요소로 구성된다. 이 요소들 중 어느 하나 또는 그것들의 조합이 강화되면 유전적 적응도는 증가한다.

다윈이 자연 선택이라고 부른 이 과정은 인과 관계의 꽉 짜인 순환을 의미한다. 만일 어떤 유전자를 소유한 개체에게 특정 형질, 이를테면 어떤 사회적 반응이 발현되는 경향이 있고, 그 형질이 우월한 적응도를 지닌다면, 그 유전자는 다음 세대에 더 많이 발현될 것이다. 자연 선택이 무수한 세대 동안 계속된다면, 선호되는 유전자는 집단 전체에 퍼질 것이고 그 형질은 종의 특징이 될 것이다. 수많은 사회 생물학자, 인류학자, 기타 학자들은 이런 식으로 인간 본성이 자연 선택을 통해 형성되었다고 추정한다.[24]

이 분석의 어려움을 가중시키는 흥미로운 사실이 있다. 그것은 사회 생물학 이론이 유전적으로 속박된 행동뿐 아니라, 순수한 문화적 행동에도 적용될 수 있다는 점이다. 거의 순수한 문화 사회 생물학도 가능하다. 인간이 문화 형성 능력과 함께 가장 기초적인 생존과 번식의 충동만을 부여받았다고 해도, 그는 자신의 생물학적 적응도를 증가시킬 수 있는 다양한 사회적 행동을 습득할 것이다. 하지만 앞으로 이야기하겠지만, 이러한 문화적 모방에는 한계가 있고, 그것과 더 구조적인 형태의 생물학적 적응을 구별할 수 있는 분석 방법이 있다. 이 분석은 생물학, 인류학, 심리학의 방법들을 신중하게 사용해 이루어진다. 우리는 인간의 사회적 행동이 사회 생물학 이론에 얼마나 부합되는지, 이 행동의 발달 과정에서 인간이 표출한 성향의 강도와 자동성을 통해 어떤 유전적 속박의 증거들이 드러나는지에 초점을 맞출 것이다.

이제 이 핵심 명제를 좀 더 강력하고 흥미로운 형태로 다시 써 보자. 그것은, 인간 본성의 유전적 요소들이 자연 선택을 통해 유래한 것이 아니라면, 진화론이 근본적인 난관에 봉착하게 된다는 것이다. 그럴 경우 적어도 진화론은 개체군에서 일어날 아직 생각도 못한 새로운 형태의 유전적 변화를 설명할 수 있도록 수정되어야 할 것이다. 따라서 인간 사회 생물학의 부차적인 목표는 인간 본성의 진화가 기존 진화론에 부합되는지 파악하는 것이다. 이런 노력은 실패할 가능성이 있다. 그래서 이 모험을 떠나는 생물학자들은 그리 불쾌하지만은 않은 포탄 연기를 맡으며, 살얼음판을 걸어야 한다.

우리는 인간의 사회적 행동의 유전적 진화가 대부분 문명이 발생하기 이전인 500만 년 전, 인간 종이 비교적 이동성이 적고 서로 멀리 떨어져 있는 수렵 채집 집단으로 구성되어 있던 시기에 일어났다는 것을 어느 정도 확신할 수 있다. 반면에 문화적 진화는 대부분 약 1만 년 전, 농경과 도시가 출현한 뒤에 일어났다. 그 후 인류가 역사적으로 질주하는 동안에도 일부 유전적 진화가 계속되기는 했지만, 그것은 인간 본성의 형질 중 미미한 부분만을 형성하는 데 그쳤다. 그렇지 않았다면 현재 생존해 있는 수렵 채집인들은 선진국 사람들과 유전적으로 크게 달라졌을 것이다.

따라서 인간 사회 생물학은 수렵 채집 사회와 가장 오래 지속되어 온 문자 이전 시대의 유목 및 농경 사회를 연구함으로써 직접적으로 검증할 수 있다. 그러므로 사회 생물학에 가장 가까운 사회 과학은 사회학이나 경제학이 아니라 인류학이다. 인류학은 인간 본성의 유전적 이론을 가장 직접적으로 탐구할 수 있는 분야이다.

한 과학 이론이 지닌 힘은 소수의 공리적 개념들을 관찰 가능한 현상들의 구체적인 예측으로 전환하는 능력에 따라 측정된다. 그런 힘이 있었기에 보어의 원자론은 현대 화학을 낳았고, 현대 화학은 세포 생물학을 재창조할 수 있었다. 나아가 한 이론의 타당성은 그런 예측들이 다른 경쟁 이론들보다 현상들을 더 제대로 설명할 수 있는지 여부로 평가된다. 코페르니쿠스의 태양계가 짧은 투쟁을 거쳐 프톨레마이오스의 태양계를 정복한 것이 그 예다.

결국 하나의 이론은 쉽게 기억하고 이용할 수 있는 설명틀 속에 계속 축적되어 가는 사실들을 꾸려 넣어 새로 발견된 사실들을 그 이론에 맞게 변형시킬수록, 과학자들 사이에서 영향력을 얻고 대접을 받는다. 둥근 지구는 평평한 지구보다 더 그럴듯하다. 과학 발전을 낳는 중요한 사실들은 그 사실들을 획득할 목적으로 고안된 실험을 통해서나, 교란되지 않은 자연 현상들을 영감을 갖고 관찰함으로써 얻을 수 있다. 과학은 언제나 이렇게 대개 기회주의적인 갈짓자 방식으로 발전해 왔다.

인간 본성의 유전적 진화론을 현실 과학으로 만들고자 한다면, 우리는 생태학과 유전학의 최고 원리들 중에서 유전적 진화론에 바탕을 둔 것들을 뽑아, 그것들을 인간의 사회 조직에 구체적으로 적용할 수 있어야 한다. 그 이론은 기존의 수많은 사실들을 전통적인 설명들보다 더 확신을 주는 방식으로 설명해야 할 뿐 아니라, 사회 과학이 과거에 상상하지 못했던 새로운 종류의 정보가 필요한지도 파악해야 한다. 따라서 설명 대상이 될 행동은 인간의 행동 중 가장 보편적이면서도 가장 덜 합리적인 것이어야 하며, 일상적인 생각과 정신을 산만하게 하는 변화무쌍한 문화적 요소들의 영향을 가장 덜 받는 것이어야 한다. 다시 말해, 그것은 문화라는 껍질로 위장하기가 가장 어려운, 타고난 생물학적 현상들을 함축하고 있어야 한다.

이런 요구는 인간 사회 생물학이라는 이제 막 출현한 학문에게는 가혹하다 하겠지만, 그럴 만한 이유가 있다. 사회 생물학은 자연 과학이 지닌 신뢰와 불공평해 보이는 심리적 이점을 지닌 채 사회 과학으로 침입한다. '경성(hard)' 과학의 개념과 분석 방법이 일관적이고 지속적으로 적용될 수 있다면, 과학과 인문학이라는 두 문화의 틈새는 메워질 것이다. 그러나 인간 본성에 대한 우리의 개념이 바뀌어야 한다면, 아무리 간절히 원한다고 해도 그것은 새로운 교리가 아니라, 과학적 증거들의 포화 앞에 굴복하는 진리를 통해 이루어져야 한다.

* * *

이 책의 다음 여섯 장은 이미 상당히 확증되어 있는 사실들, 그리고 솔직히 말해 사변적이라 할 수 있는 깊이 있는 다양한 사회 생물학적 문제들을 다룬다. 이 연구 방법을 설명하기 위해 간단한 예를 두 가지 들기로 하자.

'근친상간 금기'는 인간의 보편적인 사회적 행동 가운데 하나다. 형제와 자매 그리고 부모와 자손 사이의 성관계는 세계 어디에서든 문화적 제재를 통해 억제된다. 그러나 최소한 형제-자매 간의 금기는 더 심층적이면서도 덜 합리적인 유형의 강제에 해당한다. 예를 들면 여섯 살까지 함께 자란 사람들 간에는 자동적으로 성적 회피가 발달한다. 하이퍼 대학교의 조지프 셰퍼(Joseph Shepher)가 한 이스라엘 키부츠 연구는 동년배끼리의 회피가 실제 혈연관계와 무관하다는 것을 보여 준다. 연구된 2,769쌍의 부부 중에서 태어날 때부터 함께 살아온, 같은 키부츠 동년배 집단에 속한 사람끼리 혼인한 예는 없었다. 심지어 키부츠의 어른들이 반대한 것도 아닌데, 이성 사이에 성관계를 가졌다는 기록도 전혀 없다.[25] 그보다 덜 폐쇄적인 사회에서는 특정한 유형의 근친상간이 낮은 비율로나마 일어나고 있는데, 그것은 대개 치욕과 상호 비방의 근원이 된다. 일반적으로 모자 사이의 성관계가 가장 금기시되고, 형제-자매 사이는 다소 약하며, 부녀 사이가 가장 덜 금기시된다. 그러나 보통 모든 유형이 금기시된다. 현재 미국에서 가장 충격적이라고 생각되는 포르노는 아버지와 그 미성년 딸의 성관계를 묘사한 것이다.

근친상간 금기는 어떤 이점이 있는가? 인류학자들이 애용하는 설명은 그 금기가 근친상간으로 나타나게 될 역할 혼란을 방지함으로써 가족의 통합을 유지한다는 것이다. 에드워드 테일러(Edward Tylor)가 제기하고 클로드 레비스트로스(Claude Lévi-Strauss)가 『친족의 기본 구조(Les Structures Élémentaires de la Parenté)』에서 포괄적인 인류학 이론으로 구축한 또 다른 설명은, 사회 집단 사이에 흥정이 이루어질 때 그 금기가 여성들의 교환을 촉진한다는 것이다. 이 관점에서 보면, 자매와 딸은 짝짓기가 아니라 권력을 얻기 위해 쓰이는 것이 된다.[26]

이와 반대로 주류를 이루는 사회 생물학적 설명은, 가족 통합과 신부 흥정을 부산물 또는 기껏해야 부차적인 기여 요인으로 간주한다. 그것은 더 심층적이고 더 중요한 원인, 즉 근친 교배에 수반되는 심각한 생리적 결함에 초점을 맞춘다. 인류 유전학자들이 한 몇몇 연구들은 그리 심하지 않은 수준의 근친 교배에서조차도 전반적인 몸집, 근육 조화, 학업 수행 능력 등이 뒤떨어지는 아이들이 나타난다는 것을 보여 주었다. 근친 교배를 통해 크게 강화되는 유전적 상태, 즉 희석되지 않은 동형 접합 상태일 때 유전병을 발현시키는 열성 유전자는 100개가 넘는다. 미국인과 프랑스 인 집단을 분석한 한 연구는 개인이 평균 4개의 등가 치사 유전자를 지닌다고 추정하고 있다. 즉 동형 접합 상태일 때 죽음에 이르게 하는 유전자는 4개, 동형 접합체의 50퍼센트를 치사시키는 유전자는 8개 등 산술적으로 등가 조합되었을 때 죽음과 기형을 낳는 유전자들을 보유한다는 것이다.

이런 높은 수치는 동물 종에게 전형적인 것이며, 근친 교배가 치명적인 위험을 수반한다는 것을 의미한다. 아버지, 형제, 아들과 성관계를 맺은 체코 여성들을 조사한 결과를 보면, 태어난 161명의 아이들 중 15명은 사산했거나 생후 1년 이내에 죽었으며, 40퍼센트 이상은 심한 정신 장애, 왜소증, 심장과 뇌의 기형, 농아, 결장 확장, 요도 이상 등 다양한 신체적 및 정신적 장애로 고통을 받아야 했다. 반면 같은 여성들이 비(非)근친 성관계를 맺어 출산한 95명의 아이들은 평균적으로 다른 집단만큼 정상이었다. 생후 1년 내에 죽은 아이는 5명에 불과했고, 중증 정신 질환자는 전혀 없었으며, 신체 장애가 뚜렷이 나타난 아이는 5명뿐이었다.[27]

근친 교배 때 나타나는 병리학적 증상들은 자연 선택을 집약적이고 명쾌하게 보여 준다. 집단 유전학의 기초 이론은 사소하거나 중요하거나 간에 근친상간을 회피하는 모든 행동 성향이 오래전부터 인간 집단 전체에 퍼져 있었을 것이라고 추측한다. 비근친 교배의 이점이 너무 많아 그에 따라 문화적 진화가 이루어져 왔다고 생각할 수도 있다. 정치적 흥정을 통한 가족 통합과 세력화가 정말로 비근친 교배의 결과일 수도 있겠지만, 그것은 직접적인 생물학적 이유들 때문에 형성된 비근친 교배의 불가피성을 이용한 부수적인 문화적 적응, 즉 편의상 만든 장치일 가능성이 더 높다.

역사상 있었던 수천 종류의 사회 중, 유전학 지식을 보유한 것은 가장 최근의 몇몇 사회뿐이다. 각 사회가 근친 교배의 파괴적인 영향을 합리적으로 계산할 수 있었던 기회도 극히 드물었다. 부족 회의에서 유전자 빈도와 돌연변이 부하를 계산하지는 않는다. 과거에 어떤 다른 유형의 관계를 맺어 왔던 사람들 사이에 형성되는 자동적인 성적 결합 배제, 즉 근친상간 금기 관습을 부추기는 '본능적인 감정'은 대개 무의식적이고 비합리적이다. 이스라엘 아이들이 보였던 결합 기피는 생물학자들이 근접 원인이라고 부르는 것의 한 예다. 위의 예에서는 직접적인 심리학적 배제가 근친상간 금기의 근접 원인이다.

생물학적 가설은 근친상간이 초래하는 유전적 적응도의 손실이 궁극적 원인이라고 주장한다. 근친상간으로 태어난 아이들이 더 적은 수의 자손을 남긴다는 것은 사실이다. 생물학적 가설은 결합 배제와 근친상간 기피의 유전적 성향을 가진 개체들이 다음 세대에 이 성향을 일으키는 유전자를 더 많이 물려준다고 말한다. 아마 자연 선택은 수천 세대 동안 이 계통을 따라 전진해 왔을 것이고, 그 결과 인간은 결합 배제라는 단순하고 자동화한 규칙을 통해 본능적으로 근친상간을 기피한다. 이 개념을 가장 엄격한 수준에서 보면, 즉 발달 과정에 간섭이 일어난다는 점을 인정하면서도 잠시 제쳐 놓고 보면, 인간은 유전자에 바탕을 둔 본능에 따라 인도된다고 할 수 있다. 그 과정은 형제-자매 성관계의 예에서 드러나며, 근친상간 금기의 다른 범주에서도 그럴 가능성이 높다.

앙혼(hypergamy)은 여성이 부와 지위가 동등하거나 더 우월한 남성과 혼인하는 행위를 말한다. 인간뿐 아니라 대부분의 사회적 동물에서 짝의 선택을 통해 상향 이동하는 쪽은 암컷이다. 이런 성별 편향은 왜 일어나는 것일까?

로버트 트리버스(Robert L. Trivers)와 대니얼 윌러드(Daniel E. Willard)는 더 일반적인 사회 생물학 연구를 하던 중 중요한 단서를 찾아냈다. 그들은 척추동물, 특히 조류와 포유류의 크고 건강한 수컷들은 짝을 맺는 빈도가 상대적으로 높은 데 반해, 작고 약한 수컷들은 전혀 짝을 이루지 못한다는 점에 주목했다. 한편 암컷들은 거의 대부분 짝짓기에 성공한다. 또 최상의 신체 조건을 지닌 암컷이 가장 건강한 새끼를 낳고, 대개 이 새끼들이 가장 크고 가장 건강한 어른으로 자란다는 것도 참이다.

트리버스와 윌러드는, 자연 선택 이론에 따른다면 암컷들이 가장 건강할 때 수컷을 더 많이 낳아야 한다는 것을 깨달았다. 왜냐하면 이 자손들은 몸집이 가장 클 것이고 가장 성공적으로 짝을 맺을 것이며, 가장 많은 자손을 낳을 것이기 때문이다. 몸 상태가 나빠질수록 암컷은 서서히 딸을 낳는 쪽으로 전환해야 한다. 왜냐하면 이제 암컷 자손이 더 안전한 투자임이 드러나기 때문이다. 자연 선택 이론에 따르면, 이 번식 전략을 유도하는 유전자들은 다른 경쟁 전략을 촉진하는 유전자들을 대체하면서 집단 전체에 퍼질 것이다.[28]

그것은 실제로 나타난다. 조사한 종 가운데 사슴과 인간은 임신한 암컷에게 불리한 환경 조건이 형성될 때, 딸(♀)의 출산율이 높아지는 결과를 보였다. 밍크, 돼지, 양, 바다표범 등도 트리버스-윌러드의 예측에 들어맞는다. 이런 현상을 일으키는 직접적인 원인일 가능성이 가장 높은 것은 악조건하에서 수컷 태아의 사망률이 선택적으로 증가한다는 점이다. 이것은 여러 포유류 종에서 관찰되어 온 현상이다.

물론 출산 이전에 성비를 바꾸는 것은 정말로 비합리적인 행위이다. 그것은 본래 생리적인 현상이다. 인류학자 밀드레드 디커맨(Mildred Dickeman)은 그 이론을 의도적인 행동 차원에서 검증해 왔다. 그녀는 성비가 출산 이후에 유아 살해를 통해 최상의 번식 전략에 들어맞는 방식으로 변하는지를 탐구해 왔다.

실제로 그렇게 들어맞는 듯하다. 인도를 비롯해 과거에 식민지였던 지역에서 상층 계급 남자들과의 혼인을 통한 딸들의 사회적 상향 이동은 엄격한 관습과 종교를 통해 유지된 반면, 여아 살해는 상층 카스트 계급에서 으레 일어났다. 펀자브 지방의 최고위 성직자 계급인 베디 시크(Bedi Sikh)는 쿠리마르(Kuri-Mar), 즉 여아(딸) 살해자로 유명했다. 그들은 여아를 대부분 살해했고, 나중에 하층 계급의 여성과 혼인할 아들을 키우는 데 모든 것을 투자했다. 혁명 이전의 중국에서도 여아 살해는 다양한 사회 계급들에서 널리 일어났다. 이것은 본질적으로 인도에서 일어난 것과 똑같은 결과를 낳았다. 즉 여성의 사회적 상향 이동에는 결혼 지참금이 수반되므로, 소수의 중간층·상층 계급의 손에 부와 여성이 집중되고, 극빈 남성들은 짝짓기에서 거의 배제되는 결과가 나타났다.[29]

이런 양상이 각 문화에 널리 퍼져 있는지는 앞으로 연구할 과제이다. 여기서는 비록 사례가 극소수에 불과할지라도 생물학 이론을 통해 그 현상을 재조사할 필요가 있음을 시사한다고 지적해 두기로 한다.

여성 앙혼과 유아 살해는 그 자체로는 합리적인 행동이라고 볼 수 없다. 다른 사회 구성원들과 경쟁해 자손의 수를 최대화하려는 유전된 성향으로 보지 않고서는 그것을 설명하기가 어렵다. 디커맨이 시작한 이런 연구를 다른 사회에도 적용한다면, 이 명제를 더 엄밀하게 검증할 수 있을 것이다. 만일 성공한다면, 그것은 원칙적으로 개방된 수많은 합리적 대안 중에서 하나의 복잡한 행동 과정을 고르도록 사람들을 이끄는 더 심층적인 정신 과정들을 규명할 빛이 될 수 있을 것이다.

인간 본성은 다른 더 직접적인 심리학 기법들을 통해 탐구될 수도 있다. 비합리적이면서 보편성을 띤 행동은 지적이고 개인주의적인 행동보다 문화적 박탈이라는 왜곡화에 영향을 덜 받고, 장기적인 합리적 사고의 수뇌부 역할을 하는 뇌의 전두엽 등 고등 중추의 영향을 덜 받는다. 그러한 행동은 뇌의 중앙부에 인접해 있는, 진화적으로 피질의 고대 영역에 해당하는 변연계의 영향을 강하게 받기 쉽다. 뇌에서 고등한 통제 중추와 하등한 통제 중추가 해부학적으로 어느 정도 분리된다고 한다면, 우리는 본능 수준에서는 기능이 제대로 유지되면서도 어떤 원인 때문에 합리적인 장치가 손상된 사람이 간혹 나타날 것이라고 예상할 수 있다.

그런 사람들은 실제로 있다. 정신 지체자 수용 기관에 있는 환자들을 연구한 리처드 윌스(Richard H. Wills)는 환자들을 두 유형으로 구분할 수 있다는 것을 알았다.

'문화적 지체자'는 정상인보다 지능이 낮기는 하지만, 그들의 행동에는 인간 고유의 속성들이 많이 보존되어 있다. 그들은 직원에게나 자기들끼리 말로 의사를 전달하며, 혼자나 여럿이 모여 노래하고, 음악을 듣고, 잡지를 보고, 간단한 작업을 하고, 목욕하고, 서로 돌봐 주고, 담배를 피우고, 옷을 교환하고, 다른 사람에게 다가가 치근대고, 자기가 하고 싶은 일을 하는 등 비교적 정교한 형태의 활동을 보여 준다.

두 번째 집단인 '비문화적 지체자'는 능력 면에서 급격하고 극적인 퇴화를 보인다. 그들은 앞의 활동들을 전혀 하지 못한다. 대화도 인간의 진정한 의사 소통이라고 보기 어렵다. 따라서 문화적 행동은 뇌에 한꺼번에 투입되거나 혹은 한꺼번에 거부되는 심리학적 총체인 것처럼 보인다. 하지만 비문화적 지체자는 더 '본능적인' 행동을 많이 보여 준다. 그들은 포유류의 특징임이 분명한 복잡한 행동들을 보인다. 그들은 얼굴 표정과 감정이 담긴 소리로 의사 소통을 하고, 물건을 검사하고, 조작하며, 손으로 자위 행위를 하고, 남을 쳐다보고, 훔치고, 자신의 작은 영역을 확보하며, 자신을 방어하고, 혼자 또는 함께 놀이를 한다. 그들은 타인과 신체 접촉을 하려고 애쓴다. 그들은 오해의 여지가 없이 의도를 확연히 알 수 있는 몸짓을 통해 애정을 보여 주려고 애쓴다. 생물학적 의미에서 볼 때 그들의 반응 중 비정상적인 것은 거의 없다. 단지 운명이 이 환자들을 뇌 피질의 문화적 세계로 진입하지 못하도록 막았을 뿐이다.[30]

＊＊＊

   이제 사회적 행동이 인간이라는 종 '내에서' 유전적으로 얼마나 다양한가 하는 중요하고 미묘한 질문에 해답을 내려 보기로 하자. 인간의 행동이 지금도 변함없이 생리라는 토대 위에 서 있는 구조이고 근연종들한테도 나타나는 포유류적인 것이라는 사실은, 그것이 최근까지도 유전적 진화를 겪어 왔다는 의미가 된다. 이 해석이 옳다면, 행동에 영향을 주는 유전적 변이가 문명 시대에도 계속 일어났을 수 있다. 그러나 그런 변이가 현재 일어난다는 뜻은 아니다.

   이렇게 된 이유는 두 가지로 생각해 볼 수 있다. 첫째는 인류가 현재 상태에 이르는 동안 자신의 유전적 다양성을 소진했을 가능성이다. 사회적 행동에 영향을 주는 인간 유전자 집합 중 선사 시대라는 긴 여정을 통과해 살아남은 것은 오직 한 벌뿐이다. 이것은 수많은 사회 과학자들, 그리고 그런 문제에 관심을 가진, 이념적으로 좌익에 속한 많은 지식인들이 암묵적으로 선호하는 관점이다. 그들은 인간이 과거에 진화했다는 데까지는 양보하지만, 그 진화는 유일하게 언어를 사용하고 문화를 창조하는 종이 된 바로 그 직전까지만 일어났다고 본다. 역사 시대가 도래할 때까지 인류는 환경의 손으로 빚어진 장엄한 진흙이었다. 그러나 이제 일어날 수 있는 것은 오직 문화적 진화뿐이라는 것이다. 두 번째 가능성은 적어도 약간의 유전적 변이가 아직도 존재한다는 것이다. 자연 선택이라는 낡은 생물학적 양식이 그 손아귀를 느슨하게 했다는 의미에서 인간의 진화가 중지되었을지 모르지만, 그 종의 유전적 및 문화적 진화 능력은 아직 남아 있다는 것이다.

   우리는 종 내의 다양성을 전적으로 문화가 결정하는 경우와, 문화와 유전 양쪽이 결정하는 경우 모두가, 인간 본성에 관한 더 일반적인 관점인 사회 생물학적 관점, 즉 인간 행동의 가장 고유한 특징들이 자연 선택을 통해 진화했고 오늘날에도 특정한 유전자 집합이 그 종 전체를 구속하고 있다는 관점에 부합된다는 점에 주목해야 한다.[31]

이런 가능성들을 교과서식으로 나열해 왔으니, 이제 인간 행동 변이의 많은 부분이 개인들의 유전적 차이에 근거를 두고 있다는 강력한 증거들을 덧붙일 차례다. 돌연변이 중에 행동에 영향을 미치는 것이 있다는 사실은 부인할 수 없을 것이다. 유전자의 화학적 조성과 염색체 배열에서 나타나는 이런 돌연변이 중 행동에 영향을 미친다고 밝혀진 것이 30개가 넘으며 그중 일부는 신경 장애나 지능 장애를 일으킨다.

가장 논란거리이면서도 많은 정보를 제공하는 사례는 XYY 남성이다. 인간의 성을 결정하는 것은 X와 Y 염색체다. XX 결합은 여성, XY 결합은 남성이 된다. 인류의 약 0.1퍼센트는 잉태 순간에 우연히 여분의 Y 염색체를 하나 더 지니게 된다. 이 XYY 개체는 모두 남성이 된다. XYY 남성은 키가 크다. 대부분 180센티미터 이상이다.

그들은 죄의식이 희박해서 남보다 더 자주 감옥과 병원을 들락거린다. 처음에 사람들은 여분의 Y 염색체가 더 공격적인 행동을 유도하기 때문에 유전적 범죄 집단이 형성된다고 생각했다. 그러나 프린스턴 대학교의 심리학자 허먼 위트킨(Herman A. Witkin)과 동료들이 덴마크의 수많은 자료들을 통계 분석한 결과, 더 관대하게 해석할 수도 있는 것으로 나타났다.[32] 그들의 연구에 따르면, XYY 남성들은 정상인보다 더 공격적이지도 않았을 뿐 아니라, 다른 덴마크 사람들과 구별되는 특이한 행동을 보이지도 않았다고 한다. 유일하게 밝혀진 차이점은 그들의 지능이 평균적으로 낮았다는 것이다. 따라서 가장 단순한 설명은 XYY 남성들은 도망치는 능력이 뒤떨어지기 때문에 검거되는 비율이 높다는 것이다. 그러나 여기서 주의할 점이 있다. 이 연구 결과만으로는 범죄형 인격을 형성하는 더 특정한 유형의 성향이 유전될 수 있는 가능성이 배제되지 않는다는 것이다.

사실 어떤 돌연변이는 특정한 행동 특성을 바꿔 놓는다. 두 개의 X 염색체 중 하나가 부족하면 터너 증후군(Turner's syndrome)이 나타난다. 이 증후군이 있는 사람은 전반적으로 지능이 낮고, 특히 형태를 기억하거나 지도나 도표의 좌우를 바로잡는 능력이 크게 떨어진다. 하나의 열성 유전자가 일으키는 레시-니한 증후군(Lesch-Nyhan syndrome)은 낮은 지능과 자신의 몸을 잡아당기고 뜯고 훼손하는 강박적 성향을 드러낸다. 중증의 정신 질환자들이 그렇듯, 이런 유전 장애가 있는 사람들은 인간의 행동을 더 잘 이해할 수 있는 특별한 기회를 제공한다.

그들을 가장 잘 연구할 수 있는 분석 형태는 유전적 해부라고 할 수 있다. 의학적 예방 조치에도 불구하고 일단 어떤 증상이 나타나면, 정밀 검사를 통해 뇌의 변형된 부분을 찾아내고, 뇌를 물리적으로 건드리지 않고도 그 변화를 매개하는 호르몬 등의 화학 물질을 찾아낼 수 있다. 뇌라는 기계는 이렇게 각 부위의 기능 이상을 통해 도표화할 수 있다. 그 과정을 냉혈적이라고 부르짖는 감상주의의 함정에 빠지지 말자. 그 것은 그런 증상의 의학적 치료법을 발견할 수 있는 가장 확실한 방법이다.[33]

터너 증후군과 레시-니한 증후군처럼 분석하기 쉬울 정도로 강력한 돌연변이는 기형과 질병의 원인이기도 하다. 인간뿐 아니라 동물과 식물도 마찬가지다. 이것은 충분히 예측할 수 있는 일이다. 이해를 돕기 위해 유전을 정밀한 시계 구조에 비유해 보자. 돌연변이가 몸의 화학적 특성을 임의로 바꿔 놓듯이, 시계를 아무렇게나 흔들거나 두드려 변형시키는 행위는 그 시계의 정확성을 개선하기는커녕 오히려 손상시킬 가능성이 더 높다.

그러나 이 강력한 사례들은 '정상적인' 사회적 행동의 유전적 변이와 진화에 관한 물음에 해답을 내놓지 못한다. 인간의 행동처럼 복잡한 형질들은 대개 수많은 유전자들로부터 영향을 받으며, 하나하나의 유전자가 미치는 통제력은 극히 미미하다. 돌연변이를 찾아내고 분석한다고 해도, 이런 다수의 '다원 유전자(polygene)'들을 식별해 내기는 어렵다. 그것들은 통계적인 방법을 통해 간접적으로 파악할 수밖에 없다.

인간 행동 유전학 분야에서 가장 널리 쓰이는 방법은 이란성 쌍둥이와 일란성 쌍둥이를 비교하는 것이다. 일란성 쌍둥이는 하나의 수정란에서 유래한다. 수정란이 처음 분열해 생긴 두 개의 세포가 붙은 상태로 한 명의 태아를 형성하는 대신, 각자 분리되어 두 명의 태아를 형성하는 것이다. 이 쌍둥이는 하나의 세포에서 유래했기 때문에 그들의 세포핵과 염색체는 유전적으로 동일하다. 이와 달리 이란성 쌍둥이는 두 개의 난자가 우연히 동시에 양쪽의 난관으로 배출되어 각기 다른 정자와 수정됨으로써 형성된다. 두 개의 수정란에서 형성되었기 때문에, 이 태아들은 다른 해에 태어난 형제나 자매보다 유전적으로 더 가깝다는 말을 할 수 없다.[34]

일란성 쌍둥이와 이란성 쌍둥이는 자연이 수행한 유전자 실험이나 마찬가지이다. 실험의 기준이 되는 것은 일란성 쌍둥이다. 전적으로 새로운 돌연변이가 발생하는 극히 드문 경우를 제외한다면, 일란성 쌍둥이 사이에 존재하는 차이는 모두 환경의 영향이라고 할 수 있다. 반면 이란성 쌍둥이 사이에 존재하는 차이는 유전, 환경 또는 유전과 환경의 상호 작용 때문일 수 있다. 키나 코의 모양 같은 형질을 관찰했을 때, 성별이 같은 이란성 쌍둥이 쪽보다 일란성 쌍둥이 쪽이 평균적으로 더 닮았다는 것이 증명된다면, 두 쌍둥이 유형 사이의 차이는 그 형질이 어느 정도까지 유전적으로 영향을 받는다는 증거가 될 수 있다.

유전학자들은 이 방법을 이용해 유전자가 계산 능력, 언어 구사 능력, 기억력, 언어 습득 시기, 발음, 문장 구성력, 인지 능력, 심리 파악 능력, 외향성 또는 내향성, 동성애, 첫 성 경험 연령, 양극성 장애·정신 분열병 같은 신경 증세 및 정신병 등 대인 관계에 영향을 미치는 다양한 형질들을 형성하는 데 어떤 역할을 하는지 연구해 왔다.

이 결과는 여러 요인이 개입됨으로써 불확실해진다. 대개 부모는 이란성 쌍둥이보다 일란성 쌍둥이가 더 닮았다고 여긴다. 일란성 쌍둥이 쪽이 똑같은 옷을 더 자주 입고, 함께 지내는 기간이 더 길며, 먹는 방식도 더 같다. 따라서 결국 환경 때문에 일란성 쌍둥이가 이란성 쌍둥이보다 더 닮게 될 가능성이 있다. 그러나 좀 더 정교한 새 기법들을 이용하면 이런 부수적인 요인들을 규명해 낼 수 있다.

심리학자인 존 로엘린(John C. Loehlin)과 로버트 니콜스(Robert C. Nichols)가 1962년도 정부 장학금 시험에 응시한 쌍둥이 850쌍의 성장 배경과 성적을 분석한 연구가 그 예다. 그들은 일란성 쌍둥이와 이란성 쌍둥이 간의 차이점 외에도 그들의 초기 성장 환경까지 세밀하게 조사했다. 이 연구는 일란성 쌍둥이 쪽이 더 닮았다고 취급하는 태도가 능력 전반을 비롯한 개성, 이상, 목표, 휴가 때 하는 일 등 다양한 범주에서 나타나는 유사성을 충분히 설명해 주지 못한다는 것을 보여 주었다.[35] 여기에서 끌어낼 수 있는 결론은 이 유사성들이 상당 부분 유전자의 유사성에 근거를 둔 것이거나, 그것이 아니라면 심리학자들이 아직 밝혀 내지 못한 환경 요인들의 작용이라는 것이다.

현 수준의 정보에 비춰 볼 때, 내가 받은 인상은 호모 사피엔스도 행동에 영향을 미치는 유전적 다양성의 질과 규모 면에서 평범한 동물 종과 다를 바 없다는 것이다. 이 비교가 타당하다면, 인간 고유의 정신적 특성은 도그마라는 지위에서 검증 가능한 가설로 환원될 것이다.

또 나는 머지않아 행동에 영향을 미치는 다양한 유전자들이 파악될 것이라고 믿는다. 유전자가 만들어 내는 화학 물질들의 미세한 차이를 식별하는 기술들이 발달한 덕택에, 지난 20년 동안 인간 유전에 대한 상세한 지식이 급속히 축적되어 왔다.

1977년 유전학자인 빅터 맥쿠직(Victor McKusick)과 프랜시스 러들(Francis Ruddle)은 《사이언스》에 당시까지 파악된 유전자 1,200개를 발표했다. 이 중 210개는 염색체상의 위치까지 파악되었으며, 23쌍의 염색체 각각에 적어도 하나 이상의 유전자가 자리하고 있다는 것도 밝혀졌다.[36] 유전자들은 궁극적으로 해부학적 및 생화학적 형질에 영향을 미치게 되고, 이런 형질들이 행동에 미치는 영향은 미미하다.

그러나 일부 유전자는 행동에 중요한 영향을 미치며, 행동에 영향을 미치는 몇몇 돌연변이는 우리가 알고 있는 생화학적 변화와 밀접한 관련이 있다. 또한 신경 세포에 직접 작용하는 호르몬 및 신경 전달 물질 차원에서 일어나는 변화가 행동을 미묘하게 조절하기도 한다. 엔케팔린(enkephalin)과 엔도르핀(endorphin)은 비교적 구조가 단순한 유사 단백질로서, 감정과 기분에 심각한 영향을 미칠 수 있다.[37] 어떤 돌연변이가 이런 물질들의 화학적 특성을 변화시킨다면, 그 소유자의 인격이 바뀌거나 적어도 주어진 문화 환경에서 차별성을 지닌 특정한 인격이 발달하는 쪽으로 개인의 성향이 바뀔지도 모른다.

따라서 머지않아 가장 복잡한 형태의 행동에 간접적으로 영향을 미치는 유전자들의 염색체 지도를 작성하는 일도 가능해질 것이다. 내가 판단하기에는 그렇다. 이 유전자들이 특정한 행동 양식을 규정할 것 같지는 않다. 특정한 성적 행동이나 옷차림에 해당하는 돌연변이는 없을 것이다. 행동 유전자들은 아마 감정적 반응의 형태와 강도, 흥분 역치, 특정한 자극의 학습 용이성, 문화적 진화를 특정한 방향으로 지시하는 부차적인 환경 요인들에 대한 감수성 등에 더 큰 영향을 미칠 것이다.

행동에 '인종적인' 차이가 있는가 하는 것도 흥미로운 문제이다. 하지만 먼저 나는 강력한 방어막을 구축해야만 하겠다. 왜냐하면 이것은 감정적으로 가장 폭발하기 쉽고 정치적으로 가장 위험한 문제이기 때문이다. 대다수의 생물학자와 인류학자는 '인종적'이란 표현을 단지 느슨하게만 사용한다. 그들은 그 말을 평균키나 피부색처럼 지역에 따라 유전적으로 달라지는 특정한 형질들의 관찰값 정도의 의미로 사용한다. 아시아 인과 유럽 인 사이에 어떤 형질이 차이가 난다고 말한다면, 그 말은 그 형질이 아시아와 유럽 사이에서 어떤 양상에 따라 변화한다는 의미다. 그것은 그 형질을 근거로 삼아 서로 다른 '인종들'을 정의할 수 있다는 의미가 아니라, 그 형질이 아시아와 유럽 각 지역에서 추가 변이를 보일 수 있다는 열린 가능성을 의미한다. 더구나 피부색이나 우유 소화 능력 같은 다양한 해부학적·생리학적 특성들은 지리적인 '인종적' 변이 양상이 폭넓은 다양성을 지니고 있다는 것을 보여 준다.

따라서 대다수의 과학자들은 딱 부러지게 구별되는 인종을 정의하려는 것이 헛된 노력임을 오래전부터 깨닫고 있었다. 사실 그런 실체는 존재하지 않는다. 마찬가지로 중요한 것이 있는데, 어느 형질의 지리적 변이 양상을 기재하는 생물학자나 인류학자 등은 정의되는 그 형질에 가치 판단을 개입시켜서는 안 된다는 것이다.[38]

이제 우리는 좀 더 객관적인 방식으로 질문할 준비를 갖춘 셈이다. 질문은 이렇다. 과연 사회적 행동의 유전적 토대에 지리적 변이가 나타나는가? 다양한 인간 사회 속에 존재하는 차이점이 거의 대부분 유전보다는 학습과 사회적 조건화에 근거를 두고 있다는 증거는 많이 있다. 그러나 전부 그런 것은 아니다.

시카고 대학교의 심리학자 대니얼 프리드먼(Daniel G. Freedman)은 서로 다른 인종에 속한 신생아들의 행동 연구를 통해 이 문제를 지속적으로 조사해 왔다. 그는 운동, 자세, 신체 각 부위의 근육 조절, 감정 반응 등에서 훈련이나 태교의 결과라고 설명하기에는 설득력이 떨어지는 중대한 평균적인 차이를 찾아냈다. 예를 들어, 중국계 신생아는 백인 미국 신생아보다 변덕을 덜 부리고, 소음과 움직임에 덜 민감하며, 낯선 자극과 불편에 더 잘 적응하고, 더 빨리 평정을 회복하는 경향이 있다. 더 정확히 표현하자면, 중국 어느 지역의 조상에게서 유래한 유아들의 임의 표본은 그에 대응하는 유럽 조상에서 유래한 유아 표본들과 행동 형질이 다르다.[39]

이런 평균적인 차이가 유년기까지 유지된다는 증거도 있다. 프리드먼의 제자인 노바 그린(Nova Green)은 시카고 유치원의 중국계 아이들이 유럽계 아이들보다 소꿉동무들을 만나고 사귀는 데 시간을 덜 할애하고 개인적인 일에 더 많은 시간을 보낸다는 것을 발견했다. 또한 그들은 기질 면에서도 흥미로운 차이를 보였다.

대다수의 중국계 미국 아이들이 세 살과 다섯 살 사이에 '말썽꾸러기 미운 나이' 단계에 들어가기는 하지만, 그들이 격한 감정적 행동을 보이는 경우는 드물다. 그들은 다른 유치원 아이들처럼 뛰고 깡충대며, 웃고 서로를 불러대고, 자전거와 롤러스케이트를 타지만, 그 소란 수준은 현저히 낮은 편이고 정서적 분위기도 소동보다는 평온함 쪽이다. 무심한 표정 때문에 위엄과 자기 절제의 분위기가 풍기는 것이 확실하지만, 그것이 전반적인 인상에 영향을 주는 유일한 요소는 아니다. 그들은 몸놀림이 더 유연해 보였고, 발을 헛디딘다거나, 넘어진다거나, 부딪힌다거나, 상처를 입는다거나 하는 일은 관찰되지 않았으며, 외침, 괴성, 울부짖음도 전혀 들리지 않았고, 심지어 다른 유치원에서 들려오는 공통적인 소리인, 극도로 화가 나서 윤리 도덕을 설교하는 목소리조차도 들리지 않았다! 내 것이야 네 것이야 하는 다툼도 전혀 관찰되지 않았으며, 단지 '싸움 행동'의 가장 온화한 형태, 즉 좀 더 큰 소년들 간의 선의의 씨름만이 간혹 관찰될 뿐이었다.[40]

프리드먼과 동료들이 조사한 나바호 원주민 유아들은 중국계 유아들보다 더 얌전했다. 그들은 일으켜 세워 끌어당기면 후들거리지 않으면서 걸었고, 앉히면 등을 구부렸고, 엎어 놓으면 기어가려 하지 않고 얌전히 있었다. 기존의 설명은 나바호 아이들의 수동성을, 유아를 어머니의 등에 꽉 붙들어 매는 포대기 탓으로 돌렸다. 그러나 프리드먼은 실제로는 그 역이 참일 수도 있다고 주장했다. 즉 나바호 아기들이 태어날 때부터 얌전함이라는 형질을 확연히 드러냈기 때문에 업혀 다니게 되었다는 것이다. 다시 말해 포대기는 문화적 발명과 유아 양육 사이의 실용적인 타협을 뜻한다.

인간을 생물학적 종이라는 자리에 놓는다면, 사회적 행동의 저변에 깔려 있는 육체적 및 정신적 특성 면에서, 집단들이 어느 정도 유전적으로 분화되어 있다는 것을 발견한다고 해서 충격받을 이유는 없다. 이 본성의 발견이 서구 문명의 이상에 상처를 주지는 않는다. 우리의 생물학적 통일성을 믿지 않아도 우리는 인간은 자유와 존엄성을 가진 존재라고 주장할 수 있다.

사회학자인 마빈 브레슬러(Marvin Bressler)는 이 개념을 정확히 표현했다. "생물학적 평등을 인간 해방의 조건이라고 교리를 통해 호소하는 이념은 자유의 개념을 부패시킨다. 게다가 그것은 도덕적인 사람들로 하여금 미래의 과학 탐구 과정에서 어떤 '불편한' 발견들이 도출될지 모른다는 예감에 떨게 만든다. 이런 반지성주의는 아마도 필요 없기 때문에 이중으로 쇠퇴하고 있는 것이 아닐까."[41]

나는 이보다 더 나아가, 희망과 자긍심 그리고 절망하지 않는 것이 유전자 다양성의 궁극적인 유산이라고 주장하려고 한다. 왜냐하면 우리는 2개 이상의 종이 아니라 단일한 종, 매 세대마다 유전자들의 부동과 혼합이 이루어지는 하나의 거대한 교배 체제이기 때문이다. 수많은 세대를 거쳐 내려온 인류는 바로 그 거대한 흐름을 통해 남녀와 가족과 전체 집단을 아우르는 단일한 인간 본성을 공유하는 것이다. 그리고 그 인간 본성 내에서는 비교적 작은 유전적 영향들이 끊임없이 변화하는 패턴들을 통해 재순환되고 있다.

이 생물학적 통일성이 얼마나 중요한지 이해하고 싶다면, 오스트랄로피테쿠스 원인이 현재까지 살아 있고, 이들이 침팬지와 인간의 중간 수준의 지능을 지니고 있고, 유전적으로는 침팬지와 인간 양쪽과 영구적으로 격리되어 있으며, 언어 및 고도의 이성 측면에서는 우리보다 약간 뒤처진 상태에서 진화하고 있다고 했을 때, 우리가 품게 될 윤리적 혐오감을 상상해 보라.

우리는 그들에게 어떤 의무를 질 것인가? 신학자들은 무엇이라고 말할 것인가? 혹은 그들에게서 억압된 계급의 궁극적인 형태를 볼지도 모를 마르크스주의자들은 어떠한가? 세계를 분할해 주고, 그들의 정신적 진화가 인간의 수준까지 이르도록 도와주고, 지적·기술적 평등 조약에 바탕을 둔 두 종의 지배 체제를 확립해야만 할까? 그들이 우리보다 더 높이 오르지 못한다는 것을 확인해야 하나? 나아가 이보다 더 나쁜 상황을 상상할 수도 있다. 우리가 인간보다 정신적으로 더 우월한 종, 말하자면 호모 수페르부스(*Homo superbus*)와 공존한다고 했을 때, 미약한 자매 종인 우리 호모 사피엔스가 도덕적 문제로 간주되는 곤혹스러운 상황을 상상해 보라.

3장

준비된 학습

❄️

막 수정이 이루어진 난자, 지름이 1센티미터의 70분의 1밖에 안 되는 이 작은 생명체는 인간이 아니다. 그것은 자궁의 동굴 속으로 떠나는 하나의 열기구이다. 그것의 동근 핵 속에는 25만 개 이상(지금은 약 2만 개로 추정되고 있다. ─ 옮긴이)의 유전자들이 사려 넣어져 있다. 그중 5만 개는 단백질의 조합을 지시할 것이며, 나머지는 발달 속도를 조절할 것이다. 수정란은 혈액이 충만한 자궁벽 속으로 파고든 뒤, 분열을 계속한다. 팽창한 딸세포들의 덩어리는 접히고 주름지면서 골과 띠와 층을 만든다. 그런 다음 그것들은 마치 요술 만화경처럼 변화하기 시작하면서 자기 조직화해, 혈관과 신경을 비롯한 복잡한 조직들이 정확히 제자리에 놓인 태아가 된다. 세포들의 분열과 이동은 유전자에서 세포의 구성 물질인 단백질, 지방, 탄수화물에 이르기까지 진행되는 화학 정보의 흐름과 오케스트라처럼 조화를 이룬다.

인간의 형성은 열 달에 걸쳐 진행된다. 기능적으로 볼 때 태아는 근육과 피부라는 껍질로 둘러싸인 소화관과 같다. 신체 각 부위는 이제막 형성된 심장의 율동적인 풀무질로 압력이 가해진 혈액이 폐쇄 혈관을 돌게 되면서 끊임없이 신선해진다. 한정된 신체 활동은 호르몬과 신경의 복잡한 상호 작용을 통해 조절된다. 생식 기관은 휴면 상태에 있다. 그 기관은 오랫동안 두 번째 신호, 즉 성장의 최종 단계가 촉발되고 생물의 궁극적인 생물학적 역할을 완수하라고 자신을 호출할 정확한 호르몬 신호가 오기를 기다린다.

이 조화의 사령탑은 뇌에 자리하고 있다. 뇌의 무게는 두꺼운 커스터드와 같은 500그램이고, 뇌의 미세 구조는 지구에서 생산된 그 어떤 기계보다도 복잡하다. 뇌에는 약 100억 개의 단위 세포인 뉴런(신경 세포 — 옮긴이)들이 정확히 배치되어 있고, 각 뉴런은 수백 혹은 수천 개의 다른 뉴런과 연결되어 있다. 뇌에서 뻗어 나온 엄청난 수의 신경 섬유들은 척수를 통과하고, 거기에서 몸의 다른 기관들에 양방향으로 정보와 지령을 전달하는 다른 신경들과 연결된다. 뇌와 척수를 포괄하는 중추 신경계는 망막의 막대 세포에서 피부의 압력 감지 소자에 이르기까지, 10억개 이상의 감각 수용체로부터 전기 신호를 받는다.

막 태어난 아기는 그 놀라운 정교함 때문에 기이하게 보일 지경이다. 눈의 움직임은 눈 근육에서 눈과 뇌 사이의 반사 중계소까지 펼쳐져 있는 수천 개의 신경 세포뿐 아니라, 전두엽의 시각 영역과 뇌 피질의 다른 중추에 분산되어 있는 더 상위의 통합 중추의 지배를 받는다.

아기는 소리를 들을 수 있다. 소리를 구성하는 각각의 진동수는 속귀에 있는 특정 수용체를 자극하고, 수용체는 뇌의 더 상위 수준에 있는 신경 세포에 신호를 전달한다. 피아노 건반에서 연주되는 멜로디가 마치 속귀에서 울려 나오는 것처럼, 그 신호들은 안쪽으로 전달되어 마름뇌에 있는 중계소에서 새로운 온음계로 전환되고, 이어서 중간뇌 아래 둔덕과 앞뇌의 안쪽 무릎체로, 마지막으로 앞뇌의 청각 피질로 전해진다. 그곳에서 정신은 우리가 아직 이해하지 못한 어떤 방식으로 그 소리를 '듣는다'.[1]

이 경이로운 '로봇'은 부모의 보호 아래 세계에 안착한다. 급속히 축적되는 경험은 곧 그것을 독립적으로 사고하고 감정을 느끼는 개체로 전환시킬 것이다. 그 후 사회적 행동에 필요한 필수 요소들 ― 언어, 유대감, 모욕당할 때의 분노, 사랑, 부족주의, 기타 인간 특유의 모든 항목들 ― 이 첨부될 것이다.

그러나 뉴런들의 배선 ― 즉 유전자에 암호로 들어 있는 ― 은 사회적 발달의 방향을 어느 범위까지 예정해 놓을까? 진화만으로 구축되어 온 배선도가 과연 학습을 통해 그 어떤 사회적 존재로도 적응할 수 있게 해 주는 만능 장치가 될 수 있을까?

만약 그렇다면 우리는 그것을 기준틀로 삼아 인간 행동이라는 경험적 문제를 전 차원에서 ― 즉 25만 개의 유전자에서 100억 개의 뉴런까지, 그리고 앞으로 가능해질 변형된 사회 체제까지 ― 이해할 수 있을 것이다.

앞 장에서 나는 현재의 인간 행동이 유전자에 구속되어 있다는 것을 설명하기 위해 인간을 사회성 동물 종들과 비교했다. 진화론이 예견한 대로 행동 발달은 가장 보편적인 포유류의 형질들을 향해 나 있는 통로를 따라 간다. 하지만 우리가 지닌 가능성의 범위는 궁극적으로 얼마나 될까? 인간은 포유류의 통로를, 또는 통로 밖으로 얼마나 멀리까지 나아갈 수 있을까? 그 답은 유전자 결정론과 깊은 관계가 있는 개체 발달 연구에서 찾아야만 한다.

마침내 우리는 유전자 결정론이라는 핵심 용어에 도달했다. 이 용어의 해석은 생물학과 사회 과학의 관계 전반에 따라 달라진다.[2] 사회 생물학의 함의를 거부하고자 하는 사람들에게 발달이란 곤충처럼 하나의 통로에 한정되어 있고, 주어진 한 벌의 유전자로부터 이미 운명이 정해져 있는 하나의 행동 양식에 도달하기까지 줄달음치는 것을 의미한다.

모기의 일생은 이 좁은 개념에 완벽히 들어맞는다. 번데기에서 나온 날개 달린 모기 성충이 유기 물질로 오염된 물에 수정란들을 낳는 일련의 복잡한 행동을 완수하는 데 걸리는 기간은 고작 며칠에 불과하다. 암컷과 수컷 모두 신속하게 일을 시작한다. 모기 암컷의 날갯짓 소리는 인간의 귀에는 너무나 거슬리겠지만, 수컷 모기에게는 사랑의 노래이다. 과거에 경험한 적도 없으면서 수컷은 소리를 향해 날아간다. 암컷 모기가 내는 소리는 450~600헤르츠(초당 사이클 수)이다. 실험실에서 곤충학자들은 소리굽쇠를 이 진동수에 맞춰 놓고 수컷을 유인하고는 한다. 소리굽쇠를 천으로 덮어 놓으면 극도로 흥분한 일부 모기들은 그것과 교미하려 애쓴다.

암컷 모기는 그보다는 덜 충동적이지만, 그 일생은 유전자가 미리 정해 놓은 엄격한 군대식 질서에 따라 진행된다. 암컷 모기는 인간을 비롯한 포유류의 체온으로 먹이를 찾아낸다. 피부에서 발산되는 젖산 냄새로 먹이를 찾아내는 종도 있다. 표적에 착륙한 암컷은 두 개의 미세한 바늘을 붙여 놓은 것 같은 날카로운 침으로 피부를 뚫는다. 주둥이는 석유 시추기가 유정에 가라앉듯 혈관을 찾아 피부 속으로 들어간다. 혈관을 만날 때도 있고 그렇지 못할 때도 있다. 최소한 한 종류의 모기 암컷은 적혈구에서 발견되는 아데노신 이인산염(adenosine diphosphate, ADP)이라는 화학 물질의 맛으로 혈액을 구분한다. 이용할 수 있는 수백 종류의 혈액 성분 중에서 ADP만이 지닌 중요한 기능은 그것이 즉시 접근할 수 있는 표지 역할을 한다는 것이다. 이와 비슷하게 안전하게 알을 낳을 수 있는 적당한 연못이나 물웅덩이로 모기를 유인하는 '신호 자극'도 있다.[3]

모기는 자동 장치이다. 그 이상의 것이 될 여지가 없다. 그 작은 머리에 든 신경 세포의 수는 10만 개 정도에 불과하고, 신경 세포가 늘어나면 모기의 몸무게는 늘어날 수밖에 없다. 겨우 며칠이라는 기간 내에 자신의 생활사를 정확하고 성공적으로 수행하는 유일한 방법은 태어날 때부터 알을 낳는 마지막 행동을 하기까지 유전자들이 짜 놓은 엄격한 행동 순서를 신속하고 오류 없이 펼치는 것, 즉 본능적으로 살아가는 것뿐이다.

반면 인간의 정신 발달의 통로들은 우회적이고 가변적이다. 인간의 유전자들은 하나의 형질을 규정하기보다는 어떤 형질들의 배열을 발달시키는 능력을 규정한다. 어떤 유형의 행동은 그 배열이 한정되어 있고, 그것은 혹독한 훈련을 통해서만 극복될 수 있다. 그와 달리 배열이 광범위하고 극복하기도 쉬운 형질들도 있다.

한정된 행동의 한 예는 주로 쓰는 손이 정해져 있는 것이다. 생물학적으로 볼 때, 사람은 오른손잡이가 될지 아니면 왼손잡이가 될지 미리 정해져 있다. 현대 서구 사회의 부모는 자식의 행동에 비교적 관대하기 때문에, 아이들은 이 형질에 영향을 주는 유전자들이 설정해 놓은 방향을 따르게 된다. 그러나 아직까지 전통 중국 사회에서는 아이들에게 오른손으로 쓰고 먹으라는 강한 사회적 압력을 가한다.[4] 타이완 아이들을 연구한 에벌린 리 텡(Evelyn Lee Teng) 연구진은 쓰기와 먹기 두 행동이, 별다른 훈련을 거치지 않은 다른 활동들이 어느 손을 주로 사용하는가와 거의 또는 전혀 상관없이, 거의 완벽하게 순응을 이루는 것을 발견했다.

따라서 이 행동 형질을 생각할 때, 유전자는 의도적인 선택으로 특별한 금지가 가해지지 않는다면 자신의 길을 간다.[5]

능력의 진화는 페닐케톤뇨증(phenylketonuria, PKU)이라는 증상을 통해 더 명료하게 설명된다. PKU는 정신 박약이라는 생리적 부작용을 일으킨다. PKU는 인간 염색체에 있는 수십만 개의 유전자 쌍 가운데에서 단 한 쌍의 유전자가 열성일 때 나타난다. PKU 유전자를 쌍으로 지닌 사람들은 음식에 흔하게 들어 있는 아미노산인 페닐알라닌(phenylalanine)을 이용할 수 없다. 따라서 페닐알라닌의 화학적 분해가 차단되고 비정상적인 중간 산물들이 몸에 축적된다. 이들의 오줌은 대기에 노출되면 검게 변하고 특유의 쥐 냄새를 풍긴다.

약 1만 명에 한 명꼴로 이런 유전적 결함을 가진 아이가 태어난다. PKU 증상을 보이는 아기는 4~6개월 안에 중독 증상을 치료하지 않으면 정신 장애를 피할 수 없다. 다행히 초기에 진단하고 페닐알라닌 함량이 낮은 음식만 섭취하면 이 재앙은 피할 수 있다. PKU는 생각해 낼 수 있는 유전자와 환경의 상호 작용 중에서 가장 단순한 형태이다. PKU 유전자를 한 쌍 지닌 유아는 정상적인 정신 발달 과정을 거칠 수도 있고 그 과정이 중단될 수도 있는데, 대체로 후자 쪽으로 진행되는 경향이 강하다. 환경을 예외적이고 매우 특수하게 바꾸어야만, 즉 페닐알라닌 함량이 낮은 음식을 주어야만 이 경향을 역전시킬 수가 있다. 따라서 신생아가 정상 지능을 지닐 것인지, PKU와 정신 박약으로 고생할 것인지를 적정 수준까지 예측하려면, 유전자와 환경 모두를 알아야 한다.

한두 개의 유전자에 통제되거나, PKU 정신 장애처럼 열림-닫힘만 일어나는 행동은 거의 없다. PKU 형질도 사실은 반응 패턴들의 미묘한 전이라기보다는 일종의 총괄적인 장애라 할 수 있다.

유전자와 행동 간의 더 전형적인 관계는 가장 흔한 정신병인 정신 분열병(schizophrenia)에서 찾아볼 수 있다. 정신 분열병은 정상적인 행동의 단순한 중단이나 왜곡이 아니다. 일부 정신과 의사들, 특히 토머스 차츠(Thomas Szasz)와 R. D. 레잉(R. D. Laing)은 정신 분열병을 사회가 일부 일탈한 개인에게 강요하는 자의적인 꼬리표에 불과하다고 본다.[6] 그러나 이 관점은 거의 전적으로 틀린 것으로 밝혀지고 있다. 겉으로 볼 때, 정신 분열병은 이상한 반응들이 아무 의미 없이 뒤범벅되어 있는 것과 같다. 그것은 환각, 착란, 부적절한 감정적 반응, 그다지 중요하지 않은 행동의 강박적인 반복, 심지어 죽은 듯이 움직이지 않는 긴장성 혼수 상태 등이 다양하게 뒤섞인 상태이다. 행동들은 한없이 미묘하게 변형되어 나타나며, 정신과 의사들은 각 환자들을 제각기 특유한 사례로 다루어야 한다는 것을 깨달았다. 정상인과 정신 분열병 환자의 경계선은 폭이 상당히 넓고 거의 알아차리기 힘들다. 사람들 속에서 가벼운 분열 증세를 찾아내기란 거의 불가능한 반면, 가끔 완전히 정상적인 사람이 정신 분열병을 앓고 있는 것으로 오진되기도 한다. 그렇지만 세 종류의 극단적인 분열병 ― 자신의 상상에서 나온 스파이와 암살자 집단에 둘러싸여 있다는 망상형, 바보 같거나 파괴적인 행동을 보이는 해리형, 몸이 굳는 긴장형 ― 은 확실히 구별할 수 있다.

정신 분열병 환자가 될 가능성이 우리 모두에게 있을지라도, 그 증세의 발현을 예정해 놓은 유전자를 가진 사람들이 있다는 것은 의문의 여지가 없다. 유아 때 정상적인 양부모에게 입양된 사람들 중에서, 친부모가 분열 증세를 보였던 사람들은 그렇지 않은 사람들에 비해 분열 증세를 보이는 비율이 훨씬 높았다. 세이무어 케티(Saymour Kety)는 미국 및 네덜란드 심리학자 팀과 공동으로 그런 사례들을 수백 가지나 분석했다. 그들은 분열병이 상당 부분 유전된다는 것을 확정적으로 보여 주었다.[7]

또 분열병이 인간 사회에 널리 퍼져 있다는 증거들도 속속 나타났다. 제인 머피(Jane Murphy)는 베링 해의 에스키모 인들과 나이지리아의 요루바 족도 서구의 분열 증세와 유사한 증세들이 있다는 것을 알고 그것에 이름을 붙였다는 것을 발견했다. 증세를 보인 사람들은 정신병에 걸렸다고 분류되고 — 이 상태를 에스키모 인들은 누트브카비바크(nutbkavibak), 요루바 족은 위어(were)라고 부른다. — 그들은 부족의 무당이나 치료사의 주된 고객이 된다. 확실하게 분열병에 걸린 환자의 비율은 성인의 0.4~0.7퍼센트로 서구 사회와 거의 같다.[8]

분열병의 진행 양상은 PKU나 다른 유전적 정신 장애보다 더 복잡하다. 원인 유전자가 하나인지 여럿인지도 알지 못한다. 분열병에 걸린 사람들은 생리학적으로 뚜렷한 변화를 보이는데, 머지않아 의사들은 그것을 정신 이상과 직접 연관 짓는 데 성공할지 모른다. 필립 시먼(Philip Seeman)과 타이론 리(Tyrone Lee)는 일부 분열병 환자의 뇌 주요 부위에서 신경 세포 사이에 신호를 전달하는 물질인 도파민(dopamine)의 수용체가 정상인보다 두 배나 많다는 것을 발견했다.[9] 이러한 비정상 때문에 뇌는 자신의 신호에 과잉 반응해 환각에 시달릴 수도 있을 것이다.

그러나 기존의 심리학 이론들이 옳은 부분도 있다. 환경이 그 증세의 발달에 중요한 역할을 한다는 것 말이다. 예를 들면, '정신 분열병 유발적(schizophrenogenic)'인 가정(family)이 있다. 즉 그 병이 잠복되어 있는 아이가 성장해 정신병에 걸린 어른이 될 가능성이 높은 가정이 있다. 그런 가정에서는 신뢰가 사라지고, 의사 소통은 단절되고, 부모는 아이에게 부당한 요구를 하면서 서로에게 대놓고 욕설을 퍼붓는다. 나아가 정신과 의사들은 분열병 환자의 마음에서 일종의 비비 꼬인 자기 합리화를 본다. 즉 환자는 자신의 내부 세계를 창조함으로써 견딜 수 없는 사회 환경으로부터 도피하려 애쓴다. 그러나 사람들에게 분열병이 나타나도록 예정해 놓는 유전자들이 있다는 것도 변함없는 사실이다. 그 유전자

를 지닌 사람들은 정상적이고 우호적인 가정에서 성장한다고 해도 발병할 수 있다.[10]

따라서 비교적 단순한 유형의 행동에서조차 우리는 어떤 형질의 가능성, 그리고 그 가능성 중 이쪽이냐 저쪽이냐를 배울 편향성을 물려받는다. 콘라트 로렌츠, 로버트 하인드(Robert A. Hinde), B. F. 스키너(B. F. Skinner) 등 나름의 철학을 지닌 과학자들은 유전된 것과 획득된 것 사이에는 어떤 명확한 경계도 존재하지 않는다고 강조하곤 한다.[11]

* * *

이제 우리에겐 천성과 양육이라는 낡은 구분을 대체할 새로운 서술 기법이 필요하다는 것이 명백해졌다.

그중 1975년에 세상을 떠난 위대한 유전학자 콘래드 워딩턴(Conrad H. Waddington)이 제시한 비유에 바탕을 둔 서술 기법이 가장 희망적이다. 워딩턴은 발달이란 고지대에서 해안까지 뻗어 있는 경관과 같은 것이라고 말했다.[12] 눈동자의 색깔, 오른손잡이 또는 왼손잡이, 분열병 같은 형질의 발달은 비탈에서 공을 굴리는 것과 비슷하다. 각 형질은 경관의 서로 다른 부분을 가로질러, 서로 다른 형상의 골짜기와 계곡을 따라 내려간다. 눈동자의 색깔에서는 청색이나 다른 홍채 색소에 해당하는 유전자들이 출발점이 되고, 그 지형은 하나의 깊은 통로가 된다. 그 공은 하나의 운명을 향해 곧장 굴러간다. 즉 일단 난자와 정자가 수정되면 한 종류의 색깔만이 가능하다.

모기의 발달 경관도 이와 비슷하게, 깊고 갈라짐이 없는 계곡들이 평행하게 놓인 것이라고 ─ 한 계곡은 날갯짓 소리에 반응하는 성적 행동으로 인도하고, 다른 계곡은 자동적인 흡혈 행위로 인도하고, 기타 10여

가지의 독립적인 반응들로 인도하는 것이라고 — 생각할 수 있다. 그 계곡들은 수정란의 DNA로부터 모기의 뇌가 매개하는 신경근의 활동에까지 이어지는, 정확하고 변경할 수 없는 일련의 생화학적 단계들로 이루어진다.

인간 행동의 발달 지형은 훨씬 더 폭넓고 더 복잡하지만, 그래도 지형인 것은 틀림없다. 때로 계곡들은 한두 번 갈라지기도 한다. 개인은 왼손잡이나 오른손잡이가 될 수 있다. 만일 그가 자신을 왼손잡이로 예정해 놓은 유전자나 다른 초기의 생리학적 요인들을 지닌 채 출발한다면, 그 발달 통로 쪽의 골이 더 깊이 패인 것으로 볼 수 있다. 사회적 압력이 전혀 없다면 대부분 공은 왼손잡이 통로로 굴러 떨어질 것이다. 그러나 부모가 아이에게 오른손을 쓰도록 훈련시킨다면, 공은 오른손잡이라는 더 얕은 통로로 넘어갈 수 있다. 분열병의 경관은 천문학적인 개수의 통로들로 구성된 광범위한 망이며, 추적하기가 더 어렵다. 이 공의 경로는 단지 통계적으로만 예측할 수 있을 뿐이다.

경관은 은유일 뿐이고, 더 복잡한 현상을 다루기에는 부족한 것이 사실이지만, 그것은 인간의 사회적 행동에 관한 한 가지 중요한 진리에 초점을 맞추고 있다. 우리가 그 행동의 결정 과정을 완전히 이해하고자 한다면, 어느 정도까지는 각 행동을 유전자로부터 최종 산물까지 진행되는 발달 과정으로 나누어 처리하고 추적해야 한다는 것이다.

어떤 유형은 다른 것들보다 이런 분석 방식에 더 민감하다는 것이 밝혀질 것이다. 공포, 혐오, 분노, 놀람, 행복 같은 기본 감정들을 드러내는 얼굴 표정은 개인적 차이가 거의 없는 모든 인간의 형질인 듯하다.

심리학자 폴 에크먼(Paul Ekman)은 미국인들이 이런 감정을 표출하는 순간을 사진으로 찍었다. 그는 또 석기를 사용하고 있는 부족 사람들이 똑같은 감정이 우러나는 이야기를 하고 있는 순간을 사진으로 포착했다. 그런 다음 어느 문화에 속한 사람들에게 다른 문화권 사람들의 사진을 보여 주자, 그들은 얼굴 표정의 의미를 80퍼센트 이상 정확하게 해석해 냈다.[13]

전 세계 오지를 여행하는 이레노이스 아이블아이베스펠트(Irenäus Eibl-Eibesfeldt)는 오지인들이 몸짓과 얼굴 표정으로 의사 소통하는 장면을 영화로 찍었다. 그는 그들이 자신을 의식하지 않도록, 카메라 렌즈 위에 프리즘을 설치해 피사체와 직각으로 떨어진 곳에서 촬영을 했다. 아이블아이베스펠트는 모든 문자 문화와 문자 이전 문화에 폭넓게, 나아가 보편적으로 분포하는 신호들을 나열해 보았다. 이 중 비교적 낯선 것은 눈썹 치켜올리기 — 우호적인 인사의 일환으로 대개 갑자기 무의식적으로 눈썹을 치켜올리는 것 — 하나뿐이었다.[14]

인간 행동학자들이 새롭게 연구하고 있는 또 하나의 보편적인 신호는 웃음이다. 이것은 동물학적 의미에서 거의 본능이라고 성격 지워질지도 모른다.[15] 웃음은 2~4개월 된 유아의 얼굴에 처음 나타나며, 나타나는 즉시 부모에게서 더 풍부한 사랑과 애정을 이끌어 낸다. 동물학자의 용어로 표현하면, 그것은 기본적인 사회관계를 매개하는 천성적이고 비교적 균일한 신호, 사회적 '해발인'이다.

인류학자인 멜빈 코너(Melvin J. Konner)는 칼라하리 사막의 쿵 족(!Kung San, 부시먼)을 대상으로 유아의 웃음과 기타 행동을 연구한 바 있다.[16] 그는 '만반의 준비를 갖추고' 일일 관찰을 시작했다. 부시먼 유아는 서구 문화에서 통용되는 것과 전혀 다른 조건에서 양육되기 때문이다. 부시먼 사회에서는 엄마만이 유아를 데리고 다닌다. 유아는 마취제가 투여되지 않은 산모로부터 태어나 몇 달 동안 어머니 또는 유모와 거의 끊임없는 신체 접촉을 갖고, 깨어 있는 시간의 대부분을 선 자세로 있으며, 처음 3~4년 동안은 한 시간에 몇 번씩 젖을 먹고, 유럽과 미국의 아이들보다 앉고 서고 걷는 훈련을 더 엄격하게 받는다.

하지만 그들의 웃음은 같은 연령의 미국 아이들과 형태 면에서 동일하며, 정확하게 동일한 기능을 수행하는 것처럼 보인다. 더 확실한 증거는 눈이 멀고 심지어 귀까지 먼 아이들에게서도 웃음을 야기하는 어떠한 심리적 기제도 없는 상태에서 웃음이 발달한다는 것이다.[17]

얼굴 근육의 수축 양상이 학습이 거의 필요 없는 연쇄적인 생리적 사건들을 통해 생후 발달 과정의 초기에 발달하는 것처럼, 그런 가장 단순하면서도 가장 자동적인 행동들은 인간의 뇌와 얼굴 신경의 단위 세포들 속에 유전적으로 강하게 속박되어 있는 것이 당연할 것이다. 앞으로 더 상세한 연구가 이루어진다면, 신경근 활동의 유형과 강도에 영향을 미치는 돌연변이가 발견될 수도 있다. 그처럼 유달리 단순한 현상이 일어난다면, 그것의 발견은 인간 의사 소통의 유전학으로 들어가는 첫 번째 관문이 될 것이다.

발달 경관이라는 비유는 비탈의 아래쪽으로 향할수록 학습과 문화의 양이 증가해 우세해지기 때문에, 세부적으로 수정되어야 한다. 언어나 옷차림 등 문화적으로 민감한 행동의 경관은 저지대의 광활한 삼각주와 만곡부로 귀착된다. 언어의 성숙을 살펴보자. 단어들이 특정한 배열을 취하듯, 인간의 정신도 천성적으로 구조화되어 있다는 증거가 있다.

놈 촘스키(Noam Chomsky)를 비롯한 심리 언어학자들에 따르면, 이 '심층 문법'은 단순한 학습을 통해 가능한 것보다 훨씬 더 빨리 언어를 습득하게 해 준다. 유년기가 기계적 암기를 통해 영어 문장을 학습할 수 있는 충분한 기간이 못 된다는 것은 수학적 시뮬레이션만으로도 설명이 가능하다. 침팬지 등 다른 영장류의 새끼와 달리, 인간의 유아는 언어 습득 욕구가 강하다. 인간의 유아는 옹알거리고, 단어들을 창안하며, 의미를 시험하고, 예측 가능한 순서에 맞게 급속히 문법 규칙을 습득한다.

그들은 어른의 문법 규칙이 엿보이기는 하지만 세부적인 중요한 사항에서 차이가 나는 구조를 창조해 낸다.

아동 발달 분야의 전문가인 로저 브라운(Roger Brown)은 그런 성과물을 '일차 언어(first language)'라고 불렀다.[18] 일란성 쌍둥이와 이란성 쌍둥이의 언어 습득 능력을 비교한 결과를 보면, 발달 시기에 나타나는 이런 차이가 어느 정도 유전자에 의존한다는 것을 알 수 있다. 따라서 언어 발달의 경관에서 위쪽 비탈면은 비교적 단순하고 깊게 파인 함몰부다. 그러나 아래쪽의 드넓은 비탈면에 나 있는 통로들은 수많은 방향으로 갈라진 얕게 파인 그물망을 이루고 있으며, 바로 그곳에서 '이차적인' 어른의 언어가 도출된다. 언어의 외면적인 표상들은 문화적 진화와 더불어 변천한다. 즉 그것들은 상당한 수준까지 문화적 진화에 해당한다. 교육과 유행이 가하는 가장 미묘한 압력들이 어휘, 강세, 박자를 변화시킨다.

그렇다면 현실에서 이 은유적인 산등성이와 통로에 대응하는 것은 무엇일까? 때로는 신경 세포들이 구축되는 동안 유전자들이 만드는 강력한 호르몬이나 다른 생화학적 물질들이 통로를 새기기도 한다. 단순한 화합물들은 신경 세포들이 특정한 방향으로 기능을 발휘하도록 능력을 변화시킬 수 있다. 특정한 신경 세포 집단의 활동에 토대를 둔 단계와 절차들, 즉 더 먼 거리에 있는 '학습 규칙들'도 마찬가지로 중요할 수 있다. 그 규칙들을 통해 다양한 유형의 학습이 이루어진다.

학습이란 원리상 생물의 종류에 따른 차이가 거의 없는 범용 현상이라고 생각하는 것이 일반적이다. 저명한 심리학자들의 상당수, 특히 스키너를 비롯한 행동학자들은 다양한 행동들이 대부분 몇 가지 기초적인 학습을 통해 형성된다는 견해를 고수하고 있다. 학습을 관장하는 일반 법칙들은 자극을 엄격하게 통제할 수 있는 단순한 실험실 환경에 동물을 놓아 두는 방법으로 밝혀낼 수 있을 것이다.

1938년에 스키너는 이렇게 썼다. "전부는 아니지만 대부분의 조작자들이 조건화되어 있기 때문에, 조작 행동의 일반 지형은 중요하지 않다. 나는 조작 행동의 역동적 특성들이 일종의 반사 작용 차원에서 연구되어야 한다고 주장하는 바이다." 상당한 영향을 끼친 책 『자유와 존엄성을 넘어서(*Beyond Freedom and Dignity*)』에서, 스키너는 일단 이 법칙들을 제대로 이해할 수만 있다면, 그것들을 인간의 삶을 더 행복하고 풍요롭게 가꾸는 데 쓸 수 있을 것이라고 주장했다. 먼저 사회의 가장 현명한 구성원들의 손으로 문화가 설계되고, 그러고 나면 아이들은 힘들이지 않고 그것에 적응할 수 있다는 것이다.[19]

이것들은 자연 과학 분야의 저명한 선구자들이 품고 있던 영향력 있는 개념이었고, 이 개념들은 동물과 인간의 행동 연구에 상당한 발전을 가져왔다. 행동주의 철학의 핵심 개념, 즉 행동과 마음이 전적으로 유물론의 토대 위에 서 있고 실험 분석의 대상이 될 수 있다는 생각은 근본적으로 건전하다. 그렇지만 그 근저에 깔려 있는 학습의 단순성과 등위성이라는 가정은 무너졌다. 대신에 아마도 자연 선택에 따른 진화를 제외한, 그 어떤 일반 법칙에도 부합되지 않는 수많은 특이한 학습 형태들이 있다는 것이 밝혀져 왔다. 각 종의 학습 능력은 뇌의 구조, 호르몬들의 방출 순서, 궁극적으로 유전자에 철저하게 프로그램되어 있는 것처럼 보인다. 각각의 동물 종은 어떤 자극은 배우고, 어떤 학습은 배제하며, 또 다른 자극에는 중립을 지키도록 '준비되어' 있다.

예를 들어 성숙한 재갈매기는 막 부화한 자신의 새끼들을 구별하는 법은 빨리 습득하지만, 자신의 알, 즉 눈으로 볼 때 마찬가지로 뚜렷이 구별되는 자신의 알을 다른 새의 알과 구별하는 법은 결코 습득하지 못한다. 갓 태어난 새끼 고양이는 아직 앞을 못 보고, 배로 기지도 못하며, 대체로 무력하다. 그렇지만 생존하기 위해 해야만 하는 몇몇 한정된 영역에서, 새끼 고양이는 고도의 학습 능력을 지니고 있다. 새끼 고양이는 단 하루도 지나지 않아 젖을 줄 어미가 있는 곳까지의 짧은 거리를 냄새만 이용해 찾아 기어가는 법을 습득한다. 새끼는 냄새나 촉감의 도움을 받아 어미의 배를 따라 자기가 좋아하는 젖꼭지까지 가는 길을 기억해낸다. 실험실에서 조사한 결과, 새끼는 단지 표면 촉감만 약간 다른 인조 젖꼭지들을 구별하는 방법도 빨리 배웠다.

더 인상적인 사례들도 발견되었다. 매년 북미멋쟁이새는 북아메리카 동부의 산란 지역과 남아메리카의 겨울 도래지 사이를 이동한다. 미국의 다른 수많은 새들처럼 그들도 주로 밤에 이동한다. 둥지를 떠난 북미멋쟁이새는 신속하고 자동적으로 북극성과 주위의 별자리들을 배울 준비를 갖춘다. 다른 별자리들을 학습하는 것은 금지되어 있다.

물을 마시는 병아리의 부리에 약한 전기 충격을 주면서 동시에 반짝이는 빛 같은 시각 자극을 주면, 그들은 나중에 시각 자극을 피하게 된다. 그러나 같은 방법으로 시계 소리 같은 청각 자극을 주면, 그들은 피하는 것을 배우지 못한다. 발에 충격을 가하면 상황은 반대로 된다. 즉 병아리는 시각적인 불빛보다 소리를 학습하게 된다. 처음에는 이상하게 보이겠지만 이 대칭은 사실 뇌 용량이 적은 동물들의 정교한 생존 전략이다. 병아리의 행동 절차는 다음의 단순한 공식으로 요약될 수 있다. 네가 볼 수 있는 것은 머리에 영향을 주고 네가 들을 수 있는 것은 발에 영향을 준다는 것을 배워라.[20]

따라서 일부 더 경직된 형태의 동물 본능은 특정한 형태의 준비된 학습에 바탕을 둔 것일 수 있다.[21] 그렇다면 인간의 학습도 준비된 것일까? 인간의 학습은 새나 앞을 못 보는 새끼들의 반응과 달리 로봇식이 아니라는 것은 분명하다. 우리는 충분한 시간과 의지력만 있다면, 그 어떤 것도 배울 수 있다고 생각하기를 좋아한다. 그러나 한계는 존재한다. 우리는 천재와 암기의 달인조차도 양과 복잡성의 측면에서 통달할 수 있는 한계가 분명히 있고, 뭔가를 남보다 훨씬 더 쉽게 습득할 수 있는 자기만의 정신적 기술이 누구에게나 있다는 점에 동의한다. 더욱 중요한 점은 아이들이 변경하기 어려운 계획표에 따라 정신적 기술과 감정들을 습득해 나간다는 것이다.

스위스의 저명한 발달 심리학자인 장 피아제(Jean Piaget)는 아이들이 더 순수한 지적 성장 과정에서 통과하게 되는 경이로운 단계들을 도표화하는 일에 평생을 바쳤다. 마음은 정교하게 의도된 움직임, 의미와 인과 개념, 공간, 시간, 모방, 놀이 등에서 평행하면서도 긴밀하게 결속된 궤도를 따라간다. 반사 위주의 유아가 자아 중심적인 아이로, 그 후 사회성을 지닌 어린이로 성장함에 따라 현실 개념도 단계적으로 변한다. 아이의 활동은 오로지 대상을 움직이는 일에 몰두하는 것이었다가 운동 그 자체를 초연하게 바라보는 수준까지 성장한다. 대상들은 처음에는 저마다 독특한 실체로 인식되고, 그 후 시각적 상징과 이름의 도움을 받아 분류될 집합의 원소들로 인식된다. 원래 생물학을 공부했던 피아제는 지능 발달이 물려받은 유전자 프로그램과 환경의 상호 작용이라고 보았다. 따라서 그가 이 개념을 사실상 오성(悟性)의 유전적 전개에 관한 연구인, '유전적 인식론'이라고 부른 것은 우연의 일치가 아니다.[22]

존 볼비(John Bowlby)는 주요 저서인 『애착과 격리(*Attachment and Separation*)』에서 아이가 처음 몇 년에 걸쳐 부모를 중심으로 복잡한 사회 세계를 창조함으로써 감정적 유대를 형성하는 과정을 단계별로 추적했다.[23] 로렌스 콜버그(Lawrence Kohlberg)가 비교적 꽉 짜인 피아제의 단계들을 도덕 규범의 발달 측면에서 파악한 반면, 심리 언어학자들은 어린이들의 언어 습득이 단순한 암기만으로는 설명할 수 없는 너무나 정교하고 기간이 짧은 계획표에 따라 이루어진다는 것을 입증해 왔다.[24] 이런 연구 결과까지 고려한다면, 우리는 사회가 너무 복잡하기 때문에 임의의 학습 과정만으로는 평생이 걸린다 해도 언어를 습득한다는 것이 도저히 불가능하다는 생각을 갖게 된다.

따라서 인간의 정신은 경험을 통해 선과 점으로 뒤엉킨 그림들이 그려지는 백지가 아니다. 그것은 여러 대안 중에 어떤 특정한 대안에 먼저 다가가서 본능적으로 특정한 하나를 선택하고, 유아에서 어른으로 자동적이고 점진적으로 변화하도록 정해진 신축적인 계획표에 따라 육체한테 어떤 행동을 하라고 촉구하는, 주변 환경을 빈틈없이 경계하는 탐색자, 즉 자율적인 의사 결정 기구로 기술하는 편이 더 정확하다. 오랫동안 해 온 선택의 축적, 그것들의 기억, 앞으로 해야 할 선택에 대한 심사숙고, 절로 떠오름으로써 이루어지는 감정의 재경험, 이 모든 것이 마음을 구성한다. 한 개인의 의사 결정은 그를 다른 인간과 구별해 주는 특성을 갖고 있다. 그러나 그런 결정에 따라붙는 규칙들은 모든 개인이 내린 결정들을 폭넓게 겹치게 하고, 그리하여 인간 본성이라는 꼬리표를 붙여도 좋을 강력한 수렴을 이끌어 낼 수 있을 만큼 치밀하다.[25]

다양한 행동 범주에 대한 통제가 상대적으로 얼마나 엄격한가도 대강 추정할 수 있다. 일란성 쌍둥이와 이란성 쌍둥이의 비교 연구에 토대를 둔 유전자 연구들은 기본 정신 능력과 지각 및 운동 능력이 유전자의 영향을 가장 많이 받는 반면, 성격 형질들이 가장 적게 영향을 받는다고 주장한다. 연구가 더 이루어져 이 중요한 결론이 확증된다면, 물리적 환경에서 비교적 균일하게 나타나는 문제에 대처하는 능력은 협소한 통로를 따라 발달하는 반면, 급속히 변화하는 사회 환경에의 적응을 의미하는 성격의 특성들은 더 유연하다는 추론이 도출될 것이다.

진화 가설은 중요성이 저마다 다른 그 밖의 상관관계들도 있다고 말한다. 예를 들어 의사 결정 과정이 덜 합리적이면서 더 중요할수록, 그 결정을 내리기 위해서는 감정을 더 확대시켜야 한다. 생물학자는 이 관계를 다른 식으로 말할 수 있다. 정신 발달은 많은 부분 생존과 번식을 담보하기 위해 신속하고 자동적으로 취해야만 하는 단계들로 이루어져 있다고 말이다. 뇌는 어느 정도까지만 합리적 계산에 이끌릴 수 있으므로, 변연계와 다른 하위 중추가 매개하는 쾌락과 고통에도 의존해야만 한다.

우리는 유전적 진화에 가장 직접적으로 영향을 받는 행동을 무의식적인, 감정이 짙게 밴 학습 가운데에서 찾을 수도 있다. 공포증(phobia)을 생각해 보자. 동물 학습 연구를 통해 얻은 무수한 사례에서 알 수 있듯이, 공포증은 유년기에 가장 흔히 발생하며, 매우 비합리적이고, 감정적인 색채를 띠며, 없애기가 쉽지 않다. 중요한 점은 공포증이 대개 뱀, 거미, 쥐, 고독, 폐쇄 공간처럼 우리 고대 환경에서 위협을 주었던 것들에서 비롯되는 데 반해, 칼, 총, 전기 기기 같은 현대의 인공물은 거의 공포증을 일으키지 않는다는 사실이다. 인간 역사의 여명기에 공포증은 생존을 담보하는 데 필요한 완충 지대를 구축해 왔는지도 모른다. 즉 방심하면서 절벽 끝까지 걸어가는 것보다는 공포에 질려 욕지기를 하며 기어서 절벽으로부터 멀어지는 편이 더 낫다.[26]

근친상간 금기도 준비된 학습의 또 다른 주요 사례다. 인류학자인 라이오넬 타이거(Lionel Tiger)와 로빈 폭스가 지적한 대로, 그 금기는 단순히 결합을 배제하는 더 일반적인 규칙의 특수한 경우로 볼 수도 있다.[27] 두 사람 사이에 어떤 형태의 강한 결합 관계가 형성될 때, 그들은 다른 형태의 결합 관계를 맺기가 감정적으로 어렵다는 것을 알아차린다. 교사와 학생은 학생이 스승을 능가한 뒤에도 동료가 되기 어렵고, 엄마와 딸은 시간이 흘러도 원래 지녔던 감정을 거의 그대로 유지한다. 그리고 부녀, 모자, 형제, 자매는 일차 결합이 거의 모든 것을 배제한다. 따라서 근친상간 금기는 인류 문화에서 거의 보편적으로 나타난다. 즉 사람들은 배제된 결합 관계를 학습하려고 하지 않는다.

그 반대로 사람들은 유전적으로 가장 유리한 관계를 학습하려고 한다. 성적인 결합 과정은 문화에 따라 크게 다르지만, 감정이 고조된다는 점은 어디에서나 같다. 낭만적 전통을 가진 문화에서는 결합이 빠르고 진지하며, 섹스를 넘어 사랑을 빚어내고, 일단 겪고 나면 청춘의 마음은 영원히 달라진다. 제임스 조이스(James Joyce)의 글에서 볼 수 있듯이 인간 행동학의 이 부분을 묘사하는 일은 탁월한 재능을 지닌 시인들의 고유 영역이라 할 수 있다.

> 한 소녀가 그의 앞에 혼자, 꼼짝 않고, 바다를 응시하며 서 있었다. 그녀는 누군가의 마법으로 낯설고 아름다운 바다새와 흡사하게 변한 사람 같았다. 가늘고 긴 다리는 살 위에 쓴 서명처럼 에메랄드빛 해초가 길게 달라붙어 있는 것을 제외하면, 백조의 다리처럼 우아하고 깨끗했다. …… 긴 금빛 머리카락은 앳되어 보였다. 그리고 앳되어 보이는 그 머리카락은 찬사를 보낼 만큼 영원한 미의 표상인 그녀의 얼굴을 어루만지고 있었다. …… 그의 존재와 그의 눈에 떠오른 흠모를 느꼈을 때, 그녀는 그에게 눈을 돌려 부끄러움이나 음탕함도 없이 조용히 그의 시선을 받아들였다. …… 그녀의 모습이 그의 영혼 속으로 영원히 들어와 버렸고 그 어떤 말로도 그의 침묵의 희열을 깨뜨리지 못했다.
>
> ―『젊은 예술가의 초상(A Portrait of the Artist as a Young Man)』에서

논리적으로 볼 때, 준비된 학습은 우리의 가장 심층적인 감정들이 고정되는 인생의 다른 전환점에서도 발견할 수 있다. 예를 들어 인간은 한 존재에서 다른 존재로 건너가는 통과 의례를 거칠 때, 문턱을 만드는 성

향이 강하다. 문화는 아마도 아직 우리가 모르고 있는 생물학적 원동자의 영향을 받아 정교한 통과 의례 — 성인식, 결혼, 견진 성사, 장례 — 를 만드는 듯하다. 인간은 인생의 모든 시기를 인위적으로 두 범주로 명확히 가르고 구분하려는 강력한 충동을 갖고 있다.

우리는 모든 인간들이 구성원 대 비구성원, 친족 대 비친족, 동료 대 적으로 표시될 수 있을 때에만 완벽한 평안을 누릴 수 있는 것 같다. 에릭 에릭슨(Erik Erikson)은 도처에서 의사 종 분화(pseudospeciation)를 하는 성향, 즉 이질적인 사회에 속한 사람들을 완전한 인간이 아닌 하급 종의 지위로 격하시키고 양심에 거리낌없이 파멸시킬 수 있는 대상으로 환원시키는 인간의 성향에 관해 써 왔다.[28] 칼라하리의 점잖은 부시먼들조차도 스스로를 '쿵(!Kung)', 즉 '인간'이라고 부른다.

이들을 비롯한 모든 인간들이 지닌 성향은 유전적 이익이라는 관점에서 평가할 때에만 완전히 이해할 수 있다. 영토를 수호하고 적의 침입을 알리는 역할을 하는 수컷 새의 봄 노래가 호소력을 지니고 있는 것처럼, 그런 성향 속에는 우리의 마음이 첫눈에 깨닫지 못하는, 참된 진정한 의미의 아름다움이 깃들어 있다.

4장

문화적 진화

❉

프로이트가 말한 대로 생물학이 운명이라면, 자유 의지는 무엇일까? 우리는 뇌의 깊은 곳에 영혼이 있다고, 즉 신체의 경험을 떠맡고 있으면서 자신의 의지에 따라 두개골 속을 돌아다니면서 반추하며 계획하고 신경 작동 장치의 손잡이를 잡아당기는 자유로운 행위자가 있다고 생각하는 경향이 있다.

수세기 동안 위대한 철학자들과 심리학자들은 결정론 대 자유 의지라는 커다란 역설을 붙잡고 씨름해 왔다. 이 역설을 생물학 용어로 바꾸면 이렇게 될 것이다. 우리 유전자들이 유전되고, 우리의 환경이 우리가 태어나기 전부터 작동하고 있었던 물리적 사건들의 인과 사슬이라고 한다면, 어떻게 뇌 속에 진정한 독립 행위자가 있을 수 있단 말인가? 행위자 자체는 유전자와 환경의 상호 작용을 통해 창조된다. 그러므로 자유란 단지 자기 기만이 아닐까?

사실 그럴지도 모른다. 최소한 원자 수준 이상의 일부 사건들이 예측 가능하다는 것은, 철학이 자기 방어용으로 내세우는 입장이다. 대상의 미래는 물질적 토대 위에 서 있는 어떤 지성을 지닌 존재가 예측할 수 있는 범위까지 결정된다. 그러나 단지 그 관찰하는 지성체의 개념적 세계 내에서 그렇다는 말이다. 그리고 대상들이 스스로 결정을 내릴 수 있는 한 ― 그들이 결정되었든 그렇지 않은 간에 ― 그들은 자유 의지를 지닌다.

동전 던지기와 동전의 자유 범위를 생각해 보자. 언뜻 생각하기에 이보다 결정론과 무관한 것은 없을 것 같다. 동전 던지기는 교과서에 나오는 무작위 과정의 고전적인 예다. 그러나 어떤 이유가 생겨서 우리가 현대 과학의 모든 자원들을 단 한번의 동전 던지기에 걸기로 결정했다고 가정해 보자.

그 동전의 물리적 특성은 피코그램($pg=10^{-12}g$)과 미크론($\mu m=10^{-6}m$) 수준까지 측정되고, 던지는 사람의 근육 생리 상태와 엄지의 모양이 분석되고, 실내의 공기 흐름이 도표로 작성되고, 바닥 표면의 세밀한 지형과 탄성이 지도로 그려질 것이다. 동전이 손에서 떨어지는 순간, 위의 모든 정보 외에 던지는 순간의 힘과 동전의 각도가 컴퓨터에 입력된다. 동전이 몇 번 회전하기도 전에 컴퓨터는 동전의 궤적을 완벽하게 예측하고 최종적으로 앞면인지 뒷면인지를 계산해 낸다. 그 측정이 완벽할 수는 없으므로, 던지기의 초기 조건에 포함되어 있는 미미한 오차들은 계산을 거치면서 확대되어 계산 결과에 오차를 덧붙일 것이다. 그래도 컴퓨터를 이용한 예측은 추정보다 더 정확할 것이다. 비록 한정된 범위 내지만 우리는 동전의 운명을 알 수 있다.

흥미롭기는 하지만 동전은 정신을 지니고 있지 않으므로, 그리 적절한 예가 아니라고 반박할 수도 있다. 이 미진한 부분은 우선 중간 정도의 복잡성을 지닌 상황을 선택함으로써 단계적으로 보완할 수 있다.

하늘을 나는 곤충, 예를 들어 꿀벌을 생각해 보자. 벌은 기억을 할 수 있다. 벌의 사유 방식은 극히 한정되어 있다. 아주 짧은 일생 동안 — 50일 정도면 죽는다. — 벌은 하루 중 시각, 집의 위치, 같은 집 동료의 냄새, 5개에 달하는 꽃밭의 위치와 등급을 학습한다. 벌은 자신을 때리려는 과학자의 엉성한 손놀림에 격렬한 반응을 보일 것이다. 정보가 없는 인간 관찰자에게는 벌이 자유 행위자처럼 보인다. 하지만 우리가 골무 정도 크기의 몸을 가진 대상들의 다양한 신체 특성, 곤충의 신경계, 꿀벌의 행동 특성, 그리고 이 특정 벌이 살아온 역사에 관해 알고 있는 모든 것들을 한데 모은다면, 그리고 최신 컴퓨터 기술을 적용한다면, 우리는 순수한 우연을 넘어서는 수준의 정확도로 그 벌의 비행 경로를 예측할 수 있을 것이다. 컴퓨터의 입출력을 주시하고 있는 인간 관찰자에게는 그 벌의 미래가 어느 정도까지 결정되어 있다. 그러나 인간의 그런 지식과 영구적으로 격리되어 있는 벌 자신의 '마음'속에서, 벌은 언제까지라도 자유 의지를 가질 것이다.

자신의 중추 신경계를 다루고자 하는 인간은 처음에는 꿀벌과 같은 입장에 서 있는 듯하다. 인간의 행동이 곤충보다 엄청나게 더 복잡하고 다양하다고 해도, 이론적으로 그것은 나열될 수 있다. 유전적 속박이 있고 인간이 살아갈 수 있는 환경의 수가 유한하기 때문에, 실제로 나타날 수 있는 결과는 한정되어 있는 것이다.

하지만 개인의 세세한 행동들을 단기적으로라도 예측하려면 우리의 상상을 초월하는 기술이 필요할 것이고, 그런 예측은 우리가 상상할 수 있는 가장 뛰어난 지성을 지닌 존재의 능력까지도 넘어설 것이다. 고려할 변수들이 수백 가지 아니 수천 가지가 되면, 그중 어느 한 변수가 지니는 미미한 부정확성이라도 정신 작용의 일부나 전체를 바꿔 놓을 만큼 확대되기 쉽다.

게다가 아원자 입자에 적용되는 하이젠베르크의 불확정성 원리는 여기에도 비유적으로 적용된다. 관찰자가 어떤 행동을 더 깊이 탐구할수록, 그 행동은 탐구 행위에 따라 더욱 변형되며 그 행위의 의미 자체는 선택한 측정 수단에 더욱 의존하게 된다. 관찰자의 의지와 운명은 관찰 대상자의 그것과 연계된다. 엄청난 수의 체내 신경 작용들을 동시에 그리고 원격적으로 기록할 능력이 있는, 상상할 수 있는 가장 정교한 관측 장치만이 그 상호 작용을 허용할 수 있는 수준까지 줄일 수 있을 것이다.

이런 수학적 비결정성과 불확정성 원리 때문에, 어떠한 신경계도 다른 지능 체계의 미래를 의미 있는 수준까지 상세히 예측할 수 있는 충분한 지식을 획득할 수 없다는 것이 자연법칙일지 모른다. 자신의 미래를 알고 운명을 포착하고, 그런 의미에서 자유 의지를 제거할 수 있을 만큼, 자신에 관한 지식을 충분히 획득할 수 있는 지적 정신이란 없다.

인간 정신 같은 복잡한 활동을 예측하고자 할 때 나타나는 또 다른 근본적인 어려움은 날것의 자료가 뇌의 심층까지 도달하는 과정에서 변형된다는 점이다.

예를 들면 시각은 빛의 복사 에너지가 망막을 구성하는 약 1억 개의 1차 빛 수용체 세포들의 전기 활동을 촉발하면서 여정을 시작한다. 각 세포는 매 순간 자신이 접촉하는 빛의 명도(또는 색도)를 기록한다. 따라서 수정체를 통해 전달되는 상은 텔레비전 카메라처럼 전기 신호의 패턴으로 검출된다. 망막 뒤에서는 약 100만 개의 신경절 세포가 그 신호들을 받아 추상화의 형태로 가공한다. 각 세포는 망막에 원형으로 배열된 1차 수용체 집단으로부터 정보를 받는다. 망막 소자 집단에 충분한 강도의 명암 대비가 이루어지면, 신경절 세포는 활성을 띠게 된다.

그 후 이 정보는 머리 뒤쪽에 있는 대뇌 피질의 하부 영역으로 전달되고, 거기에서 다시 특수한 피질 신경 세포를 통해 재해석된다. 각 피질 세포는 부속된 신경절 세포 집단별로 활성을 띤다. 그것은 신경절 세포의 방전 패턴이 수평, 수직, 경사라는 세 방향의 직선 가장자리를 나타내는지 여부에 따라 전기적 활성을 띠게 된다. 그 외에 더욱 추상화를 수행하면서 직선의 양끝이나 모서리에 반응하는 피질 세포들도 있다.[1]

마음은 이런 암호화 및 추상화 과정을 통해 몸의 안팎에서 생성되는 모든 정보들을 받아들인다. 여기에 관여하는 뇌의 신피질 신경들이 만들어 내는 엄청난 수의 동시다발적이면서 조화로운 상징적 표상들이 의식을 구성한다. 그러나 의식이 생물학적 기구의 작용이라고 한다고 해서 그것의 힘을 과소평가하는 것은 결코 아니다.

찰스 셰링턴(Charles Sherrington) 경의 눈부신 비유에 따르면, 뇌는 "반짝이는 북[紡錘] 수백만 개가 겹치면서 서서히 흐릿해져 가는 패턴을 짜는 요술 베틀"이다.[2] 정신은 감각이 받은 인상의 추상화로부터 현실을 재창조할 수 있으므로, 회상과 환상을 통해서도 현실을 잘 모사할 수 있다. 뇌는 이야기들을 꾸며내서 상상하거나 기억한 사건들을 시간의 흐름에 따라 전개할 수 있다. 적을 쳐부수고, 애인을 포옹하며, 강철 토막을 깎아 도구를 만들고, 신화와 완벽함의 세계로 쉽게 여행한다.

자아는 이 신경 드라마의 주연 배우다. 뇌의 하등한 부분인 감정 중추들은 자아가 무대 위로 걸어 올라갈 때마다 그 꼭두각시에 매어 놓은 실을 더 신중하게 당기도록 프로그램되어 있다. 그러나 우리의 가장 심층적인 감정들이 우리 자신에 관한 것이라고 당연시하는 이런 편견이 과연 가장 안쪽에 있는 자아 — 영혼 — 를 기계론적 용어로 설명할 수 있을까?

신경 생물학의 핵심적인 수수께끼는 자기애나 불멸의 꿈이 아니라 지향성이다. 원동자, 즉 반짝이는 북들을 지휘하는 직녀는 과연 누구일까? 너무 단순한 신경학적 접근은 뇌를 러시아 인형처럼 생각할 가능성이 있다. 즉 아무것도 남지 않을 때까지 인형의 몸속을 열어 더 작은 인형을 차례차례 꺼내는 것과 같은 방식으로, 우리 연구는 고립된 세포들만 남을 때까지 하나의 신경 회로 체계를 점점 더 작은 하위 회로로 해명해 나간다. 한편 반대쪽 극단에 놓인 복잡한 신경학 모형은 신경, 회로, 또는 기타 물리적 단위들로 번역할 수 없는 특성들을 상정해 생기론적 형이상학으로 후퇴할 가능성이 있다.

타협안은 인지 심리학자들이 스키마(Schema), 즉 도식이라고 부르는 것을 인식하는 데 있을지도 모른다.[3] 스키마는 뇌 속에 있는 타고난 또는 학습된 구조로서, 신경 세포에 입력된 자료들은 이 스키마와 비교된다. 실제 패턴과 예상 패턴이 일치하면 몇 가지 결과가 나올 수 있다. 스키마는 좋고 싫음에 관련된 세부 사항들을 파악하고 걸러내, 정신이 환경의 특정 부분을 더 생생하게 지각하고 특정 결정을 더 선호할 수 있도록 함으로써, 개인의 마음 자세에 기여할 수 있다. 스키마는 감각 기관에 실제로 입력되는 것 중 누락된 부분을 세세하게 채울 수 있고, 현실에는 전혀 존재하지 않는 패턴을 마음속에 창조할 수 있다.

이런 식으로 스키마가 지닌 분류 능력은 대상들의 게슈탈트(gestalt) — 대상들이 사각형, 얼굴, 나무 같은 전체로서 주는 인상 — 를 도와준다. 이 기준계(frame of reference, 사물이나 생각을 평가 판단하는 기준이 되는 내용 체계 — 옮긴이)는 신체의 움직일 수 있는 부위를 자각하고 자율적으로 통제함으로써, 몸 전체가 조화롭게 움직이도록 한다. 감각 입력과 이 기준계의 결합은 팔다리가 상처를 입어 움직이지 못하다가 다시 기능을 회복했을 때 극적으로 드러난다. 심리학자 올리버 색스(Oliver Sacks)는 다리 손상으로 오랫동안 치료를 받고 나서, 첫발을 내딛으려 할 때의 느낌을 이렇게 썼다.

갑자기 나는 전에 경험해 본 것과 전혀 다른 표상들과 이미지들이 마구 튀어나오는 일종의 지각 혼란 상태에 빠져들었다. 갑자기 내 다리와 그 앞에 있는 땅 사이가 엄청나게 멀게 느껴졌고, 그다음에는 코 밑이 이리저리 기묘하게 뒤틀리고 왜곡되기 시작했다. 이런 제어되지 않은 지각들(또는 지각 가설들)은 초당 몇 번씩 내 의지와 상관없이 제멋대로 나타났다. 5분 동안 1,000번이 넘게 그런 출몰이 있고 나서, 서서히 통제력이 회복되고 몸이 정상적으로 돌아오면서 마침내 제대로 된 다리의 이미지가 형성되었다. 그와 함께 갑자기 그 다리가 내 것이고 진짜라는 느낌이 다가왔고, 나는 앞으로 걸을 수 있었다.[4]

가장 중요한 점은 뇌 속의 스키마가 의지의 물리적 토대 역할을 할 수 있다는 것이다. 생물의 활동은 되먹임 고리를 통해 유도될 수 있다. 감각 기관이 뇌의 스키마로 전달하는 신호들은 감각 기관으로 되먹임되며, 행동이 제대로 이루어졌다고 스키마가 스스로 '만족할' 때까지 순환은 반복된다. 마음은 결정 중추의 통제권을 차지하기 위해 서로 경쟁하도록 프로그램된 그런 스키마들의 공화국일지도 모른다. 각 스키마는 뇌줄기와 중간뇌를 통해 의식에 신호를 전달하는, 몸의 생리적 욕구들이 서로 상대적으로 얼마나 긴급한가에 따라 권력을 잡거나 권력에서 밀려난다. 의지는 '미소 인간(little man)'이나 다른 어떤 외부 행위자도 필요로 하지 않는, 그 경쟁의 결과물일지 모른다. 정신이 정확히 이런 식으로 작용한다는 증거는 없다. 지금은 그런 근본 메커니즘이 존재한다는 것을 아는 것만으로도 충분하다.

예를 들면 되먹임 고리는 우리의 무의식적인 행동의 대부분을 통제

한다. 생리적 메커니즘이 진화를 거듭해 의지 ─ 원한다면 영혼까지 ─
를 창조하는 것도 전적으로 가능하다. 그러나 그런 메커니즘들이 지구
상의 그 무엇보다 훨씬 더 복잡하리라는 것은 분명하다.[5]

따라서 결정론과 자유 의지 사이의 역설은 이론적으로 해결이 가능
할 뿐 아니라, 물리학과 생물학의 경험론적 문제로 환원될 수 있을지도
모른다. 비록 마음의 토대가 정말로 기계론적이라고 해도, 우리가 동전
의 경로나 꿀벌의 비행을 한정된 범위까지만 도식화할 수 있듯이, 각 인
간의 세세한 행위들을 예측할 수 있는 힘을 가진 지성적 존재는 있을 것
같지 않다는 점을 염두에 두자. 정신은 매우 복잡한 구조이며, 인간의
다양한 사회관계는 매우 복잡하고 다양한 방식으로 그 정신의 결정에
영향을 미치기 때문에, 그 영향을 받는 개인이나 인간이 어느 한 사람의
구체적인 역사를 예측하기란 불가능하다. 이런 근원적인 의미에서 결과
적으로 당신과 나는 자유롭고 책임 있는 사람이다.

그렇지만 부차적이고 더 약한 의미에서 볼 때, 우리의 행동이 부분적
으로 결정되어 있다는 것도 사실이다. 행동 범주를 충분히 넓힌다면, 사
건을 확신을 갖고 예측할 수 있다.

동전은 회전할 것이고 모서리로 서지 않을 것이며, 벌은 등을 위쪽으
로 한 채 방 안을 날아다닐 것이고, 인간은 자기 종의 특징인 폭넓은 사
회 활동을 이야기하고 수행할 것이다. 또 개체군들의 통계적 특성들도
열거할 수 있다. 회전하는 동전이라면, 통계적 예측의 정확도를 높이겠
다고 굳이 컴퓨터 같은 장치를 쓸 필요도 없다. 동전의 움직임을 규정하
는 이항 분포와 호-사인 법칙은 포장지 뒷면에 쉽게 적을 수 있으며, 이
런 수학 공식에는 유용한 정보들이 풍부하게 들어 있다.

다른 수준에서 곤충학자들은 꽃을 찾는 꿀벌들의 평균 비행 패턴
을 상세하게 규명했다. 그들은 벌이 꿀이 있는 곳에서 벌집까지 날아가

면서 추는 춤의 통계적 특성들을 미리 알 수 있다. 또 꿀벌들이 그 정보를 전달할 때 일어날 수 있는 오차의 정확한 분포와 발생 시점도 측정했다.[6]

이와 마찬가지로 인간 본성에 관한 충분한 지식, 각 사회의 역사, 그 사회가 처한 물리적 환경이 주어진다면, 인간 사회의 통계적 행동도 앞의 사례들보다는 덜하겠지만 예전에 알지 못했던 수준까지 예측할 수 있을 것이다.

* * *

유전적 결정은 앞으로 이루어질 문화적 진화가 나아갈 길의 폭을 좁힌다. 현 시점에서는 진화가 얼마나 멀리까지 진행될지 추측할 수 없다. 그러나 지난 경로를 더 심도 있게 해석하는 것은 가능하며, 아마도 행운과 재능이 함께 한다면 앞으로의 대략적인 방향까지도 그릴 수 있을 것이다. 사회학자 에밀 뒤르켐(Emile Durkheim)과 인류학자 앨프리드 래드클리프브라운(Alfred Radcliffe-Brown)은 문화를 전체론적으로 보는 전통을 수립했지만, 문화는 자체 동력으로 진화하는 초유기체가 아니다. 오히려 문화적 변화는 사회적 존재가 되기 위해 최선을 다하는 무수한 인간들의 개별적인 행동 반응들의 통계적 산물이다.

냉정하게 사회를 하나의 개체군으로 취급한다면, 문화와 유전의 관계를 더 정확히 정의할 수 있다. 인간의 사회적 진화는 유전의 쌍궤도, 즉 문화적 궤도와 생물학적 궤도를 따라 나아간다. 문화적 진화는 라마르크적이고 매우 빠른 반면, 생물학적 진화는 다윈적이고 대체로 매우 느리다.[7]

라마르크 진화는 획득 형질이 유전됨으로써, 즉 부모가 일생 동안 획득한 형질이 자손에게 전달됨으로써 진행된다. 1809년 그 개념을 내놓은 프랑스 생물학자 장 바티스트 드 라마르크(Jean Baptiste de Lamarck)는 생물학적 진화가 바로 그런 방식으로 일어난다고 믿었다. 그는 기린이 더 키 큰 나무의 잎을 먹기 위해 목을 늘이면, 그 자손들은 그런 노력 없이도 더 긴 목을 가질 것이라고 주장했다. 그리고 황새가 배를 적시지 않기 위해 다리를 뻗치면, 그 자손도 기린과 마찬가지 방식으로 더 긴 다리를 물려받는다는 식이다. 라마르크주의는 생물학적 진화의 토대로서는 완전히 폐기되었다. 하지만 문화적 진화는 바로 그와 같은 방식으로 일어난다.

다윈이 가장 경쟁력 있는 진화론, 즉 전체 개체군이 자연 선택을 통해 변형된다는 이론을 타당성 있는 형태로 처음 제시한 것은 1859년이었다. 개체군을 이루는 개체들은 저마다 고유한 유전자를 갖고 있다. 따라서 생존과 번식 능력도 제각각이다. 가장 성공한 개체는 더 많은 유전 물질을 다음 세대에 전달할 수 있다. 그 결과 전체 개체군은 점차 성공한 개체를 닮아 간다. 자연 선택 이론에 따르면, 목 길이를 늘이는 유전적 능력은 기린마다 다르다. 가장 긴 목을 지닌 개체들은 더 많이 먹고 더 많은 자손을 남길 수 있다. 그 결과 기린 개체군의 평균 목 길이는 세대가 지날수록 길어진다. 게다가 가끔 목 길이에 영향을 미치는 유전자 돌연변이가 일어난다면, 진화 과정은 무한히 계속될 수 있다.

다윈주의는 인간을 포함한 모든 종류의 생물에 통용되는 보편적인 생물 진화 방식으로 받아들여져 왔다. 한편 생물학적 진화는 라마르크 진화보다 훨씬 느리기 때문에, 언제나 문화적 변화에 금방 추월당하고는 한다.

그러나 두 진화는 각기 다른 방향으로는 그다지 멀리까지 나아갈 수 없다. 궁극적으로 문화적 진화가 빚어내는 사회 환경은 생물학적 자연 선택의 길을 따를 것이기 때문이다. 자살하거나 자신의 가족을 파멸로 몰아가는 행동을 하는 개체들은 유전적으로 그런 행동 성향이 약한 개체들보다 더 적은 수의 유전자를 남길 것이다. 한 사회에 번성한 유전자가 경쟁력이 약한 문화를 형성한다면, 그 사회는 쇠퇴하고 더 적합한 능력을 가진 사회로 대체될 것이다.

당분간 현대 사회들의 능력 차이를 유전적 차이의 탓으로 돌리지는 않겠지만, 이 점은 지적해 두고 싶다. 한계가 있다는 것, 그리고 그 한계는 아마도 우리가 지금까지 이해해 왔던 것보다 훨씬 더 현대의 사회 현실에 더 가까우리라는 것을. 그리고 그 한계를 넘어서면 생물학적 진화가 문화적 진화를 자신의 등 뒤로 끌어당기기 시작할 것이라고.

이 말도 덧붙여 두자. 개인은 두 진화 궤도의 간격이 너무 벌어지지 않게 저항할 것이라고. 라이오넬 트릴링(Lionel Trilling)이 『문화를 넘어서(Beyond Culture)』에서 말한 것처럼, 마음 어딘가에는 "문화가 다가갈 수 없는, 문화를 심판하고 그것에 저항하며 그것을 갱신할, 즉시 실행 가능한 권리를 지니고 있는 생물학적 긴요함, 생물학적 필요, 생물학적 이유라는 굳건하고 환원 불가능하며 완고한 핵심이 있다".[8]

노예제라는 인간 제도의 실패는 그런 생물학적 완고함을 설명해 준다. 하버드 대학교의 사회학자 올랜도 패터슨(Orlando Patterson)은 전 세계 노예 사회의 역사를 체계적으로 연구해 왔다. 그는 제도화한 노예제들은 대체로 동일한 '생활사'를 거치며, 노예제가 나타남으로써 비롯된 특수한 상황과 인간 본성의 완고한 특성이 결합되어 결국 노예제를 무너뜨린다는 것을 발견했다.[9]

대규모의 노예제는 일반적으로 전쟁, 제국의 팽창, 그리고 주요 농작물의 대체로 전통적인 생산 양식이 해체될 때 발생한다. 주요 농작물의 대체는 농촌의 빈민들을 도시로 내몰고 새로운 집단 정착촌이 형성되도록 유도한다. 제국의 수도에서는 토지와 자본이 점점 부자들의 손아귀에 들어가고 시민 노동력은 점차 귀해진다. 국가의 영토 확장은 다른 민족을 노예화해 일시적으로 경제 문제를 해결할 수 있다. 그 뒤에 새 문화속에서 새로운 인간이 형성된다면, 즉 인간이 노예제를 당연하게 여기는 붉은 사무라이개미(*Polyergus*, 사무라이개미는 다른 개미의 여왕개미를 죽이고 일개미들을 자신의 노예로 부린다. ─ 옮긴이)처럼 행동하게 된다면, 노예 사회는 영구적으로 정착될지 모른다.

그러나 우리가 가장 포유류다운, 그리고 인간다운 특성이라고 보는 것들은 그런 영구 전환을 불가능하게 한다. 노동자들은 자신의 낮은 지위를 싫어하고, 그 지위는 노동과 연관되기 때문에 시민 노동 계급은 생산 수단과 점점 더 멀어진다. 한편 노예들은 가족과 종족 관계를 유지하려고 애쓰며, 자기 옛 문화의 파편들을 이어 붙이려고 노력한다. 그런 노력이 성공할수록 그들 중에서 지위가 상승하는 사람들이 늘어나고, 원래 맹목적인 복종의 대상이었던 그들의 입장도 달라진다.

이와 달리 노예가 탄압을 받아 자기주장을 관철시키지 못하는 사회에서는 재생산되는 노예의 수가 줄어들어 매 세대마다 새 노예들을 대량 수입해야만 한다. 그런 급속한 노예 대체는 노예와 주인이 서로 공유했던 문화를 붕괴시키는 결과를 낳는다. 노예 소유주들은 점점 더 많은 시간을 문화 중심지에서 보내고 싶어 하고 그에 따라 부재 지주(absenteeism) 제도가 확산된다. 그러면서 서서히 감독관이 통치 제도 안으로 진입한다. 비효율, 야만성, 반란, 파업이 증가하고 체제는 서서히 내리막길을 걷는다.

고대 그리스와 로마에서부터 중세 이라크, 그리고 18세기 자메이카에 이르기까지, 노예제 사회는 그 외에도 수많은 다른 결함들을 지니고 있었고, 그중 일부는 치명적인 것이었다. 노예제 자체만으로도 그 생활사의 장엄한 몰락을 운명 짓기에 충분했다. 패터슨은 이렇게 썼다. "그들의 성숙은 빨랐고, 그들의 영광은 짧았으며, 그들의 망각을 향한 몰락은 그럴듯하고 장엄하게 질질 끌었다."

억압받는 노예들이 노예 개미, 긴팔원숭이, 맨드릴개코원숭이 같은 다른 생물 종이 아닌 인간처럼 행동했다는 것은, 내가 적어도 대강이나마 역사의 궤적을 미리 점찍을 수 있다고 믿는 한 가지 이유이다. 생물학적 속박은 불가능한 영역 또는 금지된 영역을 정의한다. 상당 부분의 운명이 이미 드러나 있을 가능성(마지막 장에서 상세히 논의될 주제)을 시사하면서도, 나는 인간이 어떤 가상적인 역사 과정을 상정할 수 있는 능력을 갖고 있다는 것을 잘 인식하고 있다.

그러나 자기 결정력이 완벽하게 발휘되고, 에너지와 물질적 위기가 해결되고, 낡은 이데올로기가 패배하고, 그리하여 모든 사회학적 대안들이 열린다 해도, 우리가 선택할 수 있는 방향은 단지 몇 가지에 불과하다. 다른 방향들을 시도할 수도 있겠지만, 그것들은 사회적 경제적 혼란, 삶의 질 저하, 저항, 쇠퇴를 가져올 뿐이다.

역사가 그보다 앞섰던 생물학적 진화의 인도를 무시할 수 없는 수준까지 받아 온 것이 사실이라면, 문화와 경제 생활 측면에서 선사 시대와 가장 유사한 현재의 사회들을 연구함으로써 역사의 경로를 파악할 수 있는 유용한 단서들을 발견할 수 있을 것이다. 오스트레일리아 원주민, 칼라하리 사막의 쿵 족, 아프리카 피그미 족, 안다만 제도의 네그리토 족, 에스키모 인 등 전적으로 동물 사냥과 야생 식물 채집에 의존하고 있는 수렵 채집 사회가 여기에 해당한다.

그런 문화 중 100가지 이상이 아직도 존속하고 있다. 이런 사회는 대개 인구가 1만 명 이하이며, 거의 대부분 주변 문화에 동화되거나 소멸될 위험에 처해 있다. 인류학자들은 이런 원시 문화들이 이론적으로 매우 중요하다는 것을 잘 인식하고 있기 때문에, 현재 그들이 완전히 소멸하기 전에 기록을 남겨 두기 위해 시간과 경주를 벌이고 있다.

수렵 채집인들은 원시 생활 방식에 직접적으로 적응한 수많은 형질들을 공유하고 있다. 그들은 100명 이하의 무리를 이루어 넓은 거주 영역을 돌아다니며, 무리는 식량을 찾으러 다닐 때 나뉘었다가 재결합하고는 한다. 대체로 25명으로 구성된 집단이 1,000~3,000제곱킬로미터의 면적을 점유하는데, 이 면적은 같은 수로 구성된 늑대 무리가 거주하는 영역과 일치하며, 채식만 하는 고릴라 무리가 점유하는 면적보다는 100배나 더 넓다. 영역의 일부분, 특히 풍족하고 의존할 수 있는 식량 자원이 있는 지역은 종종 영토로 삼아 지킨다. 어떤 문화에서는 부족 간 침략이 국지전을 펼칠 정도까지 확대되기도 하는데, 이런 침략은 수렵 채집인들의 보편적인 사회적 행동이라고 간주하기에 충분할 만큼 공통성을 띠고 있다.

무리는 사실 확대 가족이다. 혼인은 협약과 예식을 통해 무리 내에서 그리고 무리 사이에서 이루어지며, 그렇게 해서 형성된 복잡한 친족망은 특별한 분류 대상이자 엄격하게 강요되는 규칙들의 대상이 된다. 무리의 남자들은 약한 일부다처제 쪽으로 편향되어 있고, 자손을 양육하는 데 상당한 시간을 투자한다. 그들은 자기가 투자한 대상도 보호한다. 1인당 살인율은 대부분의 미국 도시와 비슷한 수준이며, 주로 불륜 때문이거나 여자를 사이에 두고 말다툼을 벌이다가 발생한다.

어린이는 활동의 초점이 어머니에게서 동년배 집단으로 점차 전이되면서 장기간 문화적인 의식화를 겪게 된다. 그들의 놀이는 계획적인 것은 아니지만 신체 기술 발달을 촉진하고, 그들이 나중에 채택하게 될 어른 역할을 비조직적이고 초보적인 형태로 모방한다.

삶의 모든 면에서 성적 분업이 강하게 배어 있다. 남자들은 부족의 어떤 특수한 기능들을 통제하고 있다는 의미에서만 여자들보다 우월하다. 그들은 회의에 참석하고, 제의 형식을 결정하고, 이웃 집단들과의 교환을 통제한다. 하지만 경제적으로 더 복잡한 사회에 비춰 본다면, 상황은 비교적 정형화가 덜 되어 있고 일시적이다. 사냥은 남자들이 하고 채집은 여자들이 담당한다. 이 역할 분화는 어느 정도 겹쳐지는 것이 보통이지만, 사냥감이 크고 그것을 먼 곳까지 뒤쫓아야 한다면, 겹치는 정도는 줄어든다. 대체로 사냥이 중요하기는 하지만 경제를 좌지우지할 정도까지는 아니다.

68곳의 수렵 채집 사회를 조사한 인류학자 리처드 리(Richard B. Lee)는 평균적으로 신선한 육류가 식단에서 차지하는 비율이 약 3분의 1에 불과하다는 것을 발견했다.[10] 그렇기는 해도, 육류는 필요한 단백질과 지방의 가장 풍부한 공급원이며, 대개 그 소유자에게 가장 큰 특권을 부여한다.

원시인들은 자연 속을 떠돌아다니는 수많은 육식 동물 중 자기보다 몸집이 더 큰 먹잇감을 사냥하는 극히 예외적인 존재이다. 비록 그들이 쥐, 새, 도마뱀 같은 작은 동물들을 주로 사냥하기는 하지만, 아무리 거대한 동물이라도 그들의 손아귀에서 벗어날 수 없다. 바다코끼리, 기린, 쿠두, 코끼리도 사냥꾼들의 올가미와 무기에 당하고 만다. 다른 포유류 중에 자기보다 큰 먹이를 사냥하는 동물은 사자, 하이에나, 늑대, 아프리카들개뿐이다. 이런 종들은 협력 집단을 구성해 먹이를 쫓는 유별난 특성을 지니고 있으며, 고도의 사회생활을 영위하는 예외적인 존재이다.

커다란 먹이와 협동 사냥, 이 두 형질은 명백히 연관되어 있다. 고양잇과 동물 중 유일한 사회성 종인 사자는 떼 지어 사냥하면 포획량이 두 배로 늘어난다. 게다가 그들은 기린이나 다 자란 수컷 물소처럼 혼자서는 공격하기가 거의 불가능한 가장 크고 힘겨운 먹이까지도 사냥할 수 있다. 원시인은 사자, 늑대, 하이에나의 생태학적 비유이다. 영장류 중 큰 사냥감을 쫓기 위해 집단 사냥을 하는 것은 원시인뿐이다. 그리고 그들은 습관적으로 필요한 양보다 더 많은 먹이를 죽이고, 식량을 저장하고, 새끼에게 고체형 먹이를 먹이고, 분업을 하고, 살육제를 벌이고, 경쟁 관계에 있는 종과 공격적인 상호 작용을 한다는 점에서 다른 영장류보다는 네발 달린 육식 동물 쪽을 더 닮았다.[11] 아프리카, 유럽, 아시아의 고대 주거지에서 발굴된 뼈와 석기들은 이런 생활 양식이 100만 년 이상 지속되어 왔으며, 그것이 대부분의 사회에서 떨어져 나간 것은 겨우 최근 몇 천 년 전이라는 것을 알려 준다. 즉 인간의 유전적 진화가 일어난 기간의 99퍼센트는 수렵 채집인을 존속시키는 쪽으로 선택압이 작용했던 것이다.

* * *

생태와 행동 사이에 볼 수 있는 이런 뚜렷한 상관관계를 염두에 두고, 인간 사회적 행동의 기원 문제를 다룬 주류 이론을 검토해 보자. 이 이론은 단편적인 화석 증거들, 수렵 채집 사회까지 시간을 거슬러 올라가 내린 추측들, 현재 살고 있는 다른 영장류 종들과의 비교를 통해 다듬어져 온 정합성 있는 재구축물들로 이루어져 있다. 이 이론의 핵심은 내가 앞서 펴낸 책『사회 생물학』에서 "자가 촉매화 모형"이라고 부른 것이다.

자가 촉매화는 화학 분야에서 유래한 용어로서, 만들어지는 생성물의 양에 비례해 반응 속도가 증가하는 과정을 의미한다.[12] 그 과정이 더 오래 진행될수록, 속도는 더 빨라진다. 이 개념에 따르면 최초의 인간 또는 원인은 생활의 대부분 또는 전부를 땅 위에서 보내기 시작하면서, 서서 걷기 시작했다. 그들의 손은 자유로워졌고, 가공물의 제조와 취급도 더 수월해졌으며, 도구 사용 습관이 개선됨에 따라 지능도 발달해 갔다. 정신적 능력과 인공물 사용 성향이 상호 강화를 통해 발달함에 따라, 물질적 토대 위에 서 있는 문화 자체도 전반적으로 확장되어 갔다.

이제 그 종은 진화의 쌍궤도 위에 올라선 것이다. 자연 선택을 통한 유전적 진화는 문화 능력을 증진시켰고, 문화는 그것을 최대한 이용하는 사람들의 유전적 적응도를 강화했다. 사냥할 때의 협동은 완벽해졌을 뿐 아니라 지능의 진화를 위한 새로운 추진력을 제공했고, 지능의 진화는 뒤이어 도구 사용 기술을 더욱 정교하게 발전시켰으며, 이러한 원인과 결과의 순환은 계속 되풀이되었다. 사냥물을 비롯한 식량을 공유하면서 사회적 기술들도 세련되어 갔다. 현대 수렵 채집인의 무리에서도 끊임없는 소곤거림과 기동 전술을 볼 수 있다. 리처드 리는 쿵 족을 다음과 같이 묘사하고 있다.

야영 생활에는 언제나 대화가 끊이지 않는다. 채취, 사냥, 날씨, 식량 분배, 선물 주기, 추문 등 온갖 이야기가 끝없이 흘러나온다. 쿵 족 사이에서는 할 말이 없어 어쩔 줄 몰라 하는 일은 일어나지 않으며, 일단 두세 사람이 대화를 계속하고 있으면 청중들이 대화 방향을 선택한다. 그러나 가장 행복한 야영지에서도 이런 대화는 말다툼으로 수렴되는 경우가 많다. 사람들은 불공평한 식량 분배, 무례, 호의나 선물받고 모른 체하기 등을 놓고 말다툼을 한다. 말다툼은 거의 대부분 인신 공격적(*ad hominem*)이다. 가장 흔히 듣는 비난은 자만한다, 거만하다, 게으르다, 이기적이다 같은 것들이다.[13]

이런 주고받는 과정이 빚어낸 자연 선택은, 여성이 발정기가 따로 없이 거의 지속적으로 성적 활동을 할 수 있게 됨으로써 필요해진 더 정교한 사회적 행동을 통해 강화되었을지 모른다. 무리 내에서 고도의 협동이 이루어지면서, 성 선택은 사냥할 때의 용맹성, 지도력, 도구 제작 솜씨, 그밖에 가족과 남성 집단을 강하게 만드는 여러 가시적인 속성들과 연결되었을 것이다. 그러면서 공격성은 수그러들었을 것이고, 개방적인 영장류를 지배했던 계통 발생적인 옛 형식들은 복잡한 사회적 기술들로 대체되었을 것이다.

젊은 남성들은 자신의 성욕과 공격성을 자제하고 지도력을 발휘할 차례가 오기를 기다리면서, 집단에 적응하는 편이 유리하다는 점을 깨닫게 되었을 것이다.[14] 그 결과 이 초기 인류 사회의 지배 남성은 타협의 필요성을 반영한 모자이크형 품성을 소유했을 가능성이 높다. 로빈 폭스는 이러한 초상을 제시했다. "자제력이 있고, 노련하고, 협동적이고, 여성들에게 매력이 있고, 아이들에게 잘 대해 주고, 편안하며, 거칠고, 달변이고, 솜씨 있고, 지적이며, 자기 방어와 사냥에 능숙한 사람."[15] 정교한 사회적 형질과 번식 성공 간에는 끊임없는 호혜적 상호 작용이 있으므로, 사회적 진화는 환경의 선택압이 더 이상 추가되지 않아도 무한히 계속될 수 있었을 것이다.

원시적인 오스트랄로피테쿠스 원인에서 최초의 진정한 인간으로 전환되는 동안 일어났을 자가 촉매화는 다른 관점에서 보면 진화하는 집단의 능력을 새로운 문턱으로, 즉 아프리카 평원에서 주변의 시바테리움(Sivathere, 50만 년 전에 멸종한 기린과 비슷한 동물 — 옮긴이)이나 코끼리 같은 초식 동물들을 집단적으로 사냥할 수 있는 위치로 영장류를 이동시켰다. 그 과정은 인류가 대형 고양이류나 하이에나 같은 육식 동물을 자신이 잡은 먹이로부터 쫓아내는 방법을 습득하면서 시작되었을 가능성이 매우 높다. 그때부터 인류는 최고의 사냥꾼이 되었으며, 다른 포식자나 약탈자로부터 자신의 먹이를 보호해야만 했다.

양육은 더 큰 사냥감을 사냥하러 집을 떠난 남성과, 아이들을 돌보고 식물 식량의 대부분을 채집하는 여성 사이의 긴밀한 사회적 결합을 통해 개선되어 왔을 것이다. 어떤 의미에서는 성행위에 사랑이 첨가되었다고 말할 수도 있다. 인간의 성적 행동과 가정 생활에서 볼 수 있는 독특한 세부 사항들 중 많은 부분은 이런 기본적인 분업에서 쉽게 도출된다. 그러나 그런 세부 사항들이 자가 촉매화 모형의 본질은 아니다. 그것들은 단지 거의 모든 수렵 채집 사회에 나타나기 때문에 진화 이야기에 첨부된 것뿐이다.

자가 촉매 반응은 결코 무한히 확대되는 것이 아니며, 생물학적 과정들 자체도 대개 시간이 흐르면 성장 속도가 느려지다가 결국에는 멈추게 된다. 하지만 기적이 일어났는지, 인간의 진화에서는 아직 그런 일이 일어나지 않고 있다. 뇌의 부피 증가와 정교한 석기의 발달은 지난 200만~300만 년 동안 정신적 능력이 중단 없이 발달해 왔음을 가리킨다. 이 중요한 시기에 뇌는 단 한번의 거대한 도약을 거쳤든지, 아니면 도약과 정체의 반복을 거쳤든지 간에 여기까지 진화해 왔다.

생명의 역사에서 뇌보다 빨리 성장한 신체 기관은 없다. 고대 원인에게서 진정한 인간이 갈라져 나왔을 때부터, 뇌는 10만 년마다 2.5세제곱센티미터씩 — 한 숟가락만큼 — 커졌다. 그 속도는 25만 년쯤 전까지 유지되었다가, 현생 인류인 호모 사피엔스가 출현한 시기부터 점점 느려지기 시작했다.[16] 그 뒤로는 문화적 진화가 점차 두드러지면서 신체 성장을 대신했다.

약 7만 5000년 전, 네안데르탈인의 무스티에 도구 문화와 함께 출현한 문화적 변화는 점차 속도가 붙어 약 4만 년 전 유럽에 크로마뇽인의 후기 고생대 문화를 발생시켰다. 1만 년쯤 전에 농경이 발명되고 전파되기 시작하면서, 인구 밀도는 급속히 증가했고 무자비하게 성장을 거듭하던 부족, 군장 사회(chiefdom), 고대 국가는 곳곳에서 원시 수렵 채집 사회들을 굴복시켜 나갔다. 마지막으로 기원후 1400년 유럽에 기반을 둔 문명이 다시 변속을 시작한 이후로, 지식과 기술의 성장은 가속도가 붙어 세계를 변화시키는 수준에까지 이르렀다.

우주 시대를 향한 이 마지막 질주가 이루어지는 동안에 정신 능력의 진화나 특정한 사회적 행동을 향한 편향이 멈추었다고 믿을 이유는 없다. 집단 유전학 이론과 여러 생물을 대상으로 한 실험들은 인간으로 치자면 겨우 로마 제국 시대까지 올라가는, 100세대도 안 되는 짧은 기간 안에도 상당한 변화가 일어날 수 있음을 보여 준다.

호모 사피엔스가 유럽에 침입했을 때부터 현재까지, 세대로 따지면 약 2,000세대에 해당하는 이 기간은 새로운 종을 창조하고 그들의 신체 구조와 행동을 한 방향으로 빚어내기에 충분하다. 실제로 정신적 진화가 얼마나 일어났는지 알지 못하지만, 현대 문명이 기나긴 빙하기 동안 축적된 유전적 자본에 전적으로 의존하고 있다고 가정하는 것은 설익은 태도일 것이다.

그렇지만 그 자본은 상당히 중요한 비중을 차지한다. 그 변화 중 더 큰 부분은 4만 년 전의 수렵 채집 사회에서부터 문명이 처음 빛을 발했던 수메르 도시 국가에 이르는 동안에 증발되었다. 그리고 수메르에서부터 유럽 문명이 탄생할 때까지 일어났던 변화들은 거의 대부분 유전적 진화보다는 문화적 진화를 통해 이루어졌다고 가정하는 편이 안전할 것 같다. 그렇다면 수렵 채집인의 유전적 특징들이 그 뒤의 문화적 진화 경로에 얼마나 영향을 끼쳤는가 하는 흥미로운 질문이 제기될 수 있다.

나는 그 영향이 상당했다고 믿는다. 문명의 출현이 세계 어느 곳에서나 일정한 순서에 따라 일어났다는 것이 그 증거이다. 소규모 수렵 채집 사회에서 출발한 사회는 규모가 커짐에 따라, 매우 일정한 순서로 출현하는 어떤 특징들을 받아들이면서 조직의 복잡성을 증가시켜 갔다.

무리가 부족으로 바뀌면서 진정한 남성 지도자들이 출현해 지배권을 획득했고, 이웃 집단 간의 동맹이 강화되고 공식화되었으며, 계절의 변화를 알리는 의례도 보편화되었다. 인구 밀도가 더 높아지면서 포괄적 군장제의 속성들 ─ 가족 구성원의 지위에 따른 공식적인 계급 구분, 대물림을 통한 지도자 지위의 공고화, 분업의 명확화, 지배 엘리트들이 통제하는 부의 재분배 등 ─ 이 나타났다.

이런 기본 특징들은 군장제가 도시와 국가를 발생시키면서 더욱 강화되었다. 엘리트의 지위 상속은 종교 신앙의 힘을 빌어 신성시되었다. 직능 분화는 나머지 사회 구성원들을 계급으로 구분하는 토대가 되었다. 종교 경전과 법전이 편찬되었고, 군대가 조직되었으며, 관료제가 확대되었다. 관개 체계와 농업이 완성되었고, 그 결과 인구 밀도가 더 높아졌다. 국가 진화가 정점에 도달하자 기념비적인 건축물들이 세워졌고 통치 계급들은 의사 종(pseudospecies)으로 격상되었다. 국가의 희생 제의는 종교의 핵심적인 내용이 되었다.

이런 주요 특징들은 이집트, 메소포타미아, 인도, 중국, 멕시코, 라틴 아메리카의 초기 문명에서 뚜렷한 유사성을 보이고 있다. 그것을 우연이거나 문화적 교차 수정의 산물이라고 치부할 수는 없다. 민족지와 역사 기록에 적혀 있는 문화의 세세한 부분들을 살펴보면, 놀라울 정도로 확연히 드러나는 중요한 차이점들로 가득한 것이 사실이지만, 인간 사회적 진화의 쌍궤도 이론의 관점에서 우리가 가장 주의를 기울여야 할 조직화의 주요 특징들을 살펴보았을 때, 이 유사성은 평행 진화에 해당한다.[17]

사회 형태	무리	부족	군장제	국가
출현 순서별 제도	지역 집단의 자치 평등한 지위 일시적 지배 상황별 종교 의식 호혜 경제	비계급 출신 집단 범 부족 간 유대 달력에 따른 의식	계급 출신 집단 재분배 경제 세습적 지배	상층 계급 내 혼인 수공업의 전문화 계층제 왕정제 성문법 관료제 징병제 세제
민족 지상의 예	칼리하리 산 족 오스트레일리아 원주민 에스키모 인 쇼쇼니 족	뉴기니아 고산족 남서 푸에블로 수 족	통가 하와이 콰큐틀 누트카 나체스	프랑스 영국 인도 미국
고고학 상의 예	미국과 멕시코의 고대 인디언 (기원전 1만~6,000 년) 근동 후기 구석기 (기원전 1만 년)	멕시코 내륙 형성 (기원전 1,500~ 1,000년) 근동 토기 이전 신석기 (기원전 1,500~ 1,000년)	멕시코 만 연안 올맥기 (기원전 1,000년) 근동 사마리아 인 (기원전 5,300년) 북아메리카 미시시 피 인(기원후 1,200 년)	고대 중앙 아메리카 수메르 중국 은 시대 로마 제국

사회는 커지면서 대체로 일정한 순서에 따라 새 제도들을 획득했다. 이 표는 현존하는 문화에서 뽑은 예를 역사적 순서에 따라 나타낸 것이다(Flannery, 1972).

* * *

　나는 앞서 존재한 구조의 극단적인 성장, 즉 비대화(hypertrophy)가 문명 출현의 열쇠라고 본다. 아기 코끼리의 이빨이 길어져 상아가 되고 수컷 엘크의 두개골이 솟아 거대한 뿔이 되는 것처럼, 수렵 채집인들이 지녔던 기본적인 사회 행동들은 비교적 절제된 상태로 환경에 적응했던 수준에서 예기치 않게 정교한 수준까지, 나아가 더 발전한 사회에서는 괴물 같은 형태로까지 변화했다. 그러나 이러한 변화가 거쳐 갈 수 있는 방향과 그 최종 산물은 그보다 앞섰던 선사 시대의 사람들에게 단순한 수준의 적응 능력을 부여했던, 유전자의 영향을 받은 행동 성향에 구속된다.

　비대화가 언제 시작되었는지 알아낼 수 있는 경우도 있다. 비대화의 초기 단계라 할 수 있는 한 가지 사례는 원시 문화에서 엿볼 수 있는 여성의 굴종이다. 칼라하리 사막의 쿵 족은 아이들에게 성별 역할을 강요하지 않는다. 어른들은 소년들에게 허용한 것과 마찬가지로 소녀들에게도 상당한 수준까지 행동의 자유를 허용한다.

　그러나 아동 발달을 상세하게 연구했던 인류학자 패트리샤 드레이퍼(Patricia Draper)가 발견했듯이, 평균적으로 보면 그 속에서도 미미한 차이가 존재하고 있다. 처음부터 소녀들은 집 주변에 머무는 성향이 있고, 일을 하는 어른들 사이에 끼는 사례가 적다. 놀 때도 소년들은 남자 쪽을, 소녀들은 여자 쪽을 더 모방하는 듯하다. 이런 차이는 아이들이 성장하면서 포착하기 어려운 단계들을 거친 뒤 어른이 되면 성 역할이라는 부분에서 훨씬 더 큰 차이를 낳는다. 대개 여자들은 집에서 1킬로미터 정도의 거리를 벗어나지 않으면서 몽공고 열매 같은 양식이 될 식물들을 채취하고 물을 긷고 하는 반면에, 남자들은 사냥감을 찾기 위해서 더 멀리까지 돌아다닌다.

하지만 쿵 족은 대체로 남녀가 함께 일하는 느슨하고 평등한 사회를 이루고 있다. 남자들이 혼자 또는 가족과 함께 여자들의 일인 몽공고 열매 채취나 움막 짓기 같은 일을 할 때도 있고, 여자들이 작은 사냥감을 잡을 때도 있다. 양쪽의 성 역할은 다양하며 존중을 받는다. 드레이퍼에 따르면, 쿵 족 여성은 자신이 채취한 식량에 개인적인 통제권을 갖고 있으며, 일반적으로 "활기차고 자기 확신적"인 태도를 보인다.[18]

가끔 무리들이 정착하여 촌락을 이루고 경작을 하는 지역도 있다. 경작은 더 힘겨운 일이었기 때문에, 쿵 족 역사에서 처음으로 아이들도 많은 일을 떠맡아야 했다. 그러자 그들의 성 역할도 아주 어릴 때부터 명확해졌다. 소녀들은 전보다 집에 더 가까이 머물면서 어린 동생들을 돌보고 허드렛일을 한다. 반면 소년들은 가축 떼를 돌보고 원숭이와 염소로부터 텃밭을 보호하는 일을 한다. 아이들이 성장함에 따라 성별은 생활 양식과 지위라는 양 측면에서 각기 훨씬 더 멀리까지 갈라진다. 여성들은 더 철저하게 가정적이 되어 자신들이 맡은 온갖 일들을 거의 쉼 없이 한다. 남성들은 자신의 시간과 활동을 스스로 결정하면서 끊임없이 떠돌아다닌다.

따라서 한 문화에서 친숙한 성적 지배 체제가 형성되는 데 걸리는 기간은 겨우 한 세대에 불과하다. 사회가 훨씬 더 크고 복잡해질수록, 여성들은 집 밖에서의 영향력을 잃어 가고, 관습, 의례, 성문법에 더욱 속박되는 경향이 있다. 비대화가 좀 더 진행되면, 그들은 팔리고 거래되며 전리품이 되고 2중의 도덕적 잣대의 지배를 받는, 말 그대로 소유물로 전환될 수도 있다. 역사는 몇몇 놀랄 만한 국지적인 역전을 보여 주기도 하지만, 대부분의 사회는 톱니바퀴가 돌듯이 성적 지배를 향해 진화해 왔다.

현대 사회에 널리 퍼져 있는 특징들은 모두 수렵 채집 사회나 초기 부족 국가 시기에 생물학적으로 의미 있는 기관들이 비대화해 변형된 것이라고 할 수 있다. 민족주의와 인종주의는 단순한 부족주의가 문화적으로 양육되어 과잉 성장한 두 가지 예다. 나에냐에 쿵 족은 자기들은 완벽하고 깨끗하지만, 다른 쿵 족들은 치명적인 독을 사용하는 이상한 살인자라고 말하고는 한다. 이렇게 문명은 자기애를 고급 문화의 지위로 끌어올리고, 자기 자신을 신성하다고 격상시키고, 허구로 기술된 정교한 역사를 통해 남을 격하시켜 왔다.

비대화의 혜택들조차도 극단적인 문화 변화에는 부응하기 어렵다는 것이 밝혀졌다. 그것들은 더 앞선 시대의 더 단순했던 존재만을 위해 사회 생물학적으로 갖추어진 것이기 때문이다. 수렵 채집 사회의 인간은 겨우 몇 종류의 정형화되지 않은 역할 가운데 기껏해야 한두 가지만을 맡는 데 반해, 문자를 쓰는 산업 사회의 인간은 수천 종류나 되는 역할 중 10가지 이상을 선택해야 하며, 인생의 매 시기마다 심지어는 하루의 매 시간마다 하나의 역할 집합을 다른 집합으로 바꿔야만 한다.

또한 외과 의사, 판사, 교사, 종업원 등 각 직업은 그 페르소나의 뒤에 있는 정신의 참된 활동과 무관한, 그저 연기를 하는 것에 불과하다. 맡은 역할에서 크게 벗어나면, 그것은 타인에게 정신적으로 무능하고 신뢰할 수 없다는 신호로 해석된다. 일상생활은 다양한 층위에서 행해지는 역할 연기와 자아 표출의 타협물이다. 어빙 고프먼(Erving Goffman)이 관찰했듯이, 이렇게 스트레스로 가득한 상태에서는 '참된' 자아가 무엇인지조차 명확히 정의하기 어렵다.

인물과 역할은 관계를 맺고 있다. 그러나 그 관계는 역할이 수행되고 연기자의 자아가 아련히 빛을 내는 상호 작용 체제(틀)에 해당한다. 그렇다면 자아는 사건들의 배후에 반쯤 감추어진 실체가 아니라, 사건들이 전개되는 동안 자신을 관리하기 위해 변화할 수 있는 어떤 형식이다. 현재 처한 상황은 우리 자신을 뒤로 감출 공식적인 가면을 규정할 뿐 아니라, 그 가면을 보여 줄 장소와 방법, 즉 이런 식으로 보여 주어야 할 무언가를 지니기 위해서는 우리 자신이 어떤 실체라는 것을 믿어야 한다고 규정하는 문화 그 자체도 제공한다.[19]

정체성 위기가 현대 정신 질환의 주요 원인으로 떠오르고, 도시 중산 계급이 더 단순한 존재로 돌아가고 싶다고 하는 것도 그리 이상한 일은 아니다.

이렇게 다양한 문화 초구조들이 늘어남에 따라, 그 분야의 종사자들은 그것들의 진정한 의미를 알아차리지 못하는 사례가 잦아졌다. 『식인과 제왕(Cannibals and Kings)』에서 마빈 해리스(Marvin Harris)는 만성적인 고기 부족이 종교 신앙 형성에 영향을 미친다는 기이한 사례들을 제시했다. 고대 수렵 채집인들은 인구 밀도가 낮게 유지되는 환경에서 위험과 억압이 뒤섞인 하루하루를 보내면서도, 적어도 식사에서 육류가 차지하는 비율은 비교적 높게 유지할 수 있었다.

앞서 말했듯이 초기 인류는 특별한 생태적 지위를 차지하고 있었다. 그들은 아프리카 평원의 육식성 영장류였다. 빙하기 동안 유럽, 아시아, 오스트레일리아와 신대륙으로 퍼져 나가면서도 이 지위를 유지했다. 농경으로 인구 밀도가 증가하자, 사냥은 더 이상 충분한 육류를 제공하지 못하는 상태가 되었고, 태동하는 문명들은 가축을 기르거나 배급량을 축소하는 쪽으로 전환했다. 그러나 어느쪽이든 간에 육식은 그 사회가 진화해 온 특수한 환경 조건에 따라 다양하게 나타나는 문화적 사후 효과들과 더불어, 기본적인 음식 욕구로 남았다.[20]

숲이 황폐해 있는 신대륙 열대 지방이 대개 그렇듯이 고대 멕시코에는 아프리카의 평원과 아시아에 번성했던 대형 사냥감이 없었다. 더구나 그곳에 문명을 건설했던 아스텍 인 등 여러 민족들은 육식의 주 공급원인 동물을 가축화하는 데 실패했다. 멕시코 계곡의 인구 밀도는 점점 높아져 갔지만, 아스텍 지배 계급은 여전히 개, 칠면조, 오리, 사슴, 토끼, 물고기 같은 음식을 음미할 수 있었다. 그러나 민중들의 식탁에서는 고기가 거의 사라졌고, 그들은 텍스코코 호수에서 채집해 온 남조류인 스피룰리나 덩어리나 간혹 먹는 수준으로 전락했다.

이 상황은 인간 희생물을 먹음으로써 일부나마 완화될 수 있었다.[21] 코르테스가 들어왔을 때 멕시코 계곡에서는 연간 1만 5000명 정도의 사람이 소비되고 있었다. 정복자들은 코코틀란 광장에 있는 깨끗한 거리에 10만 개, 테코크티틀란에는 13만 6000개나 되는 해골이 쌓여 있는 것을 발견했다. 사제들은 인간 희생이 높은 신들의 허락을 받은 것이라고 말했고, 그들은 백색 사원의 신상들 한가운데에서 정교한 의식을 거쳐 인간을 희생시켰다. 그러나 이 희생 제의의 희생자들이 심장이 꺼내진 즉시 동물처럼 칼로 토막이 나 분배되어 먹혔다는 사실을 회피하지는 말자. 희생 제의를 선호한 자들은 귀족과 그 식솔, 군인 등 가장 큰 정치력을 가진 집단이었다.

인도는 멕시코보다 더 탄탄한 영양 기반을 가지고 출발했지만, 고기가 귀해지자 방향이 다르기는 하지만 역시 심각한 문화적 변화를 거쳐야 했다. 처음 갠지스 평원에 들어온 아리안 족 침입자들은 소, 말, 염소, 물소, 양을 먹었다. 이 고기들은 후기 베다와 초기 힌두 시대까지 이어지는 기원전 첫 1000년을 거치면서 브라만 사제 계급의 통제하에 들어갔다. 사제들은 아리안 족의 수장과 전쟁 신의 이름으로 동물을 죽이고, 고기를 분배하는 희생 제의를 확립했다. 기원전 600년부터 인구 밀도가 더 높아지고 그에 비례하여 가축의 수가 줄어들자, 고기는 점점 귀해졌고, 결국 브라만과 그 후원자들의 독점물이 되었다.

평민들은 연료로 쓸 가축 배설물, 운송 수단, 우유에 대한 절박한 요구를 충족시킬 수 있을 정도의 가축을 소유하기 위해 투쟁했다. 이 위기의 시대에 혁신적인 종교들이 탄생했는데, 그중 카스트 제도와 사제직의 대물림을 폐지하고 동물 살해를 법으로 금지하려고 했던 불교와 자이나교가 가장 두드러졌다. 대중은 새로운 종교를 받아들였고 결국 그들의 강력한 지지를 받아 암소가 신성한 동물로 재분류되었다.

따라서 역사적으로 일어났던 커다란 종교적 혼란 중에는 고대 인류의 육식 습관과 직결된 것이 있는 셈이다. 문화 인류학자들은 종교의 진화가 여러 갈래로 갈라진 경로를 통해 일어난다고 강조하고는 한다. 그러나 이 경로의 수는 무한하지 않다. 심지어 그리 많지 않을지도 모른다. 더구나 인간의 본성과 생태를 더 명확하게 알고 나면, 그 경로들의 목록을 작성할 수도 있고 각 문화별로 종교 진화의 방향을 보다 신뢰할 수 있는 수준까지 설명하는 것도 가능하다.

나는 현대인의 사회적 행동은, 인간 본성의 단순한 특징들이 비대해진 과잉 성장물들이 한데 모여 불규칙한 모자이크를 형성한 것이라고 해석한다. 육아나 친족 분류의 세부 사항들 같은 일부 과잉 성장물들은 홍적세에서 기원했다는 것이 확연히 드러날 만큼 거의 변화를 겪지 않았다. 반면 종교나 계급 구조 같은 것들은 인류학과 역사학의 자원들을 총동원해야 수렵 채집 시대의 기원까지 문화적 계통을 역추적할 수 있을까 말까 한 총체적인 전환을 겪었다. 그러나 조만간 이런 것들도 생물학과 부합되는 통계적 특징 분석의 대상이 될지 모른다.

비대화 중 가장 극단적이고 중요한 측면은 지식의 집적과 공유다. 과학과 기술은 매년 우리의 존재 자체를 변화시키면서 가속적으로 팽창해 왔다. 그 성장의 규모를 사실적으로 판단하려면, 이미 우리가 사람의 뇌 수준의 기억 용량을 가진 컴퓨터를 만들 수 있는 시점에 와 있다는 것에 주목해야 한다. 솔직히 그 장치들은 그리 실용적이지 않다. 그것은 엠파이어 스테이트 빌딩 내부를 대부분 차지하고 그랜드 쿨리 댐에서 생성되는 에너지의 절반을 소비할 것이다.

그러나 이미 실험 단계에 있는 새로운 '버블 메모리' 소자들이 1980 년대에 첨가되면, 컴퓨터는 그 빌딩의 한 층에 들어갈 만큼 축소될 것이다(버블 메모리는 1980년대에 더 값싸고 용량이 큰 하드 디스크에 밀려서 사라졌다. ─ 옮긴이). 동시에 정보의 흐름이 빨라지면서 저장과 검색 분야도 발전할 것이다. 지난 25년 동안 대륙 간 전화 통화 수와 아마추어 라디오 전파는 폭발적으로 증가했고, 텔레비전은 지구 곳곳에 퍼졌으며, 책과 잡지의 수도 지수적으로 증가했고, 문맹 퇴치는 대다수 국가의 목표가 되었다. 정보 관련 직종에 종사하는 미국인의 비율도 노동력의 20퍼센트에서 거의 50퍼센트까지 늘어났다.[22]

순수한 지식은 궁극적인 해방자다. 그것은 사람들과 주권 국가들을 평등하게 하고, 미신이라는 태고적 장애물을 뿌리 뽑으며, 문화적 진화가 상승 궤도를 타리라는 것을 약속한다.

하지만 나는 그것이 인간 행동의 근본 규칙들을 변화시키거나 예상되는 역사적 궤적의 주된 경로를 바꿀 수 있다고는 믿지 않는다. 자아에 대한 지식은 온갖 낯선 형태로 증식되어 온 현대 사회생활 속에서 생물학적 인간 본성의 요소들을 밝혀낼 것이다. 자아에 대한 지식은 미래의 행동이 나아갈 위험한 경로와 안전한 경로를 더 정확하게 구분하는 데 도움을 줄 것이다.

우리는 인간 본성의 어느 요소를 함양하고 회피할 것인지, 어느 것을 기쁘게 받아들일 것인지, 어느 것을 신중하게 다루어야 할지를 더 현명하게 결정할 수 있을 것이라고 기대할 수 있다. 그러나 우리는 지금부터 많은 세월이 흘러, 우리 후손들이 유전자 자체를 변화시키는 방법을 알게 될 때(지금은 일상적으로 이루어지고 있다. — 옮긴이)가 오기 전까지는 견고한 생물학적 하부 구조를 제거하지 못할 것이다.

그러면 지금까지 언급했던 기본 전제들을 갖고 행동의 네 가지 기본 범주인 공격성, 성, 이타주의, 종교를 사회 생물학 이론의 토대 위에서 다시 검토해 보는 일에 여러분을 초대하겠다.

5장
공격성

인간의 공격성은 타고난 것일까? 이것은 대학 세미나와 그 뒤풀이에서 흔히 받는 질문이자, 모든 분야의 정치 공론가들을 흥분시키는 질문이기도 하다. 이 질문의 답은 "그렇다."이다.

세계 어느 역사를 보더라도 가장 조직화한 공격 기술을 뜻하는 전쟁은 수렵 채집 사회부터 산업 국가에 이르기까지 모든 형태의 사회를 규정하는 특징이 되어 왔다. 지난 3세기 동안 대부분의 유럽 국가들은 대략 그 기간의 절반을 전쟁으로 보냈다.[1] 평화의 세기가 이어지는 것을 본 사람이 거의 없는 셈이다.

거의 모든 사회는 불가피하게 나타나는 더 복잡 미묘한 갈등들을 최소화시킬 목적으로 고안된 복잡한 관습과 법률을 통해 일상적인 교섭을 조율하면서, 동시에 강간, 강탈, 살인에 적용할 정교한 제재 수단들을 발명해 왔다. 가장 중요한 것은 인간의 공격 행동이 종 특이성을 띠고 있다는 점이다. 즉, 근본적인 형태는 영장류의 것일지라도, 인간의 공격 행동은 다른 종의 공격 행동과 구별되는 특징들을 지니고 있다. 인간의 공격성이 타고난 것이 아니라고 정당하게 말할 수 있으려면, '본유성(innateness)'과 '공격성'을 아무런 의미도 없는 수준으로 다시 정의해야 할지 모른다.

유전자가 결백하며 인간의 공격성이 전적으로 나쁜 환경 탓이라고 주장하는 이론가들은 거의 대부분 평화로워 보이는 극소수의 사회를 예로 든다. 그들은 본유성이란 말이, 어떤 형질이 모든 환경에서 발달할 것이라는 확실성을 말하는 것이 아니라, 형질이 특정한 환경에서 발달할 것이라는 측정 가능한 확률을 말한다는 것을 잊고 있다. 이 기준에 따르면 인간은 분명히 공격 행동이라는 유전적 성향을 갖고 있다. 사실 이 문제는 이런 수정된 의미가 말하는 것보다 더 명쾌하다.

오늘 가장 평화를 애호하는 부족은 어제의 파괴자였기 일쑤이고, 미래에 다시 군대를 조직하고 살인자들을 배출할 것이다. 현대 쿵 족의 어른 세계에서는 폭력을 거의 찾아볼 수 없다. 엘리자베스 마셜 토머스(Elizabeth Marshall Thomas)는 그들을 "무해한 사람들"이라고 불렀다.[2] 그러나 그리 오래전도 아닌 50년 전, 이 '부시먼'의 인구 밀도가 지금보다 더 높고 이들이 중앙 정부의 통제를 느슨하게 받고 있던 시기에, 그들의 1인당 살인율은 디트로이트나 휴스턴에 맞먹는 수준이었다.[3]

말레이 반도의 세마이 족은 더 큰 유연성을 보여 준다. 평소에 그들은 공격이란 개념조차 모르는 것처럼 보인다. 살인은 전혀 찾아볼 수 없고, '죽이다'에 해당하는 단어도 없으며('때리다'가 자주 사용되는 완곡 어법이다.), 아이들은 매를 맞지 않고, 닭은 불가피한 경우에만 애통한 심정으로 참수된다. 부모는 아이에게 이 비폭력의 관습을 정성들여 가르친다.

1950년대 초 영국 식민 정부가 공산주의 게릴라들과 전투를 벌일 세마이 족 남성들을 징집했을 때, 그들은 군인이 싸우고 죽이는 일을 하는 사람이라는 것을 정말 모르고 있었다. 미국의 인류학자 로버트 덴턴 (Robert K. Dentan)은 "세마이 족을 아는 많은 사람들은 그런 비호전적인 사람들은 결코 좋은 군인이 될 수 없다고 주장했다."라고 썼다.[4] 그러나 그들이 틀렸다는 것이 드러났다.

공산주의 테러리스트들이 세마이 족 대(對)게릴라 병사 몇 명을 살해한 적이 있었다. 그들은 비폭력 사회에서 차출되었지만, 살인 명령이 떨어지자 '피에 만취되어' 광기에 휩쓸린 듯이 보였다. 전형적인 한 역전의 용사는 이렇게 이야기한다. "우리는 죽이고, 죽이고, 또 죽였다. 말레이 족 병사들은 가끔 멈춰 서서 사람들의 주머니를 뒤져 시계나 돈을 꺼내곤 했다. 우리는 시계나 돈에 관심이 없었다. 우리는 오직 살인만을 생각했다. 우리는 진정으로 피에 취해 있었다." 심지어 자기가 죽인 남자의 피를 어떻게 마셨는지 이야기한 사람도 있었다.

다른 대부분의 포유류와 마찬가지로, 인간의 행동도 특정한 상황에 따라 나타나거나 사라지는 반응들의 스펙트럼으로 볼 수 있다. 물론 인간은 그런 행동 양상을 전혀 갖고 있지 않은 수많은 동물 종들과는 유전적으로 다르다. 인간은 단순 반사 같은 반응 대신에 복잡한 행동을 보여 준다.

정신 분석학자와 동물학자들은 인간의 공격성이 지닌 보편적인 특징을 파악하기 위해 노력해 왔다. 그들은 고릴라의 공격성 또는 호랑이의 공격성을 정의하려 할 때와 똑같은 어려움에 직면하곤 했다.[5] 프로이트는 인간의 행동을 끊임없이 해소를 추구하는 충동의 산물로 해석했다.[6] 콘라트 로렌츠는 『공격성에 관하여(On Aggression)』에서 동물 행동 연구를 통해 얻은 새로운 자료들을 이용해 이 관점을 현대화했다.[7] 그는 인간이 공격 행동이라는 보편적인 본능을 다른 동물 종들과 공유한다고 결론 지었다. 이 충동은 경쟁을 추구하는 스포츠를 통해서만 어느 정도 해소 될 수 있다. 에리히 프롬(Erich Fromm)은 『인간 파괴성의 해부(The Anatomy of Human Destructiveness)』에서 인간은 인간 고유의 죽음 본능에 굴복하기 쉽기 때문에 동물이 지닌 이런 공격성을 초월한 병리학적인 형태의 공격성을 나타내고는 한다면서, 더욱 비관적인 관점을 취했다.[8]

앞의 두 가지 해석은 본질적으로 틀렸다. 다른 수많은 행동이나 '본능'과 마찬가지로 명확히 정의된 것은 아니지만, 어느 종의 공격성이란 사실상 신경계 내에서 각기 별도의 통제를 받는 서로 다른 반응들의 배열을 의미한다. 이 가운데 적어도 일곱 가지 범주는 구분이 가능하다. 영토의 방어와 정복, 잘 조직된 집단 내에서의 서열 찾기, 성적인 공격성, 젖을 떼기 위한 적대 행동, 먹이를 향한 공격성, 포식자에 대항하는 방어형 역공, 사회 규범을 강화하는 데 쓰이는 도덕적이고 훈육적인 공격성 등이 그것이다.[9]

방울뱀은 이 기본 범주들을 구분하기에 딱 좋은 사례이다. 암컷을 얻기 위해 경쟁하는 방울뱀 수컷 두 마리는 상대의 힘을 시험하듯 서로 목을 감고 씨름을 한다. 하지만 방울뱀의 독이 토끼나 쥐뿐 아니라 다른 방울뱀에게도 치명적이기 때문에, 그들은 상대를 물지는 않는다. 방울뱀은 먹이에 몰래 접근해 경고도 없이 어느 위치에서든 먹이를 공격한다. 그러나 자신의 안전을 위협할 정도로 큰 동물과 마주치는 상황이 발생하면, 방울뱀은 몸을 사리고는 한가운데에 머리를 세우고 꼬리를 흔들어 소리를 낸다. 상대가 다른 뱀을 잡아먹는 종인 왕뱀일 때 방울뱀은 전혀 다른 작전을 구사한다. 방울뱀은 몸을 사리고 머리를 그 속에 감춘 뒤, 몸의 한 부위를 이용해 왕뱀을 찰싹찰싹 때린다.[10] 그러므로 방울뱀이나 인간의 공격성을 이해하려면, 공격 행동의 종류를 세분할 필요가 있다.

또 동물학 분야의 연구들은 공격 행동 범주 가운데 다양한 종들에 걸쳐서 나타나는 보편적인 본능은 없다는 것을 입증해 왔다. 각 행동 범주는 눈 색깔이 이런 색에서 저런 색으로 바뀌거나 피부 분비샘이 부가되거나 제거될 수 있는 것과 마찬가지로, 유전적 진화를 겪는 동안 종 내에서 부가, 변경, 또는 제거될 수 있다. 자연 선택이 강력하게 일어날 때라면, 이런 변화는 단 몇 세대 만에 집단 전체로 퍼져 나갈 수 있다.

사실 공격 행동은 유전적으로 가장 불안정한 형질에 속한다. 새나 포유류 중에는 자신이 살고 있는 환경을 구석구석 주의 깊게 감시하는, 즉 텃세를 심하게 부리는 종이 있다. 이런 서식자들은 현란한 춤을 추거나 새된 소리를 지르거나 불쾌한 냄새를 풍김으로써 같은 종에 속한 경쟁자들을 자신이 점유한 작은 공간에서 내쫓는다. 그러나 텃세 행동을 전혀 보이지 않는 비슷한 종끼리는 한 서식지 내에서 공존할 수 있다. 마찬가지로 다른 범주의 공격성도 대개 종마다 큰 차이를 보인다. 다시 말해 단일한 보편적인 공격 본능이 존재한다는 증거는 전혀 없다.

보편적인 공격 본능이 없는 이유는 생태학 분야의 연구를 통해 밝혀지고 있다.[11] 같은 종의 구성원 사이에 일어나는 공격 행동은 대부분 환경의 과밀화에 대한 응답이다.[12] 동물들은 생활사의 어떤 시기에 희소하거나 희소해지기 쉬운 필수품 — 대개 먹이나 보금자리 — 의 지배권을 획득하기 위한 수단으로 공격성을 사용한다. 주변의 개체 밀도가 점차 높아질수록 위협과 공격은 강화되고 더 빈번해진다. 그런 행동은 개체군의 구성원들을 공간적으로 흩어 놓고, 사망률을 증가시키고, 출생률을 낮추는 결과를 가져온다.

이런 공격성은 개체군의 성장을 통제하는 '밀도 의존적 요인'이라고 불린다. 강도가 점점 높아지면, 공격성은 개체 수의 증가를 늦추고 결국에는 멈추게 하는 잠금 밸브처럼 작동한다. 반면 기본적인 생활 필수품이 거의 또는 전혀 부족하지 않은 종들도 있다. 그들의 개체 수는 포식자, 기생자, 이주 등 밀도 독립적 효과에 따라 줄어든다. 그런 동물들은 상호 간에 모범적일 만큼 평화 애호적이다. 공격 행동이 개체에게 쓸모가 있을 수준까지 개체 수가 증가하는 사례가 거의 없기 때문이다. 그리고 만일 공격성이 어떤 이익도 주지 않는다면, 자연 선택을 통해 그것이 그 종의 타고난 행동 자산으로 유전자에 담길 것 같지 않다.[13]

과거 로렌츠와 프롬을 추종했던 언론인들은 인류를 과학으로 설명할 수 없는, 피에 굶주린 존재로 묘사해 왔다. 그러나 그것도 틀렸다. 비록 공격 성향이 뚜렷하다고는 해도, 우리는 가장 폭력적인 동물과는 거리가 멀다. 하이에나, 사자, 랑구르원숭이(콜로부스원숭이)를 대상으로 한 최근의 연구 결과를 보면, 이 종들은 인간 사회에서 볼 수 있는 것보다 훨씬 높은 비율로 목숨을 건 싸움과 영아 살해를 저지르고, 심지어 동족을 잡아먹기도 한다. 연간 1,000개체당 살해되는 개체 수를 세어 보면, 인간은 공격적인 생물의 목록에서 꽤 낮은 순위를 차지하며, 우발적으로 일어나는 전쟁까지 포함시킨다고 해도 별 변동이 없을 것이라고 나는 확신한다. 심지어 하이에나 떼들은 원시인의 전쟁과 거의 분간할 수 없을 정도로 목숨을 건 총력전을 펼치기도 한다.

옥스퍼드 대학교의 동물학자 한스 크룩(Hans Kruuk)은 막 살해된 영양을 놓고 벌어진 하이에나들의 싸움을 이렇게 묘사하고 있다.

두 집단은 으르렁대며 혼전을 벌이다가 물러서기를 반복했다. 문기하이에

나들이 달아나자 스크래칭락하이에나들은 잠시 그들을 뒤쫓다가 다시 시체가 있는 곳으로 돌아왔다. 10여 마리나 되는 스크래칭락하이에나들은 문기 수컷 한 마리를 붙잡고 아무 곳이나 — 특히 배, 발, 귀 — 닥치는 대로 물어뜯었다. 다른 동료들이 영양을 먹고 있는 동안, 공격자들은 희생자를 물샐틈없이 둘러싼 채 10분가량 공격을 계속했다. 문기 수컷은 말 그대로 완전히 찢어발겨졌다. 나중에 상처를 자세히 살펴보니 귀와 발과 고환은 뜯겨 나갔고, 척추는 손상을 입어 마비되어 있었으며, 뒷다리와 배는 깊게 패였고, 온몸에 피하 출혈이 보였으며, …… 다음날 아침에 보니, 시체에는 더 많은 상처들이 나 있었고 하이에나 한 마리가 그것을 먹고 있었다. 이미 내장과 근육의 3분의 1이 먹힌 상태였다. 살육제![14]

다른 포유류들의 자연사 연대기에서도 위에 필적하는 사건들을 무수히 찾아낼 수 있다. 나는 만약 망토비비가 핵무기를 가진다면 그들은 일주일 내에 세계를 파괴할 것이라고 생각한다. 그리고 암살, 소규모 전투, 총력전을 일상적으로 수행하고 있는 개미와 비교하면, 인간은 아주 얌전한 평화주의자처럼 보일 것이다.

이 말을 직접 확인하고 싶은 사람은 미국 동부의 아무 마을이나 도시에서 쉽게 볼 수 있는 개미 전쟁을 관찰해 보라. 그저 인도나 잔디밭에서 한데 모여 싸우고 있는 작은 흑갈색 개미 떼를 찾기만 하면 된다. 전투원들은 포장도로에서 흔히 볼 수 있는 주름개미(*Tetramorium caespitum*) 군체의 일원들이다. 이들은 때로는 수천 마리가 전투를 벌이기도 하며, 대개 몇 제곱미터 넓이의 풀뿌리 정글이 전쟁터가 된다.

마지막으로 인간은 그보다 더 폭력적인 형태의 공격성을 지니고 있기는 하지만, 그것이 억압의 둑을 주기적으로 터뜨리는 식으로 타고난 충동을 표출하는 것은 아니다. 프로이트와 로렌츠가 제시한 '욕구-해소 모형'은 유전적 가능성과 학습 사이의 상호 작용에 바탕을 둔 더 미묘한 설명으로 대체되고 있다.

후자에 속한 가장 설득력 있는 한 가지 설명은 인류학자 리처드 사입스(Richard G. Sipes)가 제시한 '문화-패턴 모형'이다. 사입스는 욕구-해소 모형의 주장대로 공격성이 뇌에 축적되었다가 방출되는 양적인 것이라면, 그것은 전쟁이나 전쟁의 가장 뚜렷한 대체 활동인 전투적인 스포츠, 사악한 마술, 문신 등 의례를 수반한 신체 훼손, 일탈자에 대한 가혹한 취급 등의 형태를 취할 것이라는 점에 주목했다. 그에 따라 호전적인 활동들은 덜 호전적인 대체 활동들을 줄이는 결과를 낳아야 한다.

반대로 폭력적인 공격성이 학습을 통해 증진된 가능성의 실현이라면, 전쟁 행위의 증가는 대체 활동의 증가를 동반해야만 한다. 호전성이 뚜렷이 나타나는 10개 사회와 평화 애호적인 10개 사회의 특징을 비교한 사입스는 문화-패턴 모형이 경쟁 관계에 있는 욕구-해소 모형보다 더 타당하다는 것을 알았다. 즉 전쟁 행위는 더욱 발달한 전투적인 스포츠와 폭력성이 덜한 다른 형태의 공격들을 동반한다.[15]

* * *

인간의 공격 행동이 유전자와 환경 사이의 구조적이고 예측 가능한 상호 작용 패턴이라는 관점은 진화론과 부합된다. 한편 그것은 유서 깊은 본성-양육 논쟁의 양쪽 진영도 만족시켜야만 한다. 공격 행동, 특히 가장 위험한 형태의 군사적 활동과 폭행이 학습된다는 것은 사실이다. 그러나 그 학습은 3장에서 설명했던 의미에서, 즉 우리는 한정할 수 있는 어떤 조건에서 심층적이고 비합리적인 적대감에 빠지는 경향이 강하다는 의미에서 준비된 것이다. 적대감은 위험할 정도로 쉽사리 자신을 부양하면서, 소외와 폭력을 향해 질주하는 도피 반응들을 촉발한다. 폭력성은 용기 벽에 끊임없이 압력을 가하는 유체가 아니라, 빈 용기 속에 넣는 활성 원료 혼합물과 같다. 아니 나중에 특정한 촉매를 첨가하고, 가열하고, 휘저으면 변화를 일으킬, 미리 제조된 화학 물질 혼합물에 비유하는 것이 더 정확하겠다.

이 신경 화학의 산물들이 바로 인간적인, 인간 특유의 공격 반응들이다. 우리가 모든 종의 가능한 모든 행동들을 열거할 수 있다고 가정하자. 예를 들어 그런 반응이 정확히 스물세 가지가 있고, 그것들을 A에서 W까지로 표시할 수 있다고 하자. 인간은 이 행동을 전부 표출하는 것이 아니며, 그렇게 할 수도 없다. 아마 전 세계의 모든 사회를 포괄하면 A에서 P까지는 나올 수 있을 것이다. 더구나 모든 사회가 각각의 대안을 모두 똑같이 쉽게 개발해 낼 수 있는 것은 아니다. 즉 현재 있는 모든 양육 조건에서는 A에서 G까지의 행동이 나타나는 경향이 강하며, H에서 P까지는 극히 소수의 문화에서만 만날 수 있다. 유전되는 것은 바로 그런 확률 패턴들이다. 우리는 각 환경마다 그에 상응하는 반응들의 확률 분포가 있다고 말할 수 있다. 통계 지표가 제대로 된 의미를 지니려면, 인간과 다른 종을 비교하는 데까지 나아가야 한다.

어떤 종류의 흰개미는 A만을 보여 주고 다른 종류의 흰개미는 B만을 나타내는 반면에, 붉은털원숭이는 F에서 J까지의 공격 행동을 발달시킬 수 있으며 그중 F와 G에 강하게 편향되어 있을 수 있다. 한 사람이 어떤 행동을 하는가는 자신의 문화 속에서 무엇을 경험하는가에 달려 있지만, 원숭이의 행동 배열이나 흰개미의 행동 배열처럼, 인간이 지닌 가능성의 배열 전체도 유전되는 것이다. 사회 생물학자들이 분석하고자 하는 것은 바로 그런 패턴의 진화이다.

텃세는 공격 행동의 변형 형태로서, 새로운 생물학적 깨달음을 통해 직접적인 평가가 가능한 행동에 속한다. 동물 행동 연구자들은 세력권을 공개적인 방어를 통해 직접적으로 또는 광고를 통해 간접적으로, 다소 배타적으로 점유되는 영역이라고 정의한다. 이 영역은 보통 안정적인 먹이 공급원, 둥지, 짝짓기 공간, 산란 장소 같은 희소 자원을 반드시 포함하고 있다. 경쟁 개체 간 자원 이용도의 제한은 밀도 의존적 요인으로 작용해 개체군 성장에 이차적인 영향을 미치게 되고, 세력권 방어는 장기적인 환경 변화를 억제하는 완충 장치로서 개입한다. 다시 말해, 텃세는 개체군의 폭증이나 급감을 억제한다.

동물학자들이 각 동물들의 생활, 포식 행동, 에너지 지출 등을 상세히 연구한 결과, 핵심 자원을 '경제적으로 방어'할 수 있을 때만, 즉 세력권 방어를 통해 얻은 에너지와 생존율 및 번식률 증가가 세력권을 방어하는 데 든 에너지와 상해 및 사망 위험을 초과할 때만, 동물 종의 텃세 행동이 진화한다는 것이 밝혀지고 있다. 연구자들은 먹이 영역인 경우 방어 영역의 범위는 자신의 건강 유지와 번식에 필요한 먹이가 충분히 생산되는 수준이거나, 그보다 약간 더 넓은 수준이라는 증거 사례를 몇 가지 더 찾아냈다. 마지막으로 세력권은 '불가침의 핵심 지역'을 포함한다. 방어하는 동물은 그 지역을 넘보려는 침입자보다 훨씬 더 맹렬하게 그곳을 방어하고, 그 결과 대개 방어자가 이긴다. 다른 의미에서 보면, 방어자는 침입자보다 '도덕적 우위'에 있다.

인간의 텃세 행동 연구는 아직 초보 단계에 있다. 우리는 전 세계의 수렵 채집 사회들이 주된 식량 자원이 포함된 땅을 방어할 때면 대개 공격적으로 변한다는 것을 안다.[16] 파라과이의 원주민인 구아아키 족은 사냥 지역을 엄중 수호하며, 침입을 선전 포고와 같은 것으로 간주한다. 유럽 인들의 영향을 받아 사회가 붕괴되기 전, 티에라 델 푸에고 제도의 오나 족은 야생 라마를 뒤쫓다가 자신의 영토를 침범하게 된 이웃들을 공격하고는 했다.

비슷한 사례로 미국 대분지의 와소 족은 '자신들의' 호수에서 고기를 낚거나 월동지의 더 안전한 곳에 있는 '자신들의' 사슴을 사냥한 무리들을 공격했다. 나에냐에 부시먼은 자신들이 사는 지역에서 이웃이 소중한 식물 식량을 채취했다면, 그를 죽일 권리가 있다고 믿는다. 오스트레일리아 사막의 왈비리 족은 우물에 특히 관심을 둔다. 어떤 무리가 다른 무리의 영역에 들어가려면 허락을 받아야 했고, 침입자들은 살해되기 일쑤였다. 초기 관찰자들은 왈비리 족이 우물의 지배권을 둘러싸고 총력전을 펼치다가 양편에서 20명 이상의 사람이 죽은 적도 있다고 기록했다.

이런 일화들은 오래전부터 알려져 있었지만 인류학자들이 동물 생태학의 기초 이론들을 응용해 인간 세력권의 증거들을 분석하기 시작한 것은 극히 최근의 일이다. 라다 다이슨허드슨(Rada Dyson-Hudson)과 에릭 스미스(Eric A. Smith)는 수렵 채집인들이 방어하는 지역이 정확히 가장 경제적인 방어가 가능해 보이는 곳임에 주목했다.[17] 식량 자원이 공간적으로 분산되어 있고 시간적으로 예측 불가능할 때, 무리들은 주거 영역을 방어하지 않으며 가끔 발견되는 풍부한 식량 공급원을 사실상 공유하기도 한다.

예를 들면 웨스턴 쇼쇼니 족은 사냥감의 양과 먹을 식물이 부족하고 예측하기 힘든 대분지의 건조 지대에 살았다. 그들의 인구 밀도는 30제곱킬로미터당 한 명꼴로 매우 낮았고 사냥과 주거는 보통 고립된 개인이나 가족 단위로 이루어졌다. 따라서 거주하는 지역이 넓었고, 그들은 방랑하는 존재가 되어야 했다. 가족들은 좋은 피넌 열매, 메뚜기 떼의 동향, 앞으로 있을 토끼 사냥 등의 정보를 공유했다. 웨스턴 쇼쇼니 족은 무리나 마을을 이룰 만큼 장기간 모여 있는 일이 드물었다. 그들은 토지나 그 위의 자원에 대한 소유 개념이 없었다. 단지 독수리 둥지만이 예외였다.

반면 오웬스 계곡의 파이우테 족은 피넌 소나무가 울창하고 사냥감이 풍부한 비교적 비옥한 땅에 살았다. 마을 집단들은 무리로 조직되어 있었고 각 무리는 오웬스 강을 가로질러 산맥 양편까지 이어지는 계곡의 한 부분을 소유했다. 이 영토들은 이따금씩 가해지는 위협과 공격을 통해 강화되어 온 사회적 및 종교적 규약에 따라 수호되었다. 거주자들은 기껏해야 다른 무리의 구성원들, 특히 친척들을 자신들의 땅에 있는 피넌 열매를 따도록 초대하는 일 정도만 할 수 있었다.

대분지의 부족들이 보여 주는 유연성은 다른 포유류 개체군이나 종에서 나타나는 것과 유사하다. 인간과 동물 모두에게 유연성의 발현은 행동권 내에서 가장 중요한 자원들이 풍족한지, 어떻게 분포되어 있는지에 달려 있다. 그러나 그 유연성의 발현 범위는 각 종의 특징이다. 그리고 인간이 발현할 수 있는 유연성의 총 범위가 비록 예외적으로 넓기는 하지만, 모든 동물이 발현하는 유연성을 전부 포괄하지는 못한다. 그런 의미에서 인간 텃세 행동의 발현은 유전적으로 제한되어 있다.

텃세의 생물학적 법칙은 현대의 재산 소유 관습으로 쉽게 번역될 수 있다. 감정과 허위의식을 떨어내고 일반화시켜 보면, 이 행동은 새로운 느낌, 즉 친숙함으로 다가온다. 우리의 일상생활이 그것의 통제를 받고 있는 탓이다. 그렇지만 어쨌거나 결국 오직 한 포유류 종의 식별 형질일 뿐이기 때문에 그것은 뚜렷이 구별될 뿐 아니라 특이한 것이기도 하다. 각각의 문화는 자기만의 독특한 규칙들을 개발하여 사유 재산과 사유 공간을 보호한다. 사회학자 피에르 반 덴 베르거(Pierre van den Berghe)는 시애틀 부근 휴양지에서 벌어지는 행동을 다음과 같이 묘사했다.

손님과 방문객들, 특히 초대받지 않은 사람들은 주인 가족의 영토로 들어오기 전에 확인 의식, 주의 사항 환기, 인사, 폐를 끼쳐 미안하다는 사과 등을 차례차례 거쳐야 한다. 주인을 먼저 만날 때는 이런 행동의 교환이 문밖에서 이루어지고 성인 지향적이 된다. 주인의 아이들을 먼저 마주치게 되면, 그들에게 부모가 어디 있는지 묻는다. 문밖에서 어떤 어른도 만나지 못한다면 대개 방문객은 현관으로 가서, 문이 닫혀 있으면 두드리거나 초인종을 울리고 문이 열려 있으면 목소리로 자신이 왔음을 알린다. 대개 문지방은 주인이 방문객을 인지하고 안내해야만 넘을 수 있다. 집 안에서도 손님이 편하게 들어갈 수 있는 곳은 단지 응접실뿐이며, 욕실이나 침실 등 집의 다른 영역에 들어가기 위해서는 대개 별도로 요청을 해야 한다.

안내를 받는 방문객은 휴양지 클럽에 거주하는 사람들에게 주인의 연장선상에서 받아들여진다. 즉 영토를 점유할 수 있는 그의 제한적인 특권은 그 주인의 영토 내에서만 통용되며, 손님이 다른 영토를 침입하면 주인은 다른 소유주들에게 책임을 져야 한다. 아이들도 독립적인 행위자로 받아들여지는 것이 아니라 그들의 부모나 그들을 '책임지고 있는' 어른들의 연장선상에서 다루어지며, 아이들이 반복해서 영토를 침입하면 부모나 보호자에게 통지된다.

클럽의 모든 구성원들은 개발된 비포장 도로를 자기 소유지에 진입하거나 산책하기 위해 자유롭게 이용할 수 있다. 소유주들에게는 문밖에서 서로 보았을 때 인사를 나누는 예의가 요구되지만, 어떤 확인 의식이 없이는 서로의 영역에 마음대로 들어갈 수 없다. 이 의식은 집 밖의 소유지에 들어갈 때보다 집에 들어갈 때가 훨씬 더 형식적이고 복잡하다.[18]

전쟁은 사회 집단들이 지켜왔던 영토 금기라는 튼튼한 천이 폭력으로 찢겨 나가는 것이라고 정의할 수 있다. 호전적인 정책의 배후에 있는 힘은 대개 친족과 동료 부족민에 대한 개인의 비합리적으로 과장된 충성심, 즉 자민족 중심주의이다. 일반적으로 원시인들은 세계를 두 가지 가시적인 영역으로, 즉 집, 마을, 친족, 길들인 동물, 무당 등 가까운 환경과 이웃 마을, 동맹 부족, 적, 야생 동물, 유령 등 그보다 멀리 있는 세계로 나눈다. 이 초보적인 지형학은 공격하고 살해할 수 있는 적과 그럴 수 없는 동료를 더 쉽게 구분하게 해 준다. 이런 대비는 적을 끔찍한 존재로, 나아가 인간 이하의 존재로 격하시킴으로써 더 선명해진다.[19]

브라질의 문두루쿠 족 인간 사냥꾼들은 이런 구분을 실천했을 뿐 아니라, 자신들의 적을 말 그대로 사냥감으로 여겼다. 전사들은 평소 파리와트(pariwat, 비(非)문두루쿠 족)를 입에 담을 때면, 페커리(peccary, 멧돼지의 일종 — 옮긴이)나 맥(貘, tapir)을 이야기할 때나 쓰는 단어를 사용했다. 인간의 머리를 전리품으로 가져온 자에게는 높은 지위가 주어졌다. 초자연적인 숲의 힘을 부여받은 특별한 사람이라고 여겼기 때문이다. 전쟁은 고급 예술로 승화되었고, 다른 부족들은 특히 위험한 동물 무리로 간주되어 노련한 사냥꾼의 사냥감이 되었다.

습격은 매우 신중한 계획에 따라 이루어졌다. 문두루쿠 족 사냥꾼들이 동트기 전의 어둠을 틈타 적의 마을을 포위하면, 그들의 주술사가 소리도 없이 주민들을 깊은 잠에 빠뜨렸다. 공격은 새벽에 시작되었다. 이엉을 인 지붕에 불화살을 쏘아 댄 다음, 공격자들은 괴성을 질러 대면서 숲에서 뛰쳐나와 마을로 달려가 주민들을 공터로 몰아내고는 남녀 가릴 것 없이 닥치는 대로 어른들의 목을 베었다. 마을 전체를 소멸시키는 일은 어렵고 위험하기 때문에, 공격자들은 희생자들의 목을 갖고 즉시 철수했다. 그들은 가능한 한 멀리까지 행군해 휴식을 취한 뒤, 집으로 회군하거나 적이 있는 다음 마을로 향했다.

* * *

로버트 머피(Robert F. Murphy)의 문두루쿠 족 자료들[20]을 재분석한 윌리엄 더럼(William H. Durham)은 전쟁과 사냥감이라는 비유가 인간 사냥꾼 전사들의 개체 적응도를 높이는 직접적인 적응 양상임을 명확히 보여 주었다.[21] 더럼은 자연 과학의 전통적인 방법론에 따라, 문두루쿠 족과 다른 원시 종족들의 전쟁 자료들을 세 가지 상호 배타적인 경쟁 가설에 적용해 보았다. 그 결과 이 가설들은 유전과 문화 사이에 어떤 관계가 있을 가능성을 배제하는 듯했다.

가설 1: 원시 사회에서 전쟁이라는 문화 전통은 생존 및 번식 능력과 상관없이 독자적으로 진화했다. 사람들은 유전적 적응도와 관계없이, 즉 개인 및 가까운 친족의 생존 및 번식의 성공 여부와 어떠한 일관적인 관계를 찾아낼 수 없는 복잡하고 다양한 문화적인 이유로 전쟁을 벌인다. 원시 전쟁은 사회 생물학 원리로는 설명이 잘 안 된다. 그것은 순수한 문화 현상, 사회 조직화의 산물, 적응도와 무관한 정치 제도로 이해하는 편이 더 낫다.

가설 2: 원시 전쟁이라는 문화 전통은 인간의 포괄적 유전적 적응도를 증가시키는 형질들을 선택적으로 보존함으로써 진화했다. 사람들은 자신과 자신의 가까운 친척들이 자기 부족 및 다른 부족 사람들과 경쟁해 번식이라는 측면에서 장기적으로 성공을 거둘 수 있을 때 전쟁을 벌인다. 전쟁의 겉모습이 제각기 다르다고 해도, 그것은 단지 모든 문화 행위들이 다원주의적 의미에서 일반적인 적응 과정을 거친다는 규칙의 한 사례일 수 있다.

가설 3: 원시 전쟁이라는 문화 전통은 집단이 일부 전사들의 자기희생 성향을 선

택함으로써 진화했다. 전사들은 집단의 이익을 위해 전투를 벌이는 것이기 때문에, 자신 및 자신의 가까운 친족에게 순수한 이익이 돌아온다고는 기대하지 않는다. 승리한 부족은 비록 전쟁을 겪으면서 집단 내의 이타적 전사 유전형이 타 유전형에 비해 상대적으로 크게 줄어들긴 하지만, 이타적인 전사들의 절대적인 개체 수가 늘어나기 때문에 팽창할 수 있었다. 폭력적 공격성의 성향은 문화 행위가 그것을 실행하는 개별 구성원에게는 불리하지만 집단 전체에는 이익이 되는 유전 형질에 어느 정도 이끌린다는 것을 보여 주는 좋은 사례이다.

문두루쿠 족 인간 사냥꾼 전사들의 행동을 가장 잘 설명해 주는 것은 두 번째 가설이다. 잔인성과 용맹이라는 형질은 그것을 발휘하는 사람에게 직접적이고 현실적인 이익을 제공한다. 비록 인구 통계학적인 확실한 증거는 없지만, 간접 증거들은 문두루쿠 족 인구가 양질의 단백질 부족 때문에 제한되었다는 것을(평화 상태인 지금도 마찬가지이다.) 시사한다.

문두루쿠 족이 살던 사바나 환경을 지배한 밀도 의존적 요인은 이웃한 우림 지역에 있는 사냥감, 특히 페커리의 개체 수였던 것 같다. 사냥은 남자들의 주된 일상 업무였다. 페커리는 떼를 지어 이동하므로 남자들도 보통 집단을 이뤄 일하게 되었고, 그에 따라 사냥감의 분배도 엄격한 규칙에 따라 이루어졌다. 사냥 지역이 서로 겹쳤기 때문에 이웃 부족끼리는 같은 자원을 놓고 경쟁을 벌여야 했다. 따라서 살인 공격으로 경쟁자들을 제거하면, 자신들에게 분배되는 숲의 수확물이 늘어났다. 따라서 성공한 문두루쿠 족 인간 사냥꾼에게는 전쟁의 생물학적 효과가 명백히 나타나는 것 같다.[22]

그러나 문두루쿠 족이 다윈주의의 칼날을 인식하고 있었던 것은 아니다. 그들은 관습과 종교의 강력한 그러나 모호한 승인이라는 화려한

치장으로 자신들의 호전적인 행동을 정당화했다. 인간 사냥은 그들에게 그저 주어진 것이었다. 전승되어 내려오는 부족의 역사는 영토 방어나 다른 집단의 도발이 전쟁의 원인이라고 말하지 않는다. 정의에 따르면 파리와트는 제물이었다. 머피는 이렇게 썼다. "적 부족들의 존재 자체가 문두루쿠 족으로 하여금 전쟁을 하게 만든다는 식이다. 그리고 적이라는 단어는 문두루쿠 족이 아닌 다른 모든 집단을 뜻했다." 전통적인 종교 행위는 사냥감이 풍부하기를 기원하고 의례를 통해 사냥감을 보존하기 위한 규칙들을 지키는 데 중점을 두고 있었다.

문두루쿠 족은 단지 가죽을 얻기 위해 사냥감을 죽인 뒤 시체를 썩게 내버려 두는 사냥꾼에게는 그 즉시 초자연적 신령인 '어머니들'의 복수가 닥친다고 믿었다. 따라서 사냥감이란 개념 속에 적이라는 개념이 포함되어 있는 것도 그리 놀랄 일은 아니다. 또 성공한 인간 사냥꾼은 다제뷔시(Dajeboisi), 즉 '페카리의 어머니'라고 불렸다. 그러나 문두루쿠 족은 간섭 경쟁, 밀도 의존성, 동물과 인간의 집단 통계학 같은 생태학적 원리의 이해라는 과정을 통해 이런 규범에 다다른 것이 아니다. 그들은 생태학이라는 과학적 이해와 동일한 목적에 봉사하는 세계인 친구, 적, 사냥감, 숲의 중재자인 신령들로 이루어진 더 단순하고 더 생생한 세계를 고안했다.

조직화한 폭력 중에는 유전되지 않는 것도 있다. 태형, 말뚝박기, 화형 같은 고문 행위, 인간 사냥과 식인 관습, 투사들의 결투와 대량 학살이 서로 다른 것이라고 구분하는 유전자는 없다. 있는 것은 유전자에 담겨 있는 가공되지 않은 생물학적 과정들로부터 정신을 분리하는 식으로, 공격성의 문화적 기구를 만들어 내는 타고난 성향이다. 문화는 공격성에 구체적인 형태를 부여하고 모든 부족민의 행동 통일을 정당화하는 역할을 한다.

공격성의 문화적 진화는 (1) 공동체가 지닌 특정한 유형의 공격성을 학습하도록 편향된 유전적 성향, (2) 사회와 직접 접촉하고 있는 환경의 요구 사항, (3) 특정한 문화적 혁신을 채택하도록 편향된 그 집단의 역사, 이 세 힘이 통합되어 이끄는 것 같다.

발생학에서 쓰이는 일반적인 비유를 빌린다면, 문화적 진화를 겪고 있는 사회는 저 멀리까지 펼쳐져 있는 발달 경관의 비탈면을 내려가는 중이라고 말할 수 있다. 공격성의 통로 중 정식으로 채택된 것들은 깊게 파여 있다. 즉 문화는 그 통로들을 완전히 벗어날 수 없고 그중 하나의 통로로 들어가기 쉽다. 이 통로들은 공격 반응을 학습하는 유전적 성향과 특정한 유형의 반응을 선호하는 행동권의 물리적 특성 사이의 상호 작용을 통해 형성된다. 즉, 기존 문화가 지닌 고유한 특징들은 그 사회가 동일한 방향으로 나아가도록 영향을 미친다.

문두루쿠 족의 인구는 양질의 단백질 부족 때문에 확연히 제한되었고, 그들이 사냥터 경쟁을 줄이기 위해 채택한 풍습의 완성된 형태가 바로 인간 사냥이었다. 반면 베네수엘라 남부와 브라질 북부에 사는 야노마뫼 족은 현재 일시적인 인구 급증과 영토 확장 상태에 있다. 여기에서 남자의 번식을 제한하는 것은 식량이 아니라 여자의 수이다. 아직 완전히 검증된 것은 아니지만, 동물 사회 생물학의 원리 중에는 위험한 포식자가 없고 풍족한 시기에는 암컷이 개체군의 성장을 제한하는 밀도 의존적 요인이 되기 쉽다는 것이 있다.

나폴레옹 샤농(Napoleon A. Chagnon)은 야노마뫼 족의 전쟁 동기가 여자를 차지하려는 것이고, 또 원인을 추적해 보면 결국 여자를 놓고 다툼을 벌이다가 빚어진 죽음을 복수하기 위함이라는 것을 보여 주었다. 이 전쟁은 우발적이거나 경솔한 행동이 아니었다. 그들은 '흉포한 민족'이라고 불렸다. 샤농이 연구한 한 마을은 19개월 동안 25번이나 이웃 마을들의 습격을 받았다. 야노마뫼 족 남자들의 4분의 1이 전쟁에서 죽지만, 생존한 전사들은 번식 게임에서 야성미 넘치는 승리자가 되고는 한다. 어느 마을 집단의 시조는 8명의 아내와 45명의 아이를 두었다. 그의 아들들도 아이를 많이 낳았기 때문에, 꽤 수가 많았던 그 마을 인구의 약 75퍼센트가 그의 자손이었다.[23]

구체적인 공격 관습들 — 예를 들어 들판 전쟁 대 매복전, 죽창 대 돌도끼 등 — 이 주변에 있는 재료와 편리하게 적용될 수 있는 과거의 단편적인 관습에 크게 영향을 받는다는 것은 분명하다. 클로드 레비스트로스의 멋진 표현을 빌리자면, 문화는 이용할 수 있는 손재주(bricolage)를 사용하는 셈이다. 반면에 사람들에게 공격적인 문화를 자아내도록 미리 성향을 부여하는 과정이 어떻게 이루어지는지는 그보다 모호하다. 우리는 공격성의 결정 요인을 세 가지 수준 — 궁극적인 생물학적 성향, 현재 환경의 요구 사항, 문화적 표류에 기여하는 우연한 세부 사항들 — 에서 고찰한 뒤라야만 인간 사회의 진화를 완전히 이해할 수 있을 것이다.

비록 인류의 생물학적 본성이 조직화한 공격성을 탄생시켰고 수많은 사회의 초기 역사를 개략적으로 지시했다는 것을 시사하는 증거들이 있기는 하지만, 진화의 최종 결과는 점점 합리적인 사유의 통제하에 들어가고 있는 문화적 과정들을 통해 결정될 것이다. 전쟁 행위는 생물학적 성향이 비대화했음을 나타내는 명백한 사례이다. 원시인들은 자신들의 세계를 동료와 적으로 나눈 뒤, 그 임의의 경계선 바깥에서 뻗어 오는 가장 온건한 위협에도 즉시 깊은 감정적 대응을 했다.

군장제 및 국가의 성립과 함께 이 성향은 제도화했고, 전쟁은 일부 신생 사회의 정책 수단으로 채택되었으며, 전쟁을 가장 잘 수행한 사회는 — 비극적이긴 하지만 — 가장 성공한 사회가 되었다. 전쟁의 진화는 어느 누구도 중단시킬 수 없는 자가 촉매 반응이었다. 왜냐하면 그 과정을 일방적으로 역전시키려는 시도는 곧 희생을 의미했기 때문이다. 이 새로운 유형의 자연 선택은 전체 사회 수준에서 작용하고 있었다. 이 분야를 개척한 퀸시 라이트(Quincy Wright)는 이렇게 썼다.

호전적인 민족들 속에서 문명이 발생한 데 반해, 평화를 누렸던 채집자와 수렵자들은 땅 끝으로 추방되었고, 그곳에서 그들은 한때 전쟁을 효과적으로 사용해 자신들을 멸망시키고 위대해졌다가 이제는 스스로의 도구에 희생당하고 있는 국가들을 지켜보면서 얻는 모호한 만족감만을 간직한 채, 서서히 절멸되거나 흡수되어 갔다.[24]

인류학자 키스 오터바인(Keith Otterbein)은 비교적 소박한 티위 족이나 지바로 족에서 이집트, 아스텍, 하와이, 일본 같은 더 발달한 사회에 이르기까지, 46개 문화를 대상으로 호전적 행동에 영향을 미치는 변수들을 정량적으로 연구해 왔다. 그의 주요 결론은 그리 새로운 것이 아니다. 사회가 중앙 집권적이 되고 복잡해질수록 더 정교한 군대 조직과 전투 기술이 발달하게 되고, 군사적으로 더욱 고도화할수록 그 사회는 영토를 확장하고 경쟁 관계에 있는 문화들을 제거해 나갈 가능성이 높다는 것이다.[25]

문명은 문화적 진화와 조직화한 폭력의 상호 협조적 추진력을 통해 발달해 왔고, 우리 시대의 문명은 핵 전멸의 일보 직전까지 도달해 있다. 그러나 대만 해협, 쿠바, 중동에서 보았듯이, 국가가 벼랑 끝에 도달할 때마다 그 지도자들은 뒤돌아 설 수 있다는 것을 증명해 왔다. 1967년 중동 전쟁이 일어났을 때, 아바 에반(Abba Eban)은 "인간은 최후 수단으로 이성을 사용한다."라는 잊혀지지 않는 말을 남겼다.

뿐만 아니라 완벽하게 진화한 전쟁은 심지어 견고한 문화적 관습 앞에서 역전될 수 있다. 유럽 인들이 침략해 오기 전의 뉴질랜드 마오리 족은 지구상에서 가장 공격적인 민족에 속했다. 그들의 40개 부족 간에는 끊임없이 습격이 행해졌고 그때마다 피비린내가 풍겼다. 모욕, 적개심, 보복은 부족의 기억 속에 철저히 아로새겨졌다. 자신의 명예 수호와 용기는 최고의 선이었고, 전쟁에서의 승리는 최고의 업적이었다. 원시 전쟁 전문가인 앤드루 베이다(Andrew Vayda)에 따르면, 마오리 족 전쟁의 주요 동기는 생태적 경쟁이었다.[26] 복수는 영토 전쟁을 초래했고 이어서 영토 정복을 야기했다. 동맹은 혈족 관계에 바탕을 두었다. 즉 마오리 족은 족보상으로 가장 먼 혈족의 영토를 의도적으로 공공연하게 침탈했다.

1837년 호키앙가 족의 전사들이 응가 푸이 족의 두 파벌이 싸우고 있는 전쟁터에 도착했다. 하지만 그들은 어느 편을 들어야 할지 판단을 내릴 수 없었다. 그들은 양쪽 파벌과 똑같은 혈족 관계에 있었던 것이다. 이런 영토 전쟁이 낳은 주된 효과는 인구의 안정화였다. 집단이 과밀화하면 그들은 경쟁 집단을 축소시키고 제거함으로써 확장을 도모했다. 마오리 족은 케냐의 사자처럼 생태적 조절자 역할을 하는, 영토 침략을 통해 전체 인구 밀도를 일정한 수준으로 유지한 채 끊임없이 변화하는 부족 집단들의 모자이크였다.

유럽의 화기가 도입되자, 이 소름끼치는 균형 상태는 마침내 종식되고 뒤엎어졌다. 당연히 마오리 족은 영국 식민지 개척자들이 처음 선보인 머스킷 소총에 매료되었다. 1815년경 한 여행가는 당시의 상황을 이렇게 기록했다.

나는 사냥총으로 인근의 나무에 앉은 새를 쏘았는데, 운좋게 새를 맞출 수 있었다. 순간 마을 사람들은 남자, 여자, 아이 할 것 없이 광란의 도가니에 빠져들었다. 이 상황을 어떻게 설명해야 할지 몰랐지만, 떠나갈 듯한 고함과 귀가 멍멍해질 정도의 소동 속에서 나는 그것이 그들에게 무시무시한 영향을 주었다는 것을 알 수 있었다. 내가 죽인 새를 그들이 아주 자세히 살펴보는 사이에, 나는 같은 나무에 한 마리가 더 앉아 있는 것을 보고 이번에도 쏘아 떨어뜨렸다. 그들은 또다시 놀랐고 소란도 처음보다 더 심해졌다.[27]

몇 해가 채 지나기도 전에 마오리 족 지도자들은 총을 구해 이웃들을 황폐화시키기 시작했다. 응가 푸이 족 추장 홍기 히키는 영국 무역상들로부터 300정의 총을 사서 정복자라는 명이 짧은 직업에 뛰어들었다. 1828년 죽기 전까지 그와 동료들은 수많은 원정을 떠났고 수천 명을 살해했다. 예전의 패배에 대한 복수가 직접적인 동기였을 때까지는 수많은 정복에도 불구하고 응가 푸이 족의 영토와 권력은 그다지 확장되지 않았다. 그 사이에 다른 부족들도 치솟는 적대감에 휩싸였고 대등한 지위를 회복하기 위해 서둘러 무장을 했다.

하지만 머지않아 무기 경쟁은 자기 제한적이 되었다. 승리자들조차도 값비싼 대가를 치러야 했다. 더 많은 머스킷 소총을 구하기 위해 마오리 족은 유럽 인들의 총과 거래할 수 있는 아마 등의 상품을 생산하는 일에 지나치게 많은 시간을 바쳐야 했다. 그들은 더 많은 아마를 재배하기 위해 저지대의 습지로 이동했는데, 그곳에서 많은 사람들이 질병으로 죽었다. 약 20년에 걸친 머스킷 전쟁 동안, 인구의 4분의 1이 그 분쟁과 관련된 갖가지 이유로 죽었다. 1830년이 되자 응가 푸이 족은 과연 복수를 위해 총을 사용해야 하는지 스스로에게 묻기 시작했다. 그 후 전통 가치들은 무너졌다. 1830년대 후반에서 1940년대 초에, 전체 마오리 족은 집단적으로 급속히 기독교로 개종했고 부족 사이의 전쟁은 전면 중단되었다.

논의를 요약하면 이렇다. 인간의 공격성은 어둠의 천사가 일으키는 폭풍이나 야수 본능으로 설명될 수 없다. 뿐만 아니라 잔인한 환경에서 양육된 병리학적 증상도 아니다. 인간은 외부의 위협에 비합리적인 증오심으로 반응하고, 꽤 넓은 여분의 범위까지 고려해 그 위협의 근원을 압도할 수 있을 만큼 적개심을 고조시키는 성향이 강하다. 우리의 뇌는 다음과 같은 범위까지 프로그램되어 있는 것 같다. 새들이 텃세 노래를 학습하고 극지방 별자리를 보며 날아가는 성향이 있는 것과 마찬가지의 의미에서, 우리는 사람들을 동료와 이방인으로 구분하는 성향이 있다. 그리고 우리는 이방인들의 행동에 매우 두려움을 느끼고 공격을 통해 갈등을 해결하려는 성향이 있다. 이런 학습 규칙들은 지난 수십만 년에 걸친 인간의 진화 과정에서 진화해 온 것일 가능성이 높고, 따라서 그런 규칙들을 최대한 성실하게 지키는 사람에게 생물학적 이익이 제공되기 쉽다.

폭력적 공격성의 학습 규칙들은 대부분 낡아서 쓸모가 없는 것들이다. 우리는 창, 화살, 돌도끼로 분쟁을 해결하는 수렵 채집인이 아니다. 그러나 그 규칙들이 퇴색했다는 점을 인정한다고 해서 그것들이 폐기되는 것은 아니다. 우리는 그것들의 주변에서 힘들게 나아갈 수 있을 뿐이다. 그것들이 잠재된 채 잠들어 있고 소환되지 않도록 하려면, 우리는 폭력을 학습하려고 하는 인간의 뿌리 깊은 성향을 줄이고 제어할 수 있도록 인도해 주는, 힘들고 거의 가 본 적이 없는 심리학적 발달의 길을 의식적으로 헤쳐 나가야만 한다.

야노마뫼 족은 말해 왔다. "우리는 싸움에 신물이 난다. 우리는 더 이상 죽이고 싶지 않다. 그러나 다른 자들이 배신을 하기 때문에 믿지 못하겠다."[28]

모든 사람들이 동일한 방식으로 생각한다는 사례를 찾아내는 것은 그리 어렵지 않다. 평화주의를 목표로 삼는 학자와 정치 지도자들은 인류학과 사회 심리학 분야의 연구를 심화시켜, 그 전문 지식을 정치나 일상적인 교섭 절차의 일부로 터놓고 받아들이는 편이 유용함을 알게 될 것이다. 평화를 위한 더 항구적인 토대를 제공하려면, 서로 믿고 의지하도록 도저히 풀 수 없게 정치적 문화적 끈들로 마구 묶어 놓아야 한다.

과학자들, 위대한 작가들, 일부 성공한 사업가들, 마르크스-레닌주의자들은 수세대 동안 다소 무의식적으로 바로 그런 일을 해 오고 있다. 만약 끈들이 더욱더 두껍게 얽힌다면, 미래의 집단들이 인종, 언어, 국민, 종교, 이념, 경제적 이익 등 입맛에 맞는 차이를 근거로 삼아 서로를 완전히 별개의 존재로 간주하는 일은 낙심할 정도로 어려워질 것이다.[29] 인류 복지를 위해 인간 본성의 이런 측면들을 서서히 불구화시킬 수 있는 다른 방법들도 분명히 있을 것이다.

6장

성(性)

성은 우리 존재의 모든 측면에 스며들어 생활사의 각 단계마다 새로운 형태를 취하는 변화무쌍한 현상이자, 인간 생물학의 핵심이다. 성의 복잡성과 다의성은 성이 본래 번식용으로 설계된 것이 아니라는 사실 때문에 나타난다.

진화는 짝짓기와 수정이라는 복잡한 절차보다 훨씬 더 효율적인 번식 방법들을 고안해 냈다. 박테리아는 그냥 둘로 분열하고(대개 20분마다 분열하는 종이 많다.), 곰팡이는 헤아릴 수 없이 많은 수의 포자를 퍼뜨리며, 히드라는 몸통에서 직접 자손을 싹틔운다. 해면동물을 분쇄하면, 각 조각은 다시 온전한 새 생물로 성장한다.

증식이 번식 행동의 유일한 목적이라면, 우리의 포유류 조상들은 성

없이 진화할 수도 있었다. 모든 인간은 성별 없이 무성 자궁의 표피 세포에서 싹텄을지도 모른다. 박테리아 방식의 신속한 무성 생식은 지금도 가끔 일어나고 있다. 이미 수정된 난자가 한 번 분열해 일란성 쌍둥이가 생기는 경우가 그렇다.

또 쾌락을 주고받는 것도 성의 주된 기능은 아니다. 대다수의 동물 종은 기계적으로, 그리고 최소한의 전희만으로 성행위를 한다. 박테리아와 원생생물의 쌍은 신경계의 혜택 없이 성적 결합체를 형성하는 반면, 산호나 대합조개 같은 수많은 무척추동물들은 자신의 성세포들을 주변의 물에 그냥 — 그들은 적절한 뇌가 없으므로 말 그대로 그런 문제를 전혀 생각하지 않은 채 — 뿌려 버린다. 쾌락은 기껏해야 동물들을 교미하게 만드는 장치이며, 다용도의 신경계를 지닌 생물들로 하여금 자신들의 시간과 에너지를 구애, 성교, 양육에 대규모로 투자하도록 유인하는 수단일 뿐이다.

더구나 성행위는 어떤 의미에서 보아도 불필요한 낭비를 동반하는 위험한 활동이다. 인간의 생식 기관들은 해부학적으로 복잡해 자궁외 임신이나 성병 같은 치명적인 기능 장애를 일으키기 쉽다. 구애 활동은 신호 전달이라는 최소한의 요구를 충족시키고도 계속된다. 구애 활동은 에너지 측면에서 비용이 많이 들 뿐 아니라, 더 열렬한 구애자일수록 경쟁자나 포식자에게 살해될 위험이 더 커진다는 점에서 위험하기까지 하다. 현미경 수준에서 보면, 성을 결정하는 유전 기구들은 정교하게 조율되어 있고, 따라서 교란도 쉽게 일어난다. 인간은 성염색체 하나가 적거나 많으면, 혹은 자라고 있는 태아의 호르몬 균형에 미묘한 변화가 일어나면 생리 기능과 행동에 이상이 생긴다.[1]

따라서 성 자체는 어떠한 직접적인 다윈주의적 이익도 제공해 주지 않는다. 더구나 유성 생식에는 자동적으로 부과되는 하나의 유전적 결함이 있다. 만일 어떤 생물이 성 없이 증식한다면, 모든 자손들은 그 생물과 똑같을 것이다. 반면 어떤 생물이 근연 관계가 없는 다른 개체와 성적으로 협조했다면, 그 자손의 유전자 중 절반은 외부에서 오는 셈이다. 그리고 한 세대가 지날 때마다 자손에게 투자되는 유전자는 절반씩 줄어들 것이다.

그러므로 생식은 무성적으로 이루어져야 할 타당한 이유가 있다. 무성 생식은 사적이고, 직접적이며, 안전하고, 에너지 면에서 값싸고, 이기적이 될 수 있다. 그렇다면 성은 왜 진화한 것일까?

주된 답은 성이 다양성을 빚어낸다는 것이다. 그리고 다양성이란 부모가 예측할 수 없이 변화하는 환경을 놓고 양쪽에 돈을 거는 방법이다. 두 개의 유전자를 지닌 개체들로만 이루어진 두 동물 종을 상상해 보자. 한 유전자를 A, 다른 유전자를 a라고 하자. 예를 들면 이 유전자들은 갈색 눈(A) 대 파란 눈(a), 또는 오른손잡이(A) 대 왼손잡이(a)일 수 있다. 두 유전자를 모두 지닌 개체는 Aa가 된다. 이제 한 종이 성 없이 번식한다고 가정하자. 그러면 그 종에 속한 모든 자손들은 Aa가 될 것이다.

다른 한 종은 성을 사용해 번식한다고 하자. 각 개체는 성세포를 만들며, 각 성세포는 A 또는 a 하나의 유전자만을 지니게 된다. 두 개체가 짝짓기를 할 때 그들의 성세포는 결합된다. 각 성체는 A 아니면 a를 가진 성세포를 만들기 때문에, AA, Aa, aa 세 종류의 자손이 가능하다. 따라서 Aa 개체들의 개체군으로 출발했을 때, 무성 부모들은 Aa 자손만을 낳을 수 있지만 유성 부모들은 AA, Aa, aa 자손을 낳을 수 있다. 이제 aa 개체들이 유리하도록 환경을 변화시켜 보자. 즉 추운 겨울, 홍수, 아니면 위험한 포식자의 침입 등을 적용해 보자. 그다음 세대에는 유성 생식 개체군이 유리해질 것이고 AA나 Aa 개체들이 유리하도록 조건이 변화될 때까지 aa 생물들은 계속 우위를 차지할 것이다.

다양성과 그 결과인 적응도는 왜 그렇게 많은 종류의 생물들이 유성 생식이라는 수고를 하는지 설명해 준다. 장기적으로 보면, 직접적이고 간단한 성별이 없는 번식 방법에 의존하는 종에 비해 유성 생식 종은 수적으로 크게 우세해진다.[2]

그렇다면 왜 보통 두 가지 성만 있는 것일까? 이론적으로는 단일한 성에 바탕을 둔 성적 체제도 가능하다. 해부학적으로 동일한 개체들이 동일한 모양의 생식 세포를 만들고 그것들이 무차별 결합할 수도 있다. 하등 식물 중에는 바로 그런 식으로 번식하는 것도 있다. 또는 일부 곰팡이들처럼 수백 가지 성을 갖는 것도 가능하다. 그러나 생물 세계에서 주류를 차지하고 있는 것은 양성 체제이다. 이 체제는 가장 효율적인 분업을 허용하는 듯하다.

암컷은 원래 난자를 만들도록 특수화한 개체다. 난자의 커다란 크기는 건조를 억제하고, 열악한 시기에도 저장된 난황을 소비하면서 생존할 수 있게 하고, 부모가 안전하게 운반할 수 있게 하고, 수정 후 외부의 양분 섭취가 필요하기 전까지 최소한 몇 차례 분열할 수 있게 해 준다. 수컷은 작은 배우자인 정자의 제조업자로 정의된다. 정자는 최소의 세포 단위로서, DNA로 채워진 머리와 그 수레를 난자까지 운반할 수 있는 충분한 에너지를 저장하고 있는 꼬리로 이루어져 있다.

수정해 두 배우자가 하나가 되면, 난자의 튼튼한 울타리로 둘러싸인, 유전자들의 즉석 혼합물이 생긴다. 수컷과 암컷은 서로 협조해 접합자를 만들어서 변화하는 환경에서도 최소한 일부 자손이나마 살아남을 수 있도록 한다. 수정란은 한 가지 근본적인 점에서, 즉 갓 조합된 유전자 혼합물을 가진다는 점에서 무성 생식으로 생성되는 세포와 다르다.

두 성세포가 극단적인 해부학적 차이를 보이는 경우도 있다. 특히 인간의 난자는 정자보다 8만 5000배나 더 크다. 이러한 배우자 이형성(異

形性)은 성의 생물학과 심리학에 일파만파의 영향을 미친다. 가장 중요한 직접적인 영향은 여성이 자신의 성세포 하나하나에 더 많은 투자를 한다는 점이다. 여성은 평생 겨우 400개 정도의 난자만을 생산할 수 있다. 이중 기껏해야 20개만이 건강한 아기로 태어날 수 있다. 갓난아이를 나이가 찰 때까지 기르고 그 후에도 보살피는 데 드는 비용은 상대적으로 엄청나다. 반면 남성은 한 번 사정할 때마다 약 1억 마리의 정자를 방출한다. 일단 수정을 완수하면 남성의 순수한 육체적인 임무는 끝난다. 그의 유전자는 여성의 유전자와 똑같이 기여할 테지만, 여성이 그를 양육 활동에 참여하도록 유도하지 못한다면, 그는 여성보다 훨씬 적은 투자를 하게 된다. 이론적으로 볼 때, 만일 어떤 남성에게 완전한 행동의 자유가 주어진다면, 그는 평생 동안 수천 명의 여성들을 임신시킬 수 있을 것이다.

이성 사이의 이해관계를 둘러싼 이러한 갈등은 인간뿐 아니라 대다수 동물 종들의 특성이다. 수컷들의 특성은 공격성인데, 특히 번식기에는 그것이 서로를 향하게 되고 더 강해진다. 대부분의 종에서 단호함은 수컷에게 가장 유익한 전략이다. 태아가 발달하는 전 기간에 걸쳐 즉 난자가 수정되면서부터 아기가 태어날 때까지 한 마리의 수컷은 많은 암컷들을 수정시킬 수 있지만, 한 마리의 암컷은 단지 한 마리의 수컷에 의해 수정될 수 있을 뿐이다.

따라서 수컷들이 차례차례 암컷들에게 구애를 할 수 있다면 일부는 위대한 승자가 되고 나머지는 철저한 패자가 되는 데 반해, 건강한 암컷들은 거의 모두 수정에 성공할 것이다. 그러므로 수컷들은 공격적이고, 성급하며, 변덕스럽고, 무차별적일수록 유리하다. 이론상 암컷들은 최고의 유전자를 가진 수컷들을 식별해 낼 수 있을 때까지는 수줍어하고 마뭇거릴수록 더 유리하다. 새끼를 돌보는 종에서는 암컷들이 임신 후에 자신들과 함께 머물 가능성이 높은 수컷들을 선택하는 것도 중요하다.

인간은 이 생물학적 원리에 충실히 복종한다. 성별에 따른 분업과 사회적 관습의 구체적인 사항들을 살펴보면, 수천 종류나 되는 기존 사회들이 엄청나게 다양해 보인다는 것도 사실이다.[3] 이 다양성은 문화를 토대로 하고 있다. 사회는 환경의 요구에 맞춰 자신들의 관습을 성형하고, 그렇게 함으로써 동물계의 다른 구성원들에게서 볼 수 있는 제도들을 상당 부분 — 엄격한 일부일처제부터 극단적인 일부다처제까지, 행동과 외모 면에서 암수 구별이 없는 것부터 암수가 극단적으로 뚜렷이 구분되는 것까지 — 총체적으로 복제한다. 사람들은 의식적으로, 그리고 의지대로 태도를 바꾼다. 즉 한 사회의 지배적인 양식은 한 세대 내에 바뀔 수 있다.

그렇지만 이 가변성이 무한한 것은 아니며, 그 밑바탕에는 진화론의 예측들에 거의 들어맞는 일반적인 특징들이 모두 놓여 있다. 따라서 먼저 생물학적으로 중요한 일반성에 주의를 집중하기로 하고, 문화의 통제를 받는, 부인할 수 없이 중요한 가변성 문제는 잠시 뒤에 고찰하기로 하자.

* * *

무엇보다도 인간은 성적 상대의 교체가 대부분 남성 주도로 이루어지는 온건한 일부다처제형이다. 인류 사회의 약 4분의 3이 아내를 여럿 취하는 것을 허용하고 있으며, 그런 사회는 대체로 법과 관습을 통해 그런 행위를 장려하고 있다. 반면 여러 명의 남편과 혼인하는 것을 허용하는 사회는 전체 사회의 1퍼센트 이하이다. 그 나머지인 일부일처제 사회들은 대개 법적인 의미에서만 거기에 속할 뿐이며, 사실상 첩이나 다른 혼인 외적인 수단들을 통해 일부다처제를 용인하고 있다.

대체로 남성은 여성을 한정된 자원, 따라서 가치 있는 소유물로 취급하기 때문에, 여성은 앙혼, 즉 사회적 지위가 높아지는 혼인 풍습의 수혜자가 된다. 일부다처제와 앙혼은 본질적으로 상보적인 전략이다.[4] 다양한 사회에서 남성들은 추구하고 획득하는 반면 여성들은 보호되고 교환된다. 아들들은 난봉꾼이 되고 딸들은 유린당할 위험에 처한다. 성이 매매될 때 대개 구매자는 남성이다. 매춘부는 당연히 사회의 멸시 대상이 되기 쉽다. 그들은 자신의 귀중한 생식 자본을 낯선 자들에게 내맡기기 때문이다. 12세기에 마이모니데스(Maimonides)는 이 생물학적 논리를 다음과 같이 절묘하게 표현했다.

동포애와 사랑, 상호 부조는 조상을 통해 친족 관계에 있는 사람들 사이에서만 완전한 형태로 나타날 수 있다. 그렇기 때문에 공통 조상을 통해 맺어진 하나의 부족은 — 멀리 떨어져 있을지라도 — 서로 사랑하고, 서로 도와주고, 서로 연민을 느낀다. 그리고 이런 것들을 달성하는 것이 법의 가장 큰 목적이다. 그래서 매춘부를 금하는 것이다. 왜냐하면 그들을 통해 가계가 파괴되기 때문이다. 그들이 낳은 아이는 사람들에게 이방인이 된다. 그가 어느 가족 집단에 속하는지 아무도 모르며, 그의 가족 집단에 속한 어느 누구도 그를 모른다. 이것은 그와 그의 아버지에게 최악의 상황이다.[5]

해부학적 구조는 성적 분업의 흔적을 담고 있다. 남성은 여성보다 평균 20~30퍼센트 몸무게가 더 나간다. 마찬가지로 남성은 대부분의 스포츠에서 더 강하고 더 빠르게 움직인다. 남성의 신체 비례, 골격 형태, 근육 밀도는 고대 수렵 채집 시대 남성들의 전공 분야인 달리기와 던지기에 특히 적합하다.

세계 육상 기록들은 그 차이를 반영하고 있다. 남성 우승자들은 여성 우승자들보다 늘 5~20퍼센트 더 빠르다. 그 차이는 1974년에 100미터에서 8퍼센트, 400미터에서 11퍼센트, 1마일(약 1.6킬로미터)에서 15퍼센트, 1만 미터에서 10퍼센트였으며, 다른 모든 경주에서도 비슷한 수준이다. 체격과 야수 같은 강인함이 가장 덜 요구되는 마라톤에서도 그 차이는 13퍼센트였다. 여성 마라톤 선수들은 비교적 지구력이 있지만, 빠른 것은 남성들이다. 42.195킬로미터를 달리는 남자 우승자들은 킬로미터당 3분씩 더 빨리 달린다. 그 차이는 동기나 훈련 부족 탓으로 돌릴 수 없다. 동독과 소련의 가장 뛰어난 여성 주자들은 전국 규모의 선발 과정과 과학적으로 계획된 훈련 프로그램의 산물이다. 그러나 올림픽과 세계 대회 기록을 연이어 갱신하는 그 우승자들은 남자 지역 육상 경기의 평균 수준에도 미치지 못한다.

물론 모든 남자들과 여자들을 따져 보면 기록이 겹쳐지는 부분도 넓다. 최고의 여성 운동선수는 대다수의 남성 운동선수들보다 낫고, 여자 육상 같은 경기는 그 자체가 땀을 쥐게 하는 경쟁 세계이다. 그러나 평균과 최고 기록 사이에는 상당한 차이가 있다. 예를 들어 1975년 미국에서 1등을 한 여성 마라톤 주자를 미국 남자 선수들의 자리에 끼워 넣으면 752등이 된다.[6] 체격은 결정 요인이 아니다. 키가 크고 몸무게가 나가는 주자들뿐 아니라 58킬로그램 정도의 왜소한 남성 주자들도 여자들보다 더 좋은 성적을 낸다.

그렇지만 여성이 남성에 필적하거나 남성을 능가하는 경기도 있다는 점을 간과해서는 안 된다. 이런 경기들 — 장거리 수영, 체조의 고난도 기예 종목들, 거리가 아닌 정확도를 따지는 양궁, 소구경 소총 사격 — 은 원시적인 사냥이나 공격 기술과 가장 거리가 먼 것들이다. 스포츠와 유사 스포츠 활동들은 숙련도와 민첩성에 의존하는 더 정교한 통로를 따라 진화하기 때문에, 앞으로 남성과 여성의 전반적인 기록들은 더 가까이 수렴할 것이라고 예상할 수 있다.

또 평균적으로 남성과 여성의 기질에 차이가 있다는 것은 포유류 생물학의 일반 원칙과도 부합된다. 집단으로서의 여성은 덜 단호하고 신체적으로도 공격성이 덜하다. 그 차이의 정도는 문화마다 다르다. 평등주의자들이 설정하는 사회처럼 단지 미미한 통계적인 차이만 있는 사회가 있는가 하면, 극단적인 일부다처제 사회처럼 여성이 사실상 노예 상태에 있는 사회도 있다. 그러나 그 차이가 어느 정도 있는가보다는 여성들이 성격 면에서 이렇게 질적으로 다르다는 사실 자체가 훨씬 더 중요하다. 이렇게 근본적이자 평균적인 성적 형질 차이가 역전되는 일은 거의 없다.

문화는 남성과 여성의 신체 및 성격 차이를 보편적인 남성 지배 체제로 증폭시켜 왔다. 역사는 여성이 남성의 정치적 및 경제적 삶을 지배했던 사회를 단 하나도 기록하지 않고 있다. 여왕이나 황후가 통치했을 때조차도 그들의 중개자는 주로 남성들이었다. 이 글을 쓰고 있는 현재도 여성이 국가 수반으로 있는 나라는 없다. 비록 이스라엘의 골다 마이어(Golda Meir)와 인도의 인디라 간디(Indira Gandhi)가 있긴 했지만, 최근까지도 이 국가들은 독단적이고 카리스마적인 남성 지도자들의 통치를 받아 왔다. 인류학자들이 연구한 사회 중 신부가 친정에서 시댁으로 옮겨가는 사회는 약 75퍼센트였던 반면, 반대 방향의 교환이 이루어지는 사회는 10퍼센트에 불과했다. 혈통이 오로지 부계로만 이어진다고 보는 사회가 모계로 이어진다는 사회보다 최소한 다섯 배는 많다. 전통적으로 남성은 족장, 샤먼, 법관, 전사의 지위를 갖는 것을 당연하게 여겨 왔다. 현대 기술 사회에서 그들에 해당하는 사람들은 산업 국가의 통치자가 되고 법인과 교회의 수장이 된다.[7]

이 차이는 그저 기록된 사실일 뿐이다. 그러나 그것이 미래에도 중요할 것인가? 그것은 쉽게 바뀔 수 있을까?

행동 측면의 성별 역할 분화에 미치는 유전과 환경의 상대적인 기여도를 가치 판단을 배제한 채 평가하려는 노력도 사회적으로 극히 중요하다는 것은 분명하다. 나는 그 증거들이 이렇게 말하고 있다고 믿는다. 즉 성별에 따른 적당한 유전적 차이가 존재하며, 행동 유전자들은 기존의 거의 모든 환경과 상호 작용해 심리 발달의 초기에 뚜렷한 분화를 낳고, 그 분화는 그 뒤의 심리 발달 과정에서 문화적 제재와 교육을 통해 거의 대부분 확대된다고 말이다. 사회가 세심한 계획과 훈련을 통해 그 적당한 유전적 차이를 완전히 제거하는 것도 불가능하지는 않겠지만, 의견 수렴이 이루어지려면 지금보다 더 완벽하고 정확한 지식에 바탕을 둔 결정이 필요하다.

행동에 유전적 차이가 있다는 증거는 다양하고도 상당히 많다. 일반적으로 소녀들은 내밀한 사귐을 선호하고 육체적 모험을 꺼리는 성향이 있다. 예를 들면 그들은 태어날 때부터 소년들보다 더 많이 웃는다. 앞에서 말한 대로 갓난아기의 웃음은 그 종류와 기능이 거의 변화하지 않는 가장 천성적인 인간 행동이므로, 이 형질은 특히 그런 차이를 밝혀 줄 수 있다. 몇몇 연구 결과는 갓 태어난 여자 아기가 남자 아기보다 눈을 감는 반사적인 웃음을 더 자주 짓는다는 것을 보여 준다. 이런 습관은 생후 2년째까지 지속되는 신중하고 의사 소통적인 웃음으로 곧 대체된다. 그런 다음 잦은 웃음은 여성의 가장 영속적인 형질의 하나가 되고, 이런 웃음은 청춘기와 성숙기 전반에 걸쳐 지속된다.

6개월이 되면 여아는 비사회적인 자극보다 의사 소통에 쓰이는 장면과 소리에 더 주의를 기울인다. 같은 나이의 남아는 그런 구별을 전혀 하지 못한다. 그 뒤의 개체 발생은 다음과 같이 진행된다. 생후 1년 된 여아는 찌푸린 얼굴에 더 크게 놀라고 움츠리는 반응을 보이며, 낯선 상황에 닥치면 엄마 곁에서 떨어지려 하지 않는다. 더 자란 소녀도 같은 나이의

소년보다 사교성은 뛰어나나, 육체적인 모험성은 떨어지는 상태로 남아 있다.[8]

　패트리샤 드레이퍼는 쿵 족 사회에서는 어린 소년과 소녀의 양육 방식에 전혀 차이가 없다는 것을 발견했다.[9] 그 사회에서는 모든 아이들을 세심하면서도 지나치지 않게 보살피며, 아이들에게 일을 시키는 경우도 거의 없다. 그러나 소년들은 소녀들보다 시야를 벗어나 소리쳐도 들리지 않을 만큼 멀리 돌아다닐 때가 많고, 제법 성장한 소녀들이 여성 채집인들 속에 참가하는 데 반해, 소년들은 남성 사냥꾼들 틈에 섞이는 경향이 더 강하다. 더 밀착 연구를 했던 N. G. 블러턴(N. G. Blurton)과 멜빈 코너는 소년들이 난폭한 놀이와 대면 공격을 더 자주 한다는 것도 발견했다.[10] 소년들은 소녀들에 비해 어른들과 어울리는 빈도가 적었다. 이런 미묘한 차이로부터 쿵 족 야생 생활 특유의 강한 성별 분업이 차츰차츰 도출되는 것이다.

　서구 문화에서도 소년들은 소녀들보다 모험심이 더 강하고 평균적으로 신체적인 공격성도 더 강하다. 엘레너 맥코비(Eleanor Maccoby)와 캐롤 재클린(Carol Jacklin)은 비평서인 『성 차이의 심리학(The Psychology of Sex Differences)』에서 이 남성 형질은 뿌리가 깊고 유전적인 것일 수도 있다고 결론지었다.[11] 생후 2년과 2년 6개월 사이, 사회성 놀이를 시작할 때부터 소년들의 말과 행동은 더 공격성을 띤다. 그들은 적대적인 환상들을 더 많이 품고, 모의 전투, 공공연한 위협, 신체 공격을 더 자주 하는데, 이것들은 먼저 다른 소년들에게 향하고 우월한 지위를 획득하려는 시도에 이용된다. 로널드 로너(Ronard P. Rohner)가 개괄한 다른 연구들은 많은 문화에서 이러한 차이들이 존재한다는 것을 알려 준다.[12]

모든 것을 환경 요인의 탓으로 설명하고 싶어 하는 회의주의자들은, 역할 놀이의 초기 분화에는 어떠한 생물학적 요소도 관여하지 않으며, 그것은 아주 어린 시절의 편향된 학습 행위에 대한 반응에 불과하다고 주장할지도 모른다. 만일 그렇다면 최소한 그 학습의 일부는 무의식적으로 적용되는 매우 미묘한 것이어야 하며, 전 세계의 부모들이 실천하는 것이어야만 한다. 철저한 환경 결정론 가설은 양성 인간, 즉 유전적으로는 여성이지만 태아 발달의 초기 단계를 거치는 동안 정도의 차이는 있으되 남성의 해부학적 구조를 갖는 사람들에게서 찾아낸 최근의 생물학적 증거들을 통해 더욱 부정되고 있다. 이런 이상이 나타나는 원인은 두 가지이다.

첫 번째는 하나의 유전자에서 일어나는 변화가 원인인 희귀한 유전적 이상으로서, 여성 부신 생식기 증후군(female adrenogenital syndrome)이라고 알려져 있다. 남성이든 여성이든 그 변형된 유전자를 쌍으로 지니고 있는 사람, 즉 몸의 각 세포에 정상적인 유전자가 전혀 없는 사람은 부신 호르몬인 코르티솔(cortisol)을 만들어 낼 수 없다. 그 대신 부신은 남성 성호르몬과 유사한 작용을 하는 전구 물질을 분비한다. 그 사람이 유전적으로 남성이라면 그 호르몬의 증가는 성 발달에 그리 중요한 영향을 미치지 못한다. 그러나 태아가 여성이라면, 비정상적인 수준의 남성 호르몬은 여성의 외부 생식기를 남성의 것에 가깝게 변형시킨다. 그런 여성은 음핵이 작은 음경과 비슷한 크기까지 커지기도 하고, 대음순이 폐쇄되기도 한다. 극단적인 경우에는 완전한 음경과 텅 빈 음낭이 발달하기도 한다.

두 번째는 인공 호르몬 투여이다. 1950년대에는 유산을 억제하기 위해 정상적인 임신 호르몬인 황체 호르몬과 유사한 작용을 하는 인공 물질인 프로게스틴(progestin)을 여성들에게 투여하고는 했다. 그런데 이 프로게스틴이 여성 태아의 남성화 효과를 일으켜, 태아를 여성 부신 생식기 증후군과 같은 유형의 양성으로 전환시킨 사례가 나타났다.

정말 우연이긴 하지만, 그 호르몬으로 유도된 양성인들은 유전이 성차이에 어떤 영향을 미치는지 알아보기 위해 설계된, 적절히 통제된 과학 실험과 비슷하다. 이 실험은 완벽하지는 않지만 우리가 접하는 그 어떤 실험보다도 훌륭하다. 이 양성인들은 유전적으로 여성이며 내부 성기관도 완전한 여성이다. 미국에서 조사한 바에 따르면, 이들은 대부분 유아 때 외부 생식기를 완전한 여성 생식기로 전환하는 수술을 받았다. 그 후 그들은 소녀로 키워졌다. 즉 이 아이들은 태아 시기에 남성 호르몬과 그 유사 물질에 노출되었지만, 성숙할 때까지 보통 소녀로 '길들여졌던' 것이다. 이럴 때는 학습의 영향과 더 심원한 생물학적 변화의 영향을 분리하는 것이 가능하다. 생물학적 변화는 유전자 돌연변이에서 직접 유래하는 사례가 많다. 이들의 남자 같은 행동은 거의 전적으로 호르몬이 뇌 발달에 끼친 영향 탓이다.[13]

그 소녀들의 행동에 호르몬 및 해부학적 남성화와 연관된 변화가 일어났을까? 존 머니(John Money)와 안케 에르하르트(Anke Ehrhardt)는 그 소녀들의 행동에서 신체적 변화와 연관된 매우 뚜렷한 변화가 나타났다는 것을 밝혀냈다. 사회적 배경이 비슷한 다른 소녀들과 비교했을 때, 호르몬 이상이 있는 소녀들은 대부분 성장기에 더 말괄량이였다. 그들은 운동 기술에 더 큰 흥미를 보였고, 소년들과 놀기 좋아했고, 드레스와 인형보다 바지와 장난감 총을 더 좋아했다. 부신 생식기 증후군을 보인 소녀들은 여성 배역을 맡으면 심하게 불평하고는 했다. 그러나 이들에 대해 어떤 평가를 내리기는 힘들다. 유전적 질환을 치료하기 위해 이들에게 코르티솔이 투여되었기 때문이다. 호르몬 치료만으로도 그 소녀들의 행동이 어느 정도 남성화되었을 가능성이 있다. 만일 그 효과가 나타난다면, 태아의 남성화만큼 심하지는 않다고 할지라도 그것도 역시 본질상 생물학적이다. 그리고 물론 그 효과는 프로게스틴으로 변형된 소녀들에게는 나타날 수 없었을 것이다.

그렇게 나올 때부터 이미 잔가지가 약간 굽어 있다면 우리는 이 사실을 어떻게 이해해야 할까? 그것은 성적 분업이 보편적으로 존재하는 것이 문화적 진화의 우연한 사건이라고 단정할 수 없음을 시사한다. 그러나 한편으로 그 분업의 정도가 사회마다 크게 다른 것이 문화적 진화 때문이라는 기존의 견해를 지지하기도 한다. 하나의 미미한 생물학적 요소를 설명하다 보면 미래 사회가 의식적으로 고를 수 있는 대안들의 윤곽이 그려진다.

여기서 인간 본성의 두 번째 딜레마가 저절로 도출된다. 각 사회는 현재 전 세계로 전파되고 있는 여성들의 권리 투쟁을 모두 인정하고 다음 세 가지 대안 중 하나를 선택해야만 한다.

• **행동의 성적 차이가 더욱 확대되도록 사회 구성원들을 개량한다.** 이것은 거의 모든 문화에 있는 양식이다. 이 대안은 대체로 남성이 여성을 지배하고 여성이 많은 전문 직종과 활동 분야에서 배제되는 결과를 낳는다. 그러나 그것이 필연은 아니다. 적어도 이론상으로는 강력한 성적 분업이 이루어지는 세심하게 설계된 사회가 성차별이 없는 사회보다 더 활력이 넘치고, 더 다양하고, 심지어 더 생산적일 수 있다. 그런 사회는 남성과 여성을 서로 다른 직종에 배치하면서도 인권을 보호할지 모른다. 그러나 어느 정도의 사회적 불평등은 필연적일 것이며, 그것은 파탄을 야기할 수준까지 쉽게 확대될 수도 있을 것이다.

- **행동의 모든 성적 차이가 제거되도록 사회 구성원들을 교육한다.** 인원 할당과 성 편향적 교육을 통해 집단으로서의 남성들과 여성들이 모든 전문직과 문화 활동, 심지어 — 부당하게 여겨질 만큼 극단적 입장을 취한다면 — 운동 경기까지도 평등하게 공유하는 사회를 창조하는 것이 가능할 것이다. 비록 성을 특징짓는 발달 과정 초기의 성향들이 무너져야 하겠지만, 생물학적 차이는 그 과업을 불가능하게 만들 정도로 크지 않다. 그러한 통제는 성을 토대로 한 집단적 편견(개인적 편견도 함께)의 싹조차 잘라 버릴 수 있는 커다란 장점을 지니고 있을 것이다. 그 결과로 훨씬 더 조화롭고 생산적인 사회가 조성될 수 있을 것이다. 하지만 요구되는 규제 수준이 일부 개인적 자유를 위태롭게 할 정도까지 높을 것이 확실하고, 적어도 소수의 개인들에게는 완전한 가능성의 실현이 허용되지 않을 것이다.

- **평등한 기회와 참여권만을 제공하고 더 이상 어떤 행동도 취하지 않는다.** 물론 선택의 여지가 전혀 없을 만큼 이 세 번째 대안은 모든 문화에 개방되어 있다. 언뜻 생각하기에는 자유방임주의가 개인의 자유와 발전에 가장 적합한 방침처럼 보일지 모르지만, 반드시 그런 것은 아니다. 남성과 여성을 똑같이 교육하고 모든 전문직에 평등하게 참여시킨다 해도, 상대적으로 남성들은 정치, 경제, 과학 분야를 이끌 가능성이 높다. 많은 남성들은 마찬가지로 중요한 분야인 아이 양육 과정에는 그다지 참여하지 못할 것이다. 그 결과는 개인의 완전한 정서적 발달을 억제하는 것으로 비쳐질지 모른다. 바로 그러한 분화와 억제가 이스라엘 키부츠에서 일어났다. 키부츠는 현대에 이루어진 가장 강력한 평등주의 실험의 하나이다.

키부츠 운동이 가장 열기를 띠었던 1940~1950년대부터 그 지도자들은 과거에 남성의 전유물이었던 역할 부문에 여성의 참여를 장려함으로써, 완전한 성적 평등 정책을 추진했다. 처음 몇 년 동안은 거의 순조롭게 진행되었다. 첫 세대 여성들은 이념적으로 헌신적이었고 그들의 상당수는 정치, 경영, 노동 부문으로 진출했다. 그러나 그들 자신, 그리고 태어날 때부터 새 문화에 길들여진 그 딸들은 서서히 전통적인 역할 쪽으로 후퇴해 갔다. 더구나 딸들은 어머니들보다 더 멀리 사라져 갔다. 지금 그들은 자식들과 함께할 시간을 더 많이 요구하고 받아들이는데, 의미심장하게도 그 시간은 '사랑의 시간'이란 이름이 붙어 있다. 경제 및 정치 분야에서 일부 가장 뛰어난 재능을 지닌 여성들은 지도자가 되지 않으려 했고, 그래서 이런 역할은 재능이 훨씬 떨어지기는 하지만 그 역할을 즐기는 같은 세대 남성들의 몫이 되었다.[14]

이런 역전이 단지 키부츠 바깥의 이스라엘 사회에 속한 사람들에게 지속되고 있는 강한 가부장적 전통의 영향을 나타낼 뿐이라는 주장도 있다.[15] 그 역할 분업이 현재 키부츠 외부보다 내부에서 더 크다고 해도 말이다. 이스라엘의 경험은 유전이나 이념에 근거를 둔 행동에 나타난 변화의 의미를 평가하고 결과를 예측하는 것이 얼마나 어려운지 보여준다.

성 역할과 관련된 이 난해한 모호함으로부터 한 가지 확실한 결론을 도출할 수 있다. 즉 생물학적 속박이 있다는 증거만으로는 행동의 이상적인 방향을 결정할 수 없다는 것이다. 그러나 그런 증거들은 대안들을 정의하고 각각의 가격을 산정하는 데 도움이 될 수 있다. 그 가격은 교육과 강화에 드는 추가 에너지 및 개인의 자유와 가능성의 마멸을 통해 산정된다. 그리고 현실적인 문제를 직시해 보자. 즉 모든 대안에는 희생이 따를 것이고 확고한 윤리 원칙들은 보편적인 승인을 얻기가 여간 어렵지 않을 것이므로, 대안의 선택은 쉽게 이루어질 수 없다.

그럴 때 우리는 한스 모르겐타우(Hans Morgenthau)의 현명한 충고를 받아들이는 편이 낫다. "정치적 지혜, 도덕적 용기, 도덕적 판단을 조합함으로써 인간은 자신의 정치적 본성을 도덕적 운명과 화해시킨다. 이 화해는 잠정적 타협, 거북함, 불확실함, 심지어 역설적인 것에 지나지 않겠지만, 그것에 실망하는 사람들은 인간 존재의 비극적 모순을 눈가림식 화합의 논리로 그럴듯하게 꾸미고 왜곡하는 것을 좋아하는 사람들 뿐이다."[16] 나는 그런 모순이 유전적 역사 속에서 살아남은 유산에 뿌리를 두고 있으며, 이 유산들 중 가장 불편하고 무의미하면서도 회피할 수 없는 것 하나가 성별 역할 차이를 낳는 온건한 성향이라고 주장한다.

* * *

생물학적 사회 이론이 무게를 달고 크기를 재야 할 또 다른 유산은 가족이다. 현재 미국에서는 장기간의 성적 결합, 지리적인 이동성, 여성의 가사에 바탕을 두고 있는 핵가족이 줄어들고 있다. 1967~1977년에 이혼율은 두 배로 증가했고, 여성을 가장으로 둔 가정은 3분의 1배 늘어났다. 1977년에 초등학생 세 명 가운데 한 명은 편부나 편모 또는 친척 슬하에 있었고, 취학 연령기의 아이가 있는 어머니의 반 이상이 직장에 다니고 있었다. 탁아소는 많은 맞벌이 부모를 대신해 왔고, 좀 더 자란 아이들은 수업이 끝난 후 부모가 퇴근하는 시간까지 감시의 손길에서 완전히 벗어나 있는, '현관문 열쇠를 목에 건' 대집단의 일원이 되었다.

미국의 출생률은 1957년 가족당 3.80명에서 1977년 2.04명으로 급격히 떨어졌다.[17] 가장 기술적으로 발달한 국가에서 일어나고 있는 이런 사회 변화는 여성 해방 그리고 노동 시장의 대규모 여성 유입과 연계

될 때, 장기적으로 심각한 결과들을 가져올 것이 틀림없다. 하지만 그것이 가족이 소멸의 운명을 타고난 문화적 인공물이라는 뜻이기도 한 것일까?

나는 그렇게 생각하지 않는다. 가까운 혈연관계에 있는 어른들과 그 아이들의 집합이라고 폭넓게 정의되는 가족은 인간의 보편적인 사회 조직으로 남아 있을 것이다. 인도의 나야 족과 이스라엘의 키부츠처럼 그 규칙을 깬 듯한 사회도 진정한 자치적인 사회 집단이 아니라 더 커다란 공동체 내에서 살아가는 특수한 하부 집단일 뿐이다. 핵가족을 취하든 확대 가족을 취하든, 역사적으로 가족은 수많은 사회에서 이루 헤아릴 수 없는 무수한 시련을 겪고도 다시 일어서고는 했다.

미국의 노예 가족들은 매매될 때 뿔뿔이 흩어지는 일이 다반사였다. 아프리카 부족의 관습은 무시되거나 파괴되었고, 혼인도 친자 관계도 법의 보호를 받지 못했다. 그러나 친족 집단은 세대를 내려오면서 살아남았고, 개인의 가계는 분류되었으며, 아이들에게는 가족의 성이 붙여졌고, 근친상간 금기는 충실하게 지켜졌다. 가족을 향한 아프리카 인들의 애착은 정서적으로 뿌리 깊이 남아 있었다. 수많은 구전과 기록이 그것을 보여 주고 있다. 1857년 농장 일꾼인 캐시 가족이 조지아 농장의 가까운 친척들과 이별하고 나서 보낸 편지가 그런 사례이다.

클레이사야, 너를 사랑하는 엄마 아빠가 사랑 한 아름을 너와 네 남편과 내 손자들 피비, 맥, 클로, 존, 주디, 수, 또 숙모인 아우피, 밀턴, 리틀 플라스카, 찰스 네가, 필리스, 그리고 그 아이들 캐시, 프라임, 라파트에게 보낸다. 캐시의 형 포터와 그 아내 패이션스에게도 사랑한다고 전해 주렴. 빅토리아가 사촌 백과 밀레이를 사랑한다는 말도 전하고.

역사가 허버트 굿먼(Herbert G. Gutman)에 따르면, 이런 수많은 친족 관계망들이 노예 주인 모르게 남부 전체에 뻗어 있었다고 한다.[18] 오늘날에도 그 관계망들은 가장 열악한 빈민가에서 거의 또는 전혀 희석되지 않은 채 존재한다. 캐롤 스택(Carol Stack)이 명저 『우리의 모든 친척들(*All Our Kin*)』에서 보여 주었다시피, 친척들에 관한 상세한 지식과 서로 충실하자는 절대적인 규약은 가난한 미국 흑인들의 생존 근거가 되어 있다.[19]

1960~1970년대에 주로 중산층 백인 주도로 설립된 미국의 몇몇 공동 생활체들은 아이들을 탁아소에서 기르면서 공동체를 평등주의 사회로 조직하려고 시도했다. 그러나 제롬 코언(Jerome Cohen)과 동료들이 발견한 것처럼, 전통적 핵가족은 끊임없이 자신의 존재를 드러내고는 했다.[20] 결국 공동체의 어머니들은 평범한 혼인을 한 가정의 어머니들보다 자신의 아이들을 돌보겠다는 욕구를 훨씬 더 강하게 표출하고야 말았다. 그들의 3분의 1은 공동 양육 체제에서 부모 양육 체제로 돌아섰다. 더 전통적인 공동체에서는 혼인하지 않고 동거하면서 아이를 늦게 갖는 쌍이 점점 늘어 가고 있다. 그럼에도 그들의 사회생활은 여전히 혼인이라는 고전적인 결합 양식과 비슷한 형태를 취하고 있으며, 결국 전통적인 방법으로 아이들을 기르게 된다.

가족을 이루고자 하는 인간 성향은 일부 비정상적인 환경에서도 자신의 존재를 드러낸다. 로즈 지앨롬바도(Rose Giallombardo)는 웨스트버지니아 주 앨더슨에 있는 연방 여성 교도소에서 재소자들이 남편과 아내라고 불리는 성행위를 하는 쌍을 중심으로, 가족과 유사한 단위 사회를 조직한다는 것을 발견했다.[21] 여기에 형제나 자매로 분류되는 여성들이 추가되며, 더 나이 든 재소자들은 어머니, 아버지, 숙모, 삼촌, 심지어 할머니의 대리 역할을 한다. 이 지위에 할당된 역할은 바깥의 남녀 세계에서 볼 수 있는 역할과 같다. 교도소의 의사 가족(pseudofamily)은 교도소에 있는 동안 자기 식구에게 안정, 보호, 조언뿐 아니라 음식과 약도 제공한다. 매우 흥미롭게도 남자 교도소 재소자들은 교도소 전체를 느슨한 위계질서와 계급이 있는 조직으로 만드는데, 그 안에서는 지배 관계와 서열이 최우선시된다. 이들 간에도 성관계가 매우 흔하지만, 여성 역할을 하는 수동적 상대는 대개 경멸 대상이 된다.

성적 결합은 인간의 사회 조직에서 압도적으로 중요한데, 그것의 가장 두드러진 특징은 성행위를 초월한다는 점이다. 즉 성행위라는 육체적 쾌락은 성의 궁극적 기능인 유전적 다양화에 봉사하며, 그 다양화가 생식 과정 자체보다 훨씬 더 중요하다. 쾌락은 또한 성적 결합에도 봉사하며, 결국 성적 결합은 다른 역할들을 수행하는데, 그중 일부는 번식과의 연관성이 극히 적다. 이런 다양한 기능과 복잡한 인과 사슬이 바로 성적 자각이 인간 존재에 그렇게 속속들이 배어 있는 심층적인 이유다.

성별에 따른 성격 차이와 일부다처제는 일반 진화론으로부터 직접 추론해 예측할 수 있다. 그러나 성적 결합과 가족의 숨겨진 기능은 그런 식으로 추론할 수 없다. 게다가 그때는 우리와 관계가 있는 종들의 역사도 고려해야 하고, 실제 진화 과정을 가상으로 추론할 필요도 있다. 겉보기에 몇몇 영장류, 특히 명주원숭이와 긴팔원숭이는 인간과 유사한 가족 집단을 이루고 있다. 어른 쌍은 평생 짝이 되어 아이들이 다 자랄 때까지 함께 돌본다. 동물학자들은 이 종들이 살아가는 특수한 삼림 환경이 안정된 성적 결합과 가족에게 다원주의적 이익을 제공한다고 믿는다. 그들은 인간의 가족도 특수한 환경 조건에 적응함으로써 유래했다고 추정한다. 하지만 이 널리 퍼진 가설은 극소수의 사실에 근거를 두고 있다.

우리는 최소한 200만~300만 년 전의 호모 하빌리스(*Homo habilis*)까지 거슬러 올라가면, 진정한 최초의 인류가 두 가지 면에서, 즉 조상들이 살았던 삼림 서식지에서 멀리 떠나 살았고 사냥을 했다는 점에서 다른 영장류와 달랐다는 것을 안다. 그들은 대다수의 채식성 원숭이와 유인원이 손대지 못했던 영양, 코끼리 같은 몸집 큰 포유류들까지 사냥할 수 있었다. 오늘날의 열두 살 아이 정도의 체격을 지닌 이 작고 연약한 인간들은 송곳니나 날카로운 발톱도 없었으며, 걸음도 주위의 네발 달린 동물보다 훨씬 느렸을 것이다. 그들은 도구와 정교한 협력 행동에 의존함으로써 새로운 생활 방식을 지속할 수 있었을 것이다.

새로운 협력 행동은 어떤 형태였을까? 그것이 남자, 여자, 청소년 등 모든 사회 구성원들의 동등한 노력을 요구했을 수도 있다. 그러나 어느 정도 분업에 기반을 두는 편이 더 나았을 것이다. 남자들이 야영지에 남아 있는 동안 여자들이 사냥을 했거나 그 반대였을 수도 있고, 아니면 성별에 관계 없이 체격이 어느 수준 이상인 사람들이 사냥꾼이 되었는지도 모른다.[22] 사회 생물학 이론이 아직 초창기에 있기 때문에, 상상할 수 있는 이런저런 가능성 가운데 어느 것이 가장 합당한지 예측하기 어렵다. 200만 년 전의 고고학 증거들도 사람들이 실제로 어떻게 행동했는지 충분히 밝혀 주지 못하고 있다. 대신 우리는 현재 남아 있는 수렵 채집 사회, 경제와 인구 구조가 원시 인류와 가장 가까운 사회로부터 얻은 자료에 의존해야 한다. 이 증거들은 시사하는 바가 많기는 하지만 결정적이지는 않다.

전 세계에서 연구된 그런 사회는 100개가 넘는데, 거의 대부분 사냥은 주로 남자들이 책임지고 있으며 여자들은 주로 채집을 담당한다. 남자들은 조직된 이동 집단을 구성해 더 큰 사냥감을 찾아 야영지에서 멀리 떨어진 곳으로 돌아다닌다. 여자들은 식물을 채집하고, 작은 동물을 잡는 데도 참여한다. 비록 남자들이 최고급 단백질을 집으로 가져온다고는 하지만, 보통 칼로리의 대부분을 공급하는 것은 여자들이다. 반드시 그런 것은 아니지만, 옷과 보금자리를 짓는 일도 대개 여자들의 몫이다.

전형적인 대형 영장류인 인간은 번식 속도가 느린 편이다. 어머니는 열 달 동안 태아를 배고, 그 뒤에도 하루에 몇 번씩 젖을 보채는 갓난아기와 어린아이에게 시달린다. 수렵 채집 사회의 여성은 육아 노동에 함께 참여하고 고기와 은신처를 제공해 주는 충직한 남자를 확보하는 편이 유리하다. 남성은 그 대가로 여성에 대한 배타적인 성적 권리를 획득하고 여성의 경제적 생산력을 독점함으로써 이득을 본다. 수렵 채집인들의 생활에서 얻은 증거들이 올바르게 해석된 것이라면, 이런 이익의 교환이 바로 남녀의 결합을 거의 보편화하고 아내와 남편을 중심으로 한 확대 가족을 널리 퍼뜨리는 결과를 낳았다. 남녀의 사랑과 가족생활의 정서적인 만족감은 이 타협이라는 유전적 담금질을 통해 어느 정도까지 프로그램되어 온, 뇌의 생리학적 메커니즘에 근거를 두고 있다고 추정하는 것이 합리적일 수 있다. 그리고 남성은 여성보다 더 자주 성행위를 할 수 있으므로, 남녀 한 쌍의 결합은 다수의 아내를 취하는 일부다처제라는 흔한 풍습에 의해 다소 희석되어 왔다.

* * *

성적 활동의 강도와 다양성 면에서 인간은 영장류 중에서도 독특하다. 다른 고등한 포유류 중 인간의 정열적인 성적 활동을 능가하는 것은 사자뿐이다. 인간의 외부 생식기는 유달리 크며 음모의 숲을 통해 더 돋보인다. 여성의 젖가슴은 젖샘을 담는 데 필요한 크기보다 더 부풀어 있고, 젖꼭지는 성적으로 민감하며 눈에 잘 띄는 색깔의 젖꽃판으로 둘러싸여 있다. 남녀의 귓불은 살지고 접촉에 민감하다.

특이하게 여성에게는 발정기가 없다. 반면에 다른 대부분의 영장류 종 암컷들은 오직 배란기에만 공격성을 띨 정도로 성적으로 활발해진다. 배란기가 되면 그들의 외음부는 팽창하고 색깔도 변한다. 대개 냄새도 달라진다. 암컷 붉은털원숭이는 수컷을 유인하고 흥분시키는 지방산을 다량 분비한다. 인간의 여성에게는 이런 것들이 전혀 없다. 여성의 배란기는 감추어져 있는데, 수태 시기를 신중하게 선택했을 때도 임신을 하거나 또는 피하는 것이 어려울 정도이다. 여성들은 월경 주기 내내 성적 자극을 받아들일 수 있고, 반응 능력도 거의 일정한 편이다. 그들은 다른 포유류들에게서 발정기라고 정의되는, 준비 상태가 최고조에 달하는 일이 전혀 없다. 진화 과정에서 그들은 발정기를 월경 주기 전체에 균등하게 분산시킴으로써 발정기를 제거했다.[23]

성적 감응이 거의 연속성을 띠게 된 이유는 무엇일까? 가장 합리적인 설명은 그 형질이 결속을 촉진시킨다는 것이다. 즉 그 생리적인 적응이 원시인 씨족 구성원들을 더 긴밀하게 결속시킴으로써 다원주의적 이익을 제공했다는 것이다. 유달리 빈번하게 이루어지는 남녀의 성행위는 남녀의 결합을 확고하게 하는 주된 장치 역할을 했다. 또한 그것은 남성끼리의 공격성을 약화시켰다. 비비 무리를 비롯한 인간 이외의 영장류 사회에서는 암컷이 발정기에 다다름에 따라 수컷 사이의 적대감이 고조된다. 발정기가 제거됨으로써 초기 인류에게서는 그런 경쟁 가능성이 줄어들었고 남성 사냥꾼끼리의 동맹도 보장되었다.

인간은 성적 쾌락의 음미자이다. 그들은 가능성 있는 상대방을 무심결에 훑어봄으로써, 환상과 시와 노래를 통해 그리고 전희와 성교로 이어지는 온갖 유쾌한 유희 분위기를 통해 탐닉에 빠져든다. 이것들은 번식과 거의 관련이 없다. 그것들은 모두 결속과 관련이 있다. 성의 유일한 생물학적 기능이 수정이라고 한다면, 접촉과 삽입 후 몇 초 내에 수정이 이루어지는 편이 훨씬 더 경제적이다. 실제로 사회성이 가장 낮은 포유류들의 짝짓기는 거의 의례적이다. 장기적인 결합을 진화시킨 종들은 대체로 정교한 구애 의식을 치르는 종이기도 하다. 인간의 성적 쾌락이 결합을 촉진하는 중요한 강화제라는 것은 이러한 경향성과 일치한다. 사랑과 성은 진정 함께 나아가는 것이다.

유대교 및 기독교 이론가들은 성의 생물학적 중요성을 오해해 왔다. 오늘날까지도 로마 가톨릭교회는 성적 행동의 주된 기능이 남편이 아내를 수태시키는 것이라고 주장한다. 1968년의 회람문 「인간 약력(*Humanae Vitae*)」 — 1976년 교리성의 칙령으로 재확인되었다. — 에서 교황 바오로 6세는 배란기의 금욕을 제외한 어떤 종류의 피임법도 사용하지 못하도록 금지했다. 또 혼인의 틀 바깥에서 이루어지는 모든 '생식기 활동'은 범죄이다. 자위 행위는 성욕 발달의 정상적인 일부가 아니라 '본질적으로 몹시 난잡한 행동'이다.

교회는 신이 인간 본성에 변치 말라는 명령을 내렸다는 생각에 바탕을 둔 자연법 이론에서 권위를 취한다. 이 이론은 틀렸다. 자연법이 제시하는 법칙들은 생물학에 무지한 신학자들의 글을 통해 잘못 해석되어 왔다. 그것들은 종교나 세속적 권위의 어떠한 강제력도 필요하지 않은, 자연 선택으로 씌어진 생물학적인 것이다. 인류의 유전적 역사로부터 추측할 수 있는 것들은 모두 성적 활동이 일차적으로는 결합 장치로 간주되어야 하고 단지 부차적으로만 생식 수단으로 여겨져야 한다는, 더 자유로운 성 도덕을 주장하고 있다.

미숙한 생물학적 가설이 신성화함으로써 가장 극심한 고통을 겪는 사람들은 동성애자들이다. 교회는 동성애를 금한다. 그것은 '본질적으로 난잡한 것'이다. 다른 문화들도 여기에 동의해 왔다. 작센하우젠, 부켄발트 같은 나치 죽음의 수용소에서 동성애자들은 유대인(노란색 별) 및 정치범(붉은색 삼각형)과 구별될 수 있도록 분홍색 삼각형 표식을 달았다. 나중에 노동력이 귀해지자, 외과의들은 동성애자들을 거세한 다음 사회로 복귀시키려 시도했다. 중국을 비롯해 혁명을 거친 일부 사회주의 국가들은 성적 이상 행동에 내재된 더 심층적인 정치적 함의를 두려워해, 동성애를 공식적으로 억압하고 있다. 미국 몇몇 지역에서는 아직도 동성애자들에게 시민적 자유 중 일부를 인정해 주지 않고 있으며, 대다수의 정신과 의사들은 동성애를 일종의 질병으로 보고 치료를 계속하고 있고, 그것의 치료가 어렵다면서 전문가로서 낙담한다.[24]

동성애자들을 비난해 온 서구 문화의 도덕적 파수병들을 이해할 수는 있다. 유대-기독교 윤리는 반복되는 영토 정복을 통해 강화된, 급속하고 순조로운 인구 증가를 밑거름 삼아 성공한 공격적인 유목 민족의 예언자들이 쓴 구약성경에 토대를 두고 있다. 「레위기」의 규칙들은 이 특수한 생활에 맞추어진 것이다. 거기에는 이런 말이 있다. "너는 여자와 하듯이 남자와 잠자지 마라. 그것은 혐오스러운 짓이다." 이 성경 논리는 인구 증가가 최우선 사항일 때의 단순한 자연법 관점과 일치한다. 그런 환경에서 성행위의 가장 중요한 목적은 아이의 출산일 것이다. 대부분의 미국인들은 지금 그들의 인구학적 목표가 초기 유대인들의 그것과 전혀 다름에도 불구하고, 여전히 그 고대 규정을 따르고 있다. 그 논거에 따르자면, 동성애자들은 근본적으로 이상 성격자이어야만 한다. 그들의 행위는 아이를 출산하지 못하기 때문이다.

이 정의에 따르면 상당히 많은 죄인들이 늘 존재할 수밖에 없다. 한 세대 전 앨프리드 킨제이(Alfred Kinsey)는 미국 여성의 2퍼센트 및 남성의 4퍼센트 정도는 완전한 동성애자이고, 남성의 13퍼센트는 최소한 일생 동안 3년은 동성애에 빠진다는 것을 발견했다. 오늘날 완전한 동성애자의 수는 어림잡아 500만 명 정도인데, 그들 스스로는 드러나지 않은 동성애자까지 포함하면 2000만 명으로 늘어날 것이라고 믿고 있다. 당연히 그들은 미국의 하부 문화를 형성하고 있으며, 단어와 어법 면에서 수백 개의 은어를 쓰고 있다. 다른 대다수의 문화에서도 다양한 형태의 동성애를 흔히 볼 수 있으며, 일부 고등 문명은 동성애를 허용하거나 승인해 왔다. 고대 아테네, 페르시아, 이슬람 사회, 공화국 말기 및 제국 초기의 로마 등이 그 예이며, 도시로는 중동의 헬레니즘 문화권, 터키 제국, 봉건 및 근대 일본 등이 그렇다.

나는 동성애가 생물학적 의미에서 정상일 뿐 아니라, 초기 인류 사회 조직의 중요한 요소로서 진화해 온 독특한 자선 행위일 가능성이 높다고 주장하고 싶다. 동성애자들은 인류의 진귀한 이타적 충동 중 일부를 운반하는 유전적 담체일지 모른다.

사회 생물학 이론이라는 새로운 조명을 받고 있는 몇몇 사실들은 이 급진적인 가설을 지지하고 있다. 동성애 행동은 곤충에서 포유류에 이르기까지 다른 동물들에게도 나타나는 보편적인 현상이지만, 그것이 이성애의 대안으로 완전히 발현되는 것은 붉은털원숭이, 비비, 침팬지 등 가장 지적인 영장류에서이다. 이 동물들에게 동성애 행동은 뇌 속에 잠재된 진정한 양성성의 표출이다. 수컷은 완전한 암컷의 자태를 하고 다른 수컷들의 짝이 되며, 암컷도 이따금 다른 암컷과 짝을 맺는다.[25]

인간은 한 가지 중요한 측면에서 그들과 다르다. 인간의 뇌에는 양성성의 가능성이 있고 그것은 때때로 성적인 선호 양상을 전환할 수 있는 사람들을 통해 완전히 발현된다. 그러나 완전한 이성애와 마찬가지로 완전한 동성애에서도, 그런 선택과 동물적인 패턴의 대칭성은 둘 다 사라진다. 동성애의 선호는 진정한 것이다. 즉 가장 완전한 동성애 남성들은 남성 짝을 선호하고, 여성들은 여성 짝을 선호한다. 대체로 일부 남성들이 보여 주는 여성적인 행동은 성적 상대의 선택과 무관하다. 원시 사회가 아닌 현대 사회에서 이성의 복장을 선호하는 성도착자 가운데 동성애자는 극히 드물며, 대다수의 동성애 남성은 복장과 행동 면에서 이성애 남성과 그리 다르지 않다. 동성애 여성도 마찬가지이다.

이런 특이한 동성애 성향은 인간 동성애의 생물학적 중요성을 간파할 수 있는 열쇠일지 모른다. 무엇보다도 동성애는 결합의 한 유형이다. 그것은 이성애 행동이 관계를 확고하게 하는 중요한 장치라는 점과도 상당히 일치한다. 동성애 성향이 유전적 근거를 가질 수도 있고, 그런 유전자를 지닌 사람들에게 제공되는 이익 때문에 그 유전자들이 초기 수렵 채집 사회에 퍼졌을지도 모른다. 이것은 우리를 난점의 핵심, 즉 대부분의 사람들이 어떤 '자연적인' 방식으로 동성애 성향을 지니고 있다는 문제로 인도한다.

동성애자들에게 아이가 없는데, 동성애 성향을 유도하는 유전자들이 어떻게 집단 전체에 퍼질 수 있다는 말인가? 한 가지 대답은 그들이 존재함으로써 그들의 가까운 친족들이 더 많은 아이들을 가질 수 있었다는 것이다. 원시 사회의 동성애자들은 사냥과 채집을 하거나 또는 주거지에서 더 가정적인 역할을 함으로써 같은 성별을 지닌 사회 구성원들을 도왔을 수도 있다. 그들은 부모의 의무라는 특수한 의무에서 해방됨으로써, 특히 가까운 친족들에게 큰 힘이 되는 위치에 서게 되었을 것이다. 나아가 그들은 선지자, 샤먼, 예술가, 부족의 지식 보유자 역할을 맡았을지도 모른다. 자매, 형제, 질녀, 조카 등 친척들의 생존율과 번식률이 더 높아지는 이익을 얻었다면, 이렇게 동성애로 특화된 사람들이 공유하는 유전자들은 대체 관계에 있는 유전자들을 희생시키면서 증가했을 것이다. 이 유전자들 중에는 당연히 개인에게 동성애 성향을 갖게 하는 유전자도 포함되어 있었을 것이다.

따라서 집단 내에는 동성애 성향을 드러낼 가능성이 있는 소수의 사람들이 늘 존재한다. 그러므로 동성애자가 아이를 갖지 못한다고 해도, 방계를 통해 동성애 유전자들이 증식할 가능성이 있다. 이 개념을 동성애 기원의 '혈연 선택 가설(kin-selection hypothesis)'이라고 부른다.

동성애 성향이 어느 정도 유전된다는 것을 보여 준다면 혈연 선택 가설은 충분히 입증될 수 있을 것이다. 그리고 그런 유전이 존재한다는 몇 가지 증거가 있다. 하나의 수정란에서 유래한, 따라서 유전적으로 동일한 일란성 쌍둥이는 별개의 수정란에서 유래한 이란성 쌍둥이에 비해 이성애나 동성애 성향을 나타내는 것까지도 더 닮는다. L. L. 헤스톤(L. L. Heston)과 제임스 쉴즈(James Shields)가 분석 검토한 자료들은 대부분의 쌍둥이 연구가 그렇듯이 결정적이지 못하다는 통상적인 결함을 안고 있기는 하지만, 연구가 더 필요하다는 것을 정당화하기에는 충분할 만큼 시사성이 크다.

헤스톤과 쉴즈에 따르면 일부 일란성 쌍둥이들은 "똑같이 동성애를 할 뿐만 아니라 각 동성애 쌍끼리도 서로 놀랄 만큼 유사한 성적 행동 양식을 보였다. 게다가 그들은 자신의 쌍둥이가 동성애를 하는지도 모른 채, 지리적으로 멀리 떨어져 있으면서도 그랬다."[26] 유전적 영향을 받는다는 것이 더 분명히 밝혀져 있는 다른 많은 인간 형질들과 마찬가지로, 동성애를 향한 유전적 성향이 절대적인 것일 필요는 없다. 그것의 발현은 가정 환경과 유년기의 초기 성 경험에 따라 달라진다. 개인이 물려받는 것은 발달이 허용된 조건하에서 동성애를 습득할 좀 더 큰 가능성이다.

혈연 선택 가설이 옳다면 동성애 행동은 수렵 채집 사회와 단순 농경 사회, 즉 오늘날의 사회 중 인간의 사회적 행동이 유전적으로 진화하기 시작했던 선사 시대와 가장 유사한 사회의 역할 분화 및 친족 선호와 연결될 수 있을 것이다. 그 연결도 있는 듯하다. 인류학자들이 연구를 충분히 마칠 때까지 오래 존속했던 일부 원시 문화에서, 남성 동성애자들은 여성의 옷차림과 태도를 취하고 심지어 다른 남자와 결혼하기도 하는 베르다치(berdache)가 되고는 했다. 그들은 주술사, 즉 중요한 결정에 영향을 미칠 수 있는 강력한 존재가 되거나, 여성의 일을 하고, 불을 피우고, 화해시키고, 족장의 조언자가 되는 등 각기 다른 방식으로 전문화했다.[27] 베르다치에 상응하는 여성들도 있었지만, 기록 미비로 알 수 없다.

서구 산업 사회에서 동성애 남성들이 이성애 남성들보다 지능 검사에서 더 높은 점수를 받고 매우 높은 지위까지 승진한다는 것도 사실이다. 그들은 화이트칼라 전문직을 선택하는 비율이 높고, 처음의 사회 경제적 지위에 상관없이 타인과 직접 거래를 하는 분야에 진출하고는 한다. 평균적으로 그들은 선택한 전문 분야에서 남보다 더 성공한다. 그들의 성적 선호가 허용되지 않아 발생하는 어려움을 별도로 한다면, 동성애자들은 일반적으로 사회관계에 잘 적응한다고 여겨진다.

이 모든 정보들은 단지 단서들을 모아놓은 것에 불과하다. 즉 과학 통념상 결정적이지 못하다. 결정적이 되려면 신중한 연구 자료들이 상당히 축적되어야 한다. 하지만 이 단서들은 동성애 행동에 대한 전통적인 유대-기독교 관점이 불충분한 것이고 분명히 틀렸다는 것을 확정짓기에는 충분하다. 종교적으로 승인된 이런 가설은 수세기 동안 은폐되어 온 가정들을 포함하고 있다. 이제는 그것들을 객관적 기준을 통해 드러내고 검증할 수 있다. 나는 혈연 선택 가설 쪽이 현재의 증거에 더 부합된다고 말하는 것이 전적으로 옳다고 믿는다.

동성애에 생물학과 윤리학을 병립시키려면 감수성과 주의력이 필요하다. 그들의 역사적 및 현대적 역할이 자선적인 것임이 증명된다고 해도, 동성애자들을 별개의 유전적 계급으로 보는 것은 부당하다. 과거의 유전적 적응을 현재의 허용을 위한 필수 기준으로 삼는다는 것은 더욱

더 비논리적이며 불행하기까지 할 것이다. 하지만 동성애가 생물학적으로 자연스러운 것이 아니라는 가능성 없는 가정의 지지를 받고 있는 종교 교리를 근거로 삼아, 동성애자들을 계속 차별한다는 것은 비극이다.

이 장의 핵심 논리는 새롭게 발전한 진화론의 도움을 받으면 인간의 성을 훨씬 더 정확하게 정의할 수 있다는 것이다. 이런 방식의 추론을 제외시킨다는 것은 중요한 역사적 시점, 우리 행동의 궁극적인 의미, 우리 앞에 놓인 대안들의 중요성 등을 바라보지 못하도록 우리를 장님으로 내버려 두는 것이다.

교육과 법 제도들을 통해 각 사회는 성차별, 성적 행동의 기준, 가족의 강화 등과 관련된 일련의 선택을 해야만 한다. 정치와 기술이 더 복잡해지고 상호 의존하게 됨에 따라, 대안들도 더 정밀해지고 정교해져야 한다. 직관적이든 과학의 도움이든 간에, 진화의 역사는 그 판단 결과에 관여할 것이다. 왜냐하면 인간 본성은 완고하며 대가를 치르지 않고서는 변화를 강요할 수 없기 때문이다.

성별 간 법률상의 기회 평등이 전문직 취업의 통계적 평등으로 전환되거나 아니면 계획적인 성차별로 회귀할 때, 어떤 대가를 치러야 할지 아직 아무도 모른다. 또 핵가족이 수월하게 제 기능을 발휘하도록 사회가 자신을 재조직하거나 키부츠 공동체를 위해 가족 제도를 폐지한다면, 또다시 알지 못하는 대가를 치러야 할 것이다. 그리고 특정한 이성애 행동에 순응하기를 강요하는 사회도 또 다른 대가 — 우리 사회의 일부 구성원들이 이미 개인적인 고통으로 지불하고 있는 대가 — 을 지불하고 있는 것이다.

우리는 문화를 합리적으로 설계할 수 있다고 믿는다. 우리는 가르치고 보상하고 강요할 수 있다. 그러나 그렇게 하려면 우리는 교육과 강화에 드는 시간과 에너지뿐 아니라, 우리의 천성을 극복하기 위해 지불해

야만 하는, 인간의 행복이라는 무형의 통화로 측정되는 각 문화의 가치
까지도 염두에 두어야만 한다.

7장

이타주의

　"순교자들의 피는 교회의 씨앗이다." 3세기의 신학자 테르툴리안(Tertullian)은 이 냉혹한 격언을 통해 희생의 목적이 한 인간 집단을 다른 집단 위에 놓는 것임을 암시함으로써, 인간의 이타주의가 지닌 근본적인 결함을 인정했다. 보답을 원하지 않는 관용은 가장 귀하고 소중하며, 정의하기가 미묘하고도 어렵고, 고도의 선택 양상을 보이며, 관습과 환경에 에워싸여 있고, 큼직한 메달과 감동적인 연설로 예우되는 인간 행동이다.

　우리는 그런 행동에 보답하기 위해 진정한 이타주의를 신성시해 비현실적인 것으로 만들며, 그렇게 함으로써 그 행동이 남들에게서도 재현될 수 있도록 장려한다. 즉 인간의 이타주의도 근거를 따져 보면 포유류적인 양가감정(兩價感情, ambivalence)에 물들어 있다.

우리는 극단적인 형태의 자기희생에 매료된다. 하지만 포유류의 자기 희생에는 그런 감정을 느끼겠지만 개미의 자기희생에는 그렇지 않을 것이다. 의회의 명예 훈장들은 대부분 제1, 2차 세계 대전, 한국 전쟁, 베트남 전쟁에서 동료를 구하기 위해 수류탄 위로 몸을 던진 사람, 격전지에서 자신의 목숨을 희생해 남을 구한 사람, 죽음이라는 똑같은 운명을 향해 비범한 결정을 내린 사람들에게 수여되었다. 그러한 이타주의적 자살은 용기의 궁극적 행위이자 국가 최고의 영예를 받을 가치가 있는 감동적 행위이다. 그러나 거기에는 커다란 수수께끼가 남아 있다. 절망의 순간에 이 사람들의 마음속에 있는 그 무엇이 그것을 가능하게 했을까? 제임스 존스(James Jones)는 『제2차 세계 대전(WWII)』에서 이렇게 썼다.

그런 상황에서는 언제나 개인의 자존심과 긍지가 중요한 요소가 되며, 전투의 순수한 흥분 상태는 그것이 없었다면 망설였을지 모를 상황에서 종종 사람을 기꺼이 죽음으로 이끌 수 있다. 그러나 절대적이고 궁극적인 목적을 생각하면, 너의 궁극적인 소멸이 저기 단지 몇 걸음 떨어진 곳에서 너를 돌아보고 있는 순간에 너에게 마지막 몇 걸음을 계속 걷도록 하는, 일종의 이차적인 국가적 사회적 심지어 인종적인 ― 열렬한 기쁨, 거의 성적 쾌락의 쇄도와 같은 종류의 ― 매저키즘이 있을지 모른다. 더 이상 그 어느 것도 개의치 않는 궁극적인 쾌락이.[1]

전쟁터의 직접적 영향으로 기술되고는 했던 이성과 열정의 그 자멸적 혼합물은 헤아릴 수 없이 많은 용기와 관용의 작은 충동들을 넘어선 곳에 놓여 있는 사회를 결속시키는 극단적인 현상일 뿐이다. 사람들은 그런 문제를 제쳐놓은 채, 이타주의의 순수한 요소들을 단순히 인간 본성의 좋은 측면으로 받아들이고 싶어 한다. 아마 그 문제를 가장 잘 해석하면, 자각하는 이타주의는 인간과 동물을 변별하는 초월적인 특징이 될 것이다. 그러나 과학자들은 어떤 현상에 한계가 있다고 선언하는 데 익숙하지 않다. 사회 생물학이 이 시점에서 새롭게 공헌하겠다는 비상한 각오로 이타주의를 심층 분석해 얻고자 하는 것도 바로 그런 것이다.

나는 독수리나 사자 같은 어떠한 고등 동물이 우리 사회의 고귀한 기준에 따라 의회의 명예 훈장을 받을 자격이 있다고는 생각하지 않는다. 그러나 그보다 중요성이 떨어지는 이타주의는 흔히 나타나며, 그 유형도 인간의 용어로 쉽게 이해할 수 있다. 그것은 단지 자손을 위해서만 실행되는 것이 아니라 그 종의 다른 구성원들을 위해서도 실행된다.[2] 예를 들어 울새, 개똥지빠귀, 박새 같은 작은 새들은 매가 접근하면 다른 새에게 경고를 보낸다. 그들은 낮게 웅크린 채 특유의 가늘고 새된 소리를 낸다. 비록 그 경고 소리가 음원이 어디에 있는지 찾기 어렵게 만드는 음향학적 특성을 갖고 있기는 하지만, 적어도 모두에게 신호를 보내는 그 행동이 이기적인 것은 아닌 듯하다. 새는 소리를 내 자신을 드러내기보다는 침묵하는 편이 더 현명할 것이다.

인간을 제외하면, 모든 포유류 중 침팬지가 가장 이타적일지 모른다. 그들은 공동 사냥 뒤에 고기를 공유할 뿐 아니라 양자를 들이기도 한다. 제인 구달은 탄자니아의 곰베 강 국립 공원에서 침팬지 어른 형제자매들이 고아가 된 아기를 떠맡은 사례를 세 번이나 관찰할 수 있었다. 앞으로 논의할 이론상의 이유에 비춰 볼 때, 그 이타적 행동이 아이를 가진 경험이 있는 암컷, 즉 고아에게 젖을 줄 수 있고 사회적으로 더 충분히 보호해 줄 수 있는 암컷이 아니라, 가장 가까운 친척에게서 펼쳐졌다는 것은 상당히 흥미로운 일이다.

그러한 사례가 척추동물한테 꽤 풍부하게 나타남에도 불구하고, 인간에게 비견될 만한 이타적 자살은 오직 하등 동물, 특히 사회성 곤충한 테서만 만나 볼 수 있다. 개미, 꿀벌, 말벌 군체의 구성원들은 집을 방어하기 위해 침입자에게 미친 듯이 돌격할 준비가 되어 있다. 사람들이 꿀벌통과 말벌 집 근처에서 조심스럽게 움직이는 이유가 여기 있다. 그러나 꼬마꽃벌(sweat bee)이나 나나니벌(mud dauber)처럼 홀로 사는 종의 집 근처에서는 긴장을 풀 여유가 생긴다.

열대에 사는 침이 없는 사회성 벌들은 탐험가들의 머리카락 속으로 파고들어 턱으로 머리카락을 꽉 물기 때문에, 머리를 빗으면 벌의 머리와 몸통이 분리되어 나올 정도이다. 이렇게 자기희생적 공격을 할 때, 타는 듯한 느낌을 주는 물질을 피부에 분비하는 종도 있다. 브라질에서는 그들을 카가포고스(cagafogos, 불을 뿜는 자)라고 부른다. 위대한 곤충학자 윌리엄 모턴 휠러(William Morton Wheeler)는 자신의 얼굴 피부를 누더기처럼 벗겨 내던, 그 "끔찍한 벌"과의 만남을 자기 평생 최악의 경험이라고 기술했다.

꿀벌의 일벌은 낚시바늘처럼 미늘이 거꾸로 나 있는 침을 갖고 있다. 벌이 벌집에서 침입자를 공격할 때면 침은 피부에 박힌다. 그리고 벌이 떨어질 때, 침은 박힌 채로 남아 독액샘을 비롯해 침과 연결되어 있는 내장들을 끄집어낸다. 벌은 곧 죽지만 벌의 공격은 침을 원상태로 빼낼 때보다 더 효과적이다. 독액샘이 상처에 독액을 계속 흘려 넣기 때문이다. 그와 동시에 침의 뿌리에서 발산되는 바나나 향은 다른 벌들이 같은 지점에 자살 특공대식 공격을 하도록 자극한다. 전체 군체의 관점에서 보면 한 개체의 자살은 손실보다 얻는 것이 더 많다. 일벌 군대의 수는 2만~8만 정도이며, 그들은 모두 여왕벌이 낳은 알에서 태어난 자매들이다. 각 벌의 자연적 수명은 약 50일에 불과하며, 그 기간이 지나면 노화로 죽는다. 따라서 목숨을 내놓는 것은 사소한 일에 불과하며, 유전자는 전혀 소모되지 않는다.

사회성 곤충 중 내가 가장 좋아하는 예는 글로비테르메스 술푸레우스(*Globitermes sulfureus*)라는 낭랑하게 울리는 학명이 붙어 있는 아프리카 흰개미이다. 이 종의 군대 계급 개미들은 말 그대로 걸어다니는 폭탄이다. 이 개미의 몸에는 한 쌍의 거대한 분비샘이 머리에서 나와 등을 타고 내려와 몸 전체에 퍼져 있다. 그들은 개미나 다른 적을 공격할 때, 입에서 노란 분비액을 뿜어낸다. 분비액은 공기 중에서 응고되면서, 자신과 적 모두를 옭아매 죽음에 이르게 한다. 액체는 복부 근육이 수축하면서 분출된다. 그 수축이 너무 강하기 때문에 가끔 복부와 분비샘이 폭발해 액체가 사방으로 뿜어져 나오기도 한다.

* * *

극단적인 희생 능력을 공유한다고 해서 인간의 정신과 곤충의 (만약 존재한다면) '정신'이 비슷하게 작용한다는 뜻은 아니다. 그러나 그것은 그 충동을 신성하거나 초월적인 것으로 규정할 필요가 없음을 의미하며, 우리가 더 전통적인 생물학적 설명을 탐구하는 것을 정당화해 준다. 그러한 설명은 더 근본적인 문제와 직결된다. 즉 죽은 영웅에게는 자식이 없다는 것이다. 자기희생이 더 적은 자손을 낳는 결과를 빚는다면, 영웅이 창조될 수 있도록 허용한 유전자들은 점차 집단에서 사라질 것이라고 예측할 수 있다. 다윈의 자연 선택을 편협하게 해석하면 그렇게 예측할 것이다. 왜냐하면 이기적인 유전자의 지배를 받는 사람이 이타적 유전자를 지닌 사람보다 더 많아질 것이 분명하며, 또 이기적 유전자는 매 세대가 지날수록 증가해 우점하는 수준까지 되고, 그 집단의 이타적 반응 능력은 계속 감소해야 할 것이기 때문이다.

그렇다면 이타주의는 어떻게 유지되는 것일까? 사회성 곤충이라면 의문의 여지가 없다. 혈연 선택은 자연 선택의 한 부분이다. 자기희생적 흰개미 병정은 부모인 여왕과 왕을 포함한 군체의 구성원들을 보호한다. 그 결과 병정개미보다 번식력이 더 뛰어난 자매가 번성하게 되고, 그들을 통해 질녀와 조카가 더욱더 늘어남으로써 이타적 유전자는 증식한다.

그렇다면 인간한테서도 혈연 선택을 통한 이타주의 능력이 진화해 왔는가 하는 물음이 당연히 제기된다. 달리 말해, 비범한 개인들이 철저한 자기희생의 절정에 도달했을 때 우리가 받는 감동은 궁극적으로 수백 수천 세대 동안 친족들을 편애함으로써 얻게 된 유전자로부터 유래한 것인가? 인류 역사의 대부분의 기간을 차지했던 지배적인 사회 단위가 가족 및 가까운 친족들로 이루어진 친밀한 관계망이었다는 사실은 이런 설명을 지지한다. 그런 이례적인 응집력을 고도의 지능을 통해 가능해진 상세한 친족 분류 체계와 연결시키면, 왜 혈연 선택이 원숭이나 다른 포유류보다 인간한테 더 강력하게 나타났는지 설명할 수 있을지 모른다.

사회 과학자들을 비롯한 수많은 사람들이 똑같은 반감을 드러낼 것을 미리 참작해, 일단 이타적 행위의 종류와 수준이 상당한 정도까지 문화적으로 결정된다고 가정하도록 하자. 인간의 사회적 진화는 분명히 유전적이기보다는 문화적이다. 요점은 거의 모든 인간 사회에서 강력하게 표출되는 근원적인 감정들은 유전자를 통해 진화한다는 것이다. 따라서 사회 생물학 가설은 사회 사이의 차이를 설명하지 않는다. 그러나 그것은 왜 인간이 다른 포유류와 다른지, 그리고 시야를 좀 더 좁혀서 왜 인간이 사회성 곤충과 더 닮았는지를 설명할 수 있다.

인간 이타주의의 진화론은 이타주의의 유형들이 대부분 궁극적으로 이기적인 속성을 지니고 있다는 점 때문에 한층 더 복잡해진다. 지속성을 지니고 있는 유형의 인간 이타주의 중에서 철저하게 자기 파멸적인 것은 없다. 가장 고귀한 영웅적 삶은 큰 보상이 따를 것이라는 기대로 보상을 받으며, 그중에 불멸의 명성을 얻을 것이라는 기대가 큰 부분을 차지한다. 죽음을 달갑게 받아들이라고 말하는 시인들은 죽음을 뜻한 것이 아니라 승천이나 해탈을 말한 것이다. 즉 그들은 예이츠가 불멸의 기술이라고 부른 것으로 회귀한다. 존 버니언(John Bunyan)이 쓴 『천로역정(Pilgrim's Progress)』의 결미에서 우리는 "진리의 용사"에게 죽음이 엄습하는 것을 알게 된다.

> 그러자 그는 말했다. "저는 아버지에게 갈 것입니다. 여기까지 온갖 시련을 헤쳐 왔지만, 이 자리에 오기까지 겪어야 했던 그 어떤 고난도 후회하지 않습니다. 제 칼은 제 순례길을 계승할 자에게 줄 것이고, 제 용기와 기술은 그 칼을 받을 수 있는 자에게 주겠습니다. 제 상처와 흉터는 이제 제게 상을 내려 줄 그의 앞에 섰을 때, 제가 그를 위한 싸움을 해 왔다는 증거가 될 것이므로 제가 가져가겠습니다."[3]

그런 후 '진리의 용사'는 마지막 말 "죽음이여, 네 승리는 어디에 있는가?"라는 말을 내뱉고, 저편에서 그의 친구들이 그를 위해 부는 트럼펫 소리를 듣고 있는 동안에 영면한다.

자비심은 선택적이며 궁극적으로 볼 때 때로는 이기적이기도 하다. 힌두교는 자신과 가까운 친척들을 먼저 후하게 대접하는 것을 허용하는 반면, 관계없는 사람들, 특히 카스트에서 추방된 자에게는 자비를 베풀라고 권하지 않는다. 열반(Nibbanic) 불교의 핵심 목표는 이타주의를 통해 개인을 보존하는 것이다.[4] 신자들은 자비로운 행위를 함으로써 더 나은 개인적 삶을 위한 점수를 얻고 가치 있는 행위로 악을 상쇄한다. 불교 및 기독교 국가들은 보편적 자비 개념을 포용하면서도 한편으로는 침략 전쟁을 방편으로 삼아 왔고, 그 많은 전쟁들은 종교의 이름으로 정당화되어 왔다.

자비심은 유연성이 있고 정치 현실에 대한 적응 능력도 탁월하다. 말하자면 그것은 자기 자신, 가족, 동맹자들의 최대 이익을 따른다. 팔레스타인 난민들은 전 세계의 동정을 받아 왔고 아랍 국가들 사이에서는 분노의 수혜자가 되어 왔다. 그러나 후세인 국왕에게 살해당한 아랍 인들이나 요단 강 서안 지구에 이주한 사람들보다 훨씬 더 열악한 환경에 놓여 있고 인권을 유린당하고 있는 아랍 인들은 거의 언급되지 않는다.

1971년 방글라데시 인들이 독립 운동을 시작했을 때, 파키스탄 대통령은 펀자브 지방의 군대를 풀어 테러전을 전개했고, 결국 100만 명의 방글라데시 인이 희생되고 980만 명이 쫓겨나 난민이 되어야 했다. 이 전쟁에서 시리아와 요르단 인구를 합친 것보다 더 많은 이슬람교도들이 살해되고 고향에서 쫓겨났다. 그러나 보수적인 국가든 혁명적인 국가든, 방글라데시 인들의 독립 투쟁을 지원한 아랍 국가는 전혀 없었다. 대다수의 아랍 국가는 서부 파키스탄과 이슬람 연대를 선언한 벵골 사람들을 비난했다.

이런 이상한 선택성을 이해하고 인간 이타주의의 수수께끼를 풀려면, 우리는 협동을 두 가지 기본 유형으로 구분해야만 한다. 먼저 이타적 충동은 타인을 향한 비합리적이고 일방적인 것일 수 있다. 즉 베푸는 자는 똑같은 보답을 바란다는 욕망을 결코 표현하지 않으며, 그런 목적을 성취하기 위한 그 어떤 무의식적 활동도 하지 않는다. 나는 이런 형태의 행동을 '맹목적(hardcore)' 이타주의라고 불러 왔다. 이것은 사회적 보상이나 처벌에 비교적 영향을 받지 않는 유년기 이후의 반응 집합이라

할 수 있다. 그런 행동이 존재한다면 그것은 경쟁 단위인 가족이나 부족 전체에 작용하는 혈연 선택이나 자연 선택을 통해 진화해 왔을 가능성이 높다. 우리는 맹목적 이타주의는 그 이타주의자의 가장 가까운 친척들에게 기여하고 유연관계가 더 멀어질수록 기여 빈도와 강도는 급격히 줄어들 것이라고 예상할 수 있다.

반면 '목적적(softcore)' 이타주의는 궁극적으로 이기적이다. 이 '이타주의자'는 사회가 자기 자신이나 자신의 가장 가까운 친척들에게 보답해 주기를 기대한다. 그의 선행은 때로는 철저하게 의도적으로 계산된 것이고, 그의 전략은 고통스러울 정도로 뒤얽힌 사회의 제재 규범과 요구 사항에 따라 조율된다. 목적적 이타주의의 능력은 주로 개체 선택을 통해 진화해 왔을 것이고, 변덕이 심한 문화적 진화에 크게 영향을 받는다고 예상할 수 있다. 그것의 심리적 매개체는 거짓말, 겉치레, 사기 등이다. 여기에는 자기 기만도 포함되는데, 그 이유는 자신의 연기가 현실이라고 믿는 배우가 가장 설득력이 있기 때문이다.[5]

그렇다면 맹목적 대 목적적 이타주의의 상대적 비율이 어느 정도인가 하는 것이 사회 이론의 핵심 문제가 된다. 꿀벌과 흰개미에게서는 그 문제가 이미 해결된 상태이다. 즉 혈연 선택이 최고이며, 이타주의는 거의 전부 맹목적이다. 사회성 곤충 속에는 어떠한 위선자도 없다. 이 경향은 더 고등한 동물에서도 주류를 차지한다. 실제로 원숭이와 유인원은 약간의 보답을 한다. 수컷 올리브비비들은 서열 다툼을 벌일 때, 원조를 청하고는 한다. 요청을 받아들인 수컷은 적과 친구 사이에 서서 둘을 번갈아 쳐다보며 계속 적을 위협한다. 발정기에 있는 암컷을 차지하기 위해 경쟁할 때에도, 동맹을 맺은 비비들은 이런 식으로 혼자인 수컷을 물리칠 수 있다.[6] 그러나 그러한 타협이 분명히 유리한데도, 비비 같은 지능이 있는 동물의 세계에서 제휴는 극히 드문 현상이다.

반면 목적적 이타주의는 인간에게서 극단적으로 정교해져 왔다. 먼 친척 혹은 무관한 개인 사이에 이루어지는 보답은 인간 사회 구성의 열쇠이다. 사회 계약의 완성은 엄격한 혈연 선택이 부과했던 고대 척추동물의 속박들을 깨뜨렸다. 탄력적이고 무한히 생산적인 언어 및 어구 분류의 재능과 결합된 보답의 관습을 통해, 인간은 문화와 문명을 건설할 수 있을 만큼 오래 기억되는 계약을 맺는다.

그러나 문제는 아직 남아 있다. 과연 이 모든 계약의 상부 구조 밑에 맹목적 이타주의라는 토대가 존재할까? 이 질문은 이성이 열정의 노예라는 데이비드 흄의 놀라운 추측을 상기시킨다. 그래서 우리는 이렇게 묻기로 한다. 그 계약을 성립시킨 생물학적 목적은 무엇이며, 족벌주의는 얼마나 완고할까?

이 구분은 중요하다. 왜냐하면 혈연 선택에 바탕을 둔 순수한 맹목적 이타주의는 문명의 적이기 때문이다. 인간이 자신의 친척과 부족에게 호혜를 베풀도록 프로그램된 학습 규칙 및 정서적 발달 성향에 상당한 수준까지 인도된다면, 지구 전체의 조화는 극히 제한적으로만 가능할 것이다. 국제 협력은 상한선에 도달할 것이고, 그다음부터는 순수 이성에 바탕을 둔 각자의 위로 향한 쇄도를 상쇄시키는 전쟁과 경제 투쟁으로 혼란을 겪다가 해체될 것이다. 또 혈통과 영토 보전의 의무는 이성을 노예화하는 열정이 될 것이다. 우리는 생물학적 목적에 봉사하는 천성은 심지어 그것이 폭로되고 비이성의 진화석 뿌리가 완전히 설명된 뒤에도 존속할 것이라고 예상할 수 있다.

나는 인간 행동의 맹목적 대 목적적 이타주의의 상대적 비율을 낙관적으로 추정하고 있다. 인간은 한없이 더 큰 조화와 사회적 항상성을 이룰 수 있을 만큼 계산적이고 또 충분히 이기적인 듯하다. 이 말은 자기모순이 아니다. 포유류 생물학의 다른 속박들에 복종하기만 한다면, 참된 이기주의는 거의 완벽한 사회 계약을 이룰 열쇠가 된다.

나의 낙천주의는 부족 중심주의와 민족성의 본성을 밝혀낸 증거들에 토대를 두고 있다. 이타주의가 융통성 없이 일방적이라면 친족적 및 인종적 유대는 같은 수준으로 완고하게 유지될 것이다. 끊기가 어렵거나 불가능한 충성의 끈들은 문화적 진화가 중지될 때까지 점점 얽혀들 것이다. 그러한 상황에서는 확대 가족과 부족 등 중규모 사회 단위들의 보존이 최우선 사항이 될 것이다. 우리는 이타주의가 한편으로는 개인의 복지를, 다른 한편으로는 국가 이익을 현저히 저해하면서 작동한다는 것을 이해해야만 한다.

이 개념을 더 명확히 이해하기 위해, 잠시 진화의 기초 이론으로 돌아가기로 하자. 이기적 행동의 스펙트럼을 상상하자. 한쪽 끝에서는 개인만이 이익을 얻고, 핵가족, 확대 가족(사촌, 조부모, 기타 혈연 선택에서 중요한 역할을 할 사람들을 포함), 무리, 부족, 군장제 순으로 나아가다가, 다른 쪽 끝에서는 가장 고도의 사회 정치적 단위가 이익을 얻는다고 하자. 인간이 타고난 사회적 행동 성향이 가장 선호하는 것은 이 스펙트럼의 어느 단위일까? 해답을 얻기 위해 자연 선택을 다른 관점에서 바라보기로 하자. 이를테면 자연 선택을 가장 집중적으로 받기 쉬운 단위, 즉 환경의 요구에 응해 가장 빈번하게 재생산되고 소멸되는 단위는 그 개체들의 선천적인 행동을 통해 보호될 것이다.

상어에게서는 자연 선택이 개체 수준에서 집중적으로 일어난다. 즉 상어의 모든 행동은 자기 중심적이고, 절묘할 만큼 자기 자신과 직계 자손의 복지에 적합하다. 대집단을 이루면서 고도의 협동성을 보이는 고깔해파리는 자연 선택이 거의 전적으로 군체 수준에서 작용한다. 각 개체, 즉 젤라틴 덩어리로 압축되고 환원되는 해파리 하나하나는 중요하지 않다. 군체의 어떤 개체들은 위가 없고, 어떤 개체들은 신경계가 없다. 또 대부분 생식 능력이 없다. 거의 모든 개체들은 떨어져 나가거나 재생될 수 있다. 꿀벌, 흰개미, 기타 사회성 곤충들은 단지 이보다 약간 덜 군체 중심적일 뿐이다.

인간은 확실히 이 스펙트럼의 양끝 사이에 자리한다. 그런데 정확히 어디일까? 증거들은 인간이 스펙트럼의 개체 쪽 끝에 더 근접해 있음을 시사하는 듯하다. 우리가 상어나 이기적인 원숭이나 유인원의 자리에 있는 것은 아니지만, 이 한 가지 변수를 기준으로 삼으면 꿀벌보다는 그들과 더 가깝다. 부족과 국가에 헌신하는 이타적으로 보이는 행위를 포함해 개인의 행동은 종종 매우 우회적인 방식으로, 홀로 선 인간과 그 근친의 복지 향상이라는 다윈주의를 지향하고 있다. 겉으로 드러난 모습이 어떻든, 가장 정교한 형태의 사회 조직은 궁극적으로 개인의 복지를 위한 매개체 역할을 한다.

인간의 이타주의는 가장 가까운 친척에게 향할 때면 사실상 맹목적인 것처럼 보인다. 비록 사회성 곤충과 군체성 무척추동물에 비하면 아직 훨씬 덜하긴 하지만 말이다. 우리 이타주의의 나머지 부분들은 본질적으로 목적적이다. 그래서 개인의 마음은 양가감정, 기만, 죄 의식으로 뒤범벅이 되어 언제나 근심에 차 있게 된다.[7]

생물학자 로버트 트리버스 그리고 전문 용어를 남용하지 않는 사회 심리학자 도널드 캠벨(Donald T. Campbell)은 각기 독자적으로 이와 동일한 직관적인 결론을 내린 바 있다.[8] 캠벨은 인간의 이타주의와 윤리적 행동의 과학적 연구에 관한 관심을 부활시킨 사람이다. 또 사회학자 밀턴 고든(Milton M. Gordon)도 "자신이 속한 민족 집단의 명예나 복지를 옹호하는 사람은 그 자신을 옹호하는 사람이다."라고 그것을 일반화했다.[9]

모든 인종을 통틀어 가장 높은 수준의 자기중심주의는 다양한 억압 하에 있는 민족 집단의 행동 속에서 가장 뚜렷이 드러난다. 예를 들어 자메이카에서 영국이나 미국으로 이주한 세파르디 유대인들은 개인이 처한 환경에 따라, 그 사회의 유대인들과 연대해 철저한 유대인으로 남아 있거나, 혹은 곧바로 그들의 민족적 유대를 포기하고 이교도와 결혼하고 주류 문화에 융화되기도 한다. 산호세와 뉴욕 사이를 이리저리 옮겨 다니는 푸에르토리코 인들은 이보다 더 변덕스럽다. 푸에르토리코 흑인은 푸에르토리코에서는 흑인 소수 민족의 일원으로, 그리고 뉴욕에서는 푸에르토리코 소수 민족의 일원으로 행동한다. 뉴욕에서 차별 수정 조치를 취할 기회가 주어진다면 그는 자기네 흑인들에 역점을 둘 것이다. 그러나 백인들과 개인적 관계를 맺을 때라면, 그는 스페인 어와 라틴 문화를 언급함으로써 자신의 피부색을 경시하려 할 것이다. 그리고 세파르디 유대인들처럼 교육 수준이 더 높은 푸에르토리코 인의 상당수는 재빨리 민족적 유대를 끊고 본토 문화 속으로 잠입한다.

하버드 대학교의 올랜도 패터슨은 용광로 속의 그런 행동을 적절히 분석한다면, 인간 본성 자체에 관한 일반적인 통찰력을 이끌어 낼 수 있다는 것을 보여 주었다.[10] 중국계 카리브 인들의 역사는 마치 통제된 실험과 비슷하다. 그들의 경험을 상세히 조사한다면, 민족주의적 충성심에 영향을 미치는 핵심적인 문화 변수들을 일부 파악할 수 있을 것이다. 19세기 후반 자메이카에 도착한 중국인 이민자들은 소매점 체계를 확보하고 휘어잡을 기회를 얻었다. 일종의 경제적 진공 상태가 존재했던 것이다. 흑인 소작인들은 여전히 예전의 노예 농장을 중심으로 시골에 매여 있던 반면, 상류층을 이루고 있던 백인 유대인들과 이교도들은 소매업을 비천한 것으로 여기고 있었다. 혼혈 '유색인들'이 그 생태적 지위를 차지할 수도 있었지만, 그들은 자신들이 지향하는 사회 경제적 계층인 백인들을 모방하는 데 열심이었으므로 그런 일에는 관심이 없었다. 중국인들은 1퍼센트도 채 안 되는 소수 민족이었지만, 자메이카의 소매업을 차지해 자신들의 운명을 현격히 개선할 수 있었다. 그들은 상업을 직종으로 삼고 민족주의적 충성심과 제한된 결혼 풍습을 통해 신분을 통합함으로써 그것을 이루어 냈다. 민족의식과 세심한 문화적 배타성이 개인 복지에 공헌한 것이다.

1950년대 들어 사회 환경이 급격히 변화함에 따라 중국인의 민족 정신도 변화했다. 자메이카가 독립하자, 전국적이고 통합적인 크리올(Creole) 문화를 고수하고 있던 민족적 혼합체가 새로운 지배 엘리트가 되었다. 이제 중국인 집단의 최대 관심은 사회적으로 엘리트 집단에 진입하는 것이 되었고, 그들은 민첩하게 그것을 해냈다. 그들이 변별되는 문화 집단을 벗어나는 데는 15년밖에 걸리지 않았다. 그들은 도매업에 진출했고 슈퍼마켓과 쇼핑 센터의 건설과 경영 쪽으로 사업 방향을 바꿨다. 그들은 부르주아 생활 양식과 크리올 문화를 받아들였고, 전통적인 확대 가족을 떠나 핵가족에 비중을 두기 시작했다. 그러면서도 그들은 민족의식을 맹목적인 유전적 명령이 아니라 경제적 전략으로써 계속 간직했다. 가장 성공한 사람들은 언제나 동족 간 결혼을 많이 하는 가족들이었다. 즉 여성은 재산을 교환하고, 늘리고, 작은 가족 집단 내에 보존하는 수단이었다. 그 풍습이 그 외의 크리올 문화에 동화되는 것을 간섭하지 않았기 때문에, 자메이카의 중국인들은 그것을 버리지 않았다.

과거에 영국령 기아나로 불렸던 남아메리카 북부 해안의 작은 나라 가이아나에 도착한 중국 이민자들은 자메이카 이주자들과 동일한 배경을 갖고 있었다. 하지만 그들은 전혀 다른 종류의 도전에 직면해야 했다. 그들은 자메이카 중국인들과 중국의 같은 지역에서, 대개 같은 중개인을 통해 식민지로 온 사람들이었다. 그러나 구(舊) 영국령 기아나에 도착한 그들은 1840~1850년대에 도착한 다른 민족 집단인 포르투갈 인들이 이미 소매업을 차지하고 있음을 알아차렸다. 백인 통치 계층은 인종적, 문화적으로 자신들과 더 가까운 집단인 포르투갈 인들을 선호했다. 일부 중국인들이 소매업에 진입하기는 했지만, 그들은 결코 압도적인 성공을 거두지 못했다. 그 밖의 사람들은 공무원을 비롯해 다른 직종에 들어가야만 했다. 이 대안들 중 어느 것도 자메이카와 동일한 수준의 민족적 자각을 이끌어 내지 못했다. 즉 소매업과 달리 민족적 배타성을 통해 소득을 최대화하는 것이 불가능했다. 그래서 영국령 기아나의 중국인들은 막 발흥하고 있던 크리올 문화에 열심히 참여했다.

1915년이 되자, 그들의 예리한 관찰자인 세실 클레멘티(Cecil Clementi)는 "영국령 기아나는 중국을 전혀 모르고, 중국이 거의 알려져 있지 않은 중국인 사회를 가지고 있다."라고 말할 수 있었다. 그러나 그들의 성공은 보상 차원을 넘어섰다. 중국인들은 총인구의 0.6퍼센트에 불과하지만, 그들은 지금 중산층의 강력한 일원이며 그들에게서 공화국 초대 대통령인 아서 정(Arthur Chung)이 배출되었다.

카리브 인에 관한 자신의 연구와 다른 사회학자들의 연구를 비교해 패터슨은 충성심과 이타주의에 대해 세 가지 결론을 이끌어 냈다. (1) 역사적 상황이 인종, 계층, 민족 구성원 간의 갈등을 빚을 때, 개인은 갈등을 최소화하는 전술을 쓴다. (2) 대개 개인은 그 누구보다도 자신의 이익을 최대화하는 전술을 쓴다. (3) 인종적 및 민족적 이익이 일시적으로 중요시될 수 있으나 결국은 사회 경제적 계층이 우세해진다.

한 개인이 지닌 민족 정체성의 강도와 범위는 그가 속한 사회 경제적 계층의 일반 이익에 따라 결정되고, 그것들은 먼저 그 자신, 그리고 그의 계층, 마지막으로 그의 민족 집단의 이익에 봉사한다. 정치학에는 '디렉터의 법칙(Director's law)'이라고 알려진 수렴 원리가 있다.[11] 이것은 사회의 소득이 정부를 지배하는 계층의 이익으로 배분되는 것을 말한다. 미국에서 이 계층은 물론 중산층이다. 그리고 법인에서 교회에 이르기까지 모든 형태의 기관은 자신을 지배하는 자들의 이익을 최대로 증진시키는 방식으로 진화했다고 덧붙일 수 있다. 생물학적 기준계까지 돌아가 보면 인간의 이타주의는 목적적이다. 맹목적 요소를 찾으려면 개인을 아주 세밀하게 탐구해야 하며, 그 아이들과 몇몇 가장 가까운 친척들로부터 멀어져서는 안 된다.

그러나 인간의 모든 이타주의가 가장 맹목적인 형태로 표출되리라고 직감할 수 있는 종류의 강력한 감정적 통제 장치에 의해 빚어진다는 것도 명백한 사실이다. 도덕적 공격성은 보답의 강화 측면에서 가장 격렬하게 표출된다. 협잡꾼, 배신자, 배교자, 반역자는 보편적인 증오의 대상이다. 명예와 충성은 가장 엄격한 규약을 통해 강화된다. 일차적인 강화에 바탕을 둔 선천적인 학습 규칙들은 자기가 속한 집단의 구성원들에 대해 다른 가치들이 아니라 바로 이런 가치들을 습득하도록 유도하는 것 같다. 그런 규칙들은 다른 집단 구성원들을 향한 똑같이 감정적인 태도인 텃세와 이방인 혐오증이라는 발달 성향의 대칭형 대응물이다.

더 나아가 나는 학습 규칙과 감정적 방어 기제에 바탕을 둔 이타적 행동의 심층 구조가 견고하고 보편적인 것이라고 추정할 것이다. 이것은 버나드 베럴슨(Bernard Berelson), 로버트 러바인(Robert A. LeVine), 네이선 글레이저(Nathan Glazer) 등의 사회 과학자들이 작성했던 것과 같은 좀 더 전문적인 연구서들의 목록에 들어갈 만한 예측 가능한 집단 반응들의 집합을 생성한다.[12]

그런 일반화 중 하나는 이렇다. 즉 내(內)집단은 더 가난해질수록 일종의 보상 작용으로 집단적 자기도취를 더 자주 사용한다는 것이다. 또 다른 일반화는 집단이 커질수록 개인이 집단과의 동일화를 통해 얻을 수 있는 자기도취적 만족감은 줄어들고, 집단의 결속력은 약화되며, 개인들은 집단 내의 하위 집단과 동화되기 쉽다는 것이다. 그리고 또 하나의 일반화는 어떤 유형의 하위 집단들이 이미 존재하고 있을 때, 더 큰 국가의 한 부분인 동안에는 동질적으로 보였던 지역도 독립하고 나면 더 이상 동질성을 유지하기가 쉽지 않다는 것이다. 그런 지역의 주민들은 대부분 자신이 속한 집단의 동질성을 좁게 바라봄으로써, 정치적 경계를 협소화하는 반응을 보인다.

요약하면 목적적 이타주의는 강한 감정과 융통성이 큰 충성이라는 특징을 지닌다. 인간은 명예의 규정 측면에서는 일관적이지만, 그 규정을 사람들에게 적용하는 문제에서는 한없이 변덕스럽다. 인간 사회성의 특징은 절대적이라고 믿는 규칙에 언제나 감정적으로 강하게 이끌리면서, 그에 따라 사실상 동맹 관계가 쉽게 형성되고, 깨지고, 재구축된다는 점에 있다. 빙하기 이후로 지속되어 온 내집단과 외집단이라는 구분은 오늘날에도 존재하지만, 그 경계선의 정확한 위치는 이리저리 쉽게 이동한다.

프로 스포츠는 이런 기본 현상들의 항구성을 토대로 번창한다. 관객은 한 시간 남짓 부족 대리인들 간의 원초적인 육체 투쟁 속에 자신의 세계를 용해시킬 수 있다. 선수들은 세계 곳곳에서 오며, 거의 1년 단위로 팔리고 거래된다. 팀 자체는 도시에서 도시로 팔려 다닌다. 그러나 그것은 중요하지 않다. 중요한 것은 팬이 공격적인 내집단과 자신을 동일시하고, 팀의 단합, 용맹, 희생을 숭배하며, 승리의 환희를 공유한다는 점이다.

국가도 동일한 규칙에 따라 작동한다. 지난 30년간 지정학적 배치는 독·이·일 추축국 대 연합국의 대결에서 공산 국가와 자유 세계의 대결로 변화했고, 그 후 대단위 경제 블록 간의 대립으로 바뀌었다. 국제 연합은 인류의 가장 이상적인 수사법이 펼쳐지는 마당이자, 이기적인 이익에 바탕을 둔 동맹 관계가 빠르게 변동하는 만화경이다.

교차하며 가르는 종교 투쟁은 마음을 일시에 당혹감에 빠뜨린다. 일부 아랍 과격파들은 대 이스라엘 투쟁을 이슬람교의 신성한 대의를 위한 성전(聖戰)이라고 생각한다. 기독교 복음 전도자들은 그리스도의 재림을 위한 세상을 준비한다고 악마 군단에 대항하는 신과 천사들과의 동맹을 꾸며낸다. 한때 혁명가였던 엘드리지 클리버(Eldridge Cleaver)와 전형적인 첩보원이었던 찰스 콜슨(Charles Colson)이 자신들의 낡은 인식틀에서 벗어나 더 고대의 종교 투쟁의 장으로 뛰어들었다는 사실은 시사하는 바가 크다. 질료는 아무것도 아니며, 형식이 모든 것이다.

인간이 헌신이 깨진 바로 그 순간에 영적 헌신을 한다는 것은 그야말로 절묘한 일이다. 사람들은 특별한 의미를 부여한 여러 동등한 대안들을 계속 이용할 수 있는 상태로 보유한 채, 다른 동맹 관계를 맺기 위해 많은 투자를 한다. 강력한 이타적 충동이 대개 목적적이라는 것은 행운이다. 그것이 맹목적이라면, 역사는 족벌주의와 인종 차별이라는 극심한 막시류적(hymenopterous) 음모의 기록이 될 것이며, 미래는 견딜 수 없을 만큼 황량해질 것이다. 인간은 말 그대로 끔찍하게 혈족을 위해 스스로를 희생하느라 열심일 것이다. 그러나 인간에게는 합리적인 사람이라면 상당한 수준까지 성취할 수 있는 지속적으로 갱신되는 낙관적 냉소와 결합된, 사회 계약을 맺을 수 있는, 포유류 특유의 한계 범위에 속한 결함을 내재한 능력이 있다.

* * *

그러면 이제 인간의 타고난 특성의 문화적 팽창, 즉 비대화로 돌아가 보자. 언젠가 맬컴 머거리지(Malcolm Muggeridge)가 내게 물은 적이 있다.

마더 테레사(Mother Theresa)는 어떻습니까? 우리 곁에 살아 있는 성인을 생물학에서는 어떤 식으로 설명하죠? '사랑의 선교회'의 일원인 마더 테레사는 콜카타의 극빈자들을 돌본다. 그녀는 길에서 죽어 가는 사람을 거두고, 쓰레기 더미 속에 버려진 아이를 구하고, 아무도 손대려 하지 않는 부상자와 병자의 시중을 든다. 국제적 인지도와 영예로운 수상 경력에도 불구하고, 마더 테레사는 철저하게 가난하고 고된 삶을 살아간다. 『하느님을 위한 아름다운 일(*Something Beautiful for God*)』에서 머거리지는 콜카타에서 그녀를 가까이 바라본 후의 느낌을 이렇게 썼다. "매일 마더 테레사는 예수를 만난다. 처음에는 미사에서. 거기서 그녀는 생활의 양식과 힘을 이끌어 낸다. 다음은 그녀가 찾아보고 돌보는, 그녀를 필요로 하는 고통받는 영혼들에게서. 그들은 예수와 같다. 그리고 제단과 거리에서도. 타인이 없이는 아무도 존재하지 않는다."[13]

문화는 인간 행동을 이타적 완성 상태에 도달하도록 변화시킬 수 있을까? 어떤 마술 부적을 만지거나, 혹은 성인(聖人) 종족을 창조하는 스키너식 기술을 고안하는 것이 가능할까? 그렇지 않다. 차분하게 숙고하면서 「마가복음」에 나온 예수의 말을 상기해 보자. "온 천하에 다니며 만민에게 복음을 전파하라. 믿고 세례를 받는 사람은 구원을 얻을 것이요 믿지 않는 사람은 정죄를 받으리라."[14] 바로 여기에 종교적 이타주의의 근원이 있다. 이와 똑같이 순수한 어조로 완벽한 내집단 이타주의를 드러내는 거의 동일한 공식 표현이, 마르크스-레닌주의를 포함한 모든 주요 종교의 예언자들을 통해 역설되어 왔다.

모든 종교는 다른 종교의 위에 올라서기 위해 투쟁해 왔다. 마더 테레사는 비범한 사람이지만, 그녀가 교회의 불멸성이라는 인식과 그리스도의 임무 안에서 보호를 받고 있음을 망각해서는 안 된다. 마찬가지로 마치 경쟁이라도 하듯 유토피아 약속을 설파했던 레닌은 기독교를 말로 표현할 수 없는 해악이자 가장 혐오스러운 전염병이라고 불렀다. 기독교 신학자들은 그 찬사를 종종 되돌려 주고는 했다.

"모두 그렇게 단순하기만 하다면!"이라고 알렉산드르 솔제니친 (Aleksandr Solzhenitsyn)은 『수용소 군도(*The Gulag Archipelago*)』에서 썼다. "악행이 교활하게 저질러지는 곳에 악인들만 있다면, 그리고 남은 우리들 속에서 그들만 솎아내 파멸시킬 일만 남는다면. 그러나 선과 악을 가르는 선(線)은 모든 인간의 마음을 가르며 지난다. 과연 누가 자신의 마음 한 부분을 기꺼이 파괴할 수 있을까?"[15]

성인은 인간 이타주의의 비대화라기보다는 골화(骨化)이다. 그것은 초월할 것이라고 여겨지는 생물학적 명령에 기꺼이 복종한다는 의미이다. 사회 계약에 지혜와 통찰력을 덧붙인다는 의미에서의 이타주의의 참된 인간화는 도덕을 과학적으로 더 깊이 조사함으로써만 이룰 수 있다. 교육 심리학자인 로렌스 콜버그는 개인의 정상적인 정신 발달 과정에 따라 진행되는 윤리적 추론 과정을 여섯 단계로 나누어 파악했다.[16] 아이는 외부의 규칙과 통제에 맹목적으로 의존하다가, 그다음 단계를 거치면서 점점 정교한 일련의 내면화한 기준들을 향해 나아간다.

그것은 (1) 처벌을 피하기 위해 규칙과 권위에 단순히 복종하는 단계, (2) 보상과 교환이라는 이득을 얻기 위해 집단 행동에 순응하는 단계, (3) 착한 소년 지향 단계, 즉 타인의 혐오나 거부를 피하기 위한 순응 단계, (4) 의무 지향 단계, 즉 권위자의 검열을 피하기 위한 순응, 질서의 파괴, 그 결과로 나타나는 죄의식 단계, (5) 준법 지향 단계, 즉 계약의 가치를 인식하고, 공공의 선을 유지하기 위한 규칙 형성 시 약간의 독단이 있음을 인식하는 단계, (6) 양심 또는 원칙 지향 단계, 즉 법이 선보다 악이라고 판단될 때 법을 무효화할 수 있는 선택 원리에 우선적으로 충성하는 단계 등으로 이루어져 있다.

앞의 단계 설정은 도덕 문제를 질문했을 때 도출되는 아이들의 응답을 기초로 삼았다. 개인은 지능과 교육 수준에 따라서 사다리의 어느 단계에서 멈출 수 있다. 대부분은 4~5단계까지 도달한다. 4단계는 대략 비비와 침팬지 무리의 도덕 수준에 해당한다. 윤리적 준거가 부분적으로 계약적이고 준법적이 되는 5단계가 되면, 개인은 내가 인간의 사회적 진화 대부분의 토대가 되어 왔다고 믿고 있는 도덕을 통합하게 된다. 이 해석이 옳다고 한다면, 개인의 도덕 발달 과정은 유전적으로 동화되어 왔을 가능성이 높고, 현재는 자동적으로 인도되는 정신 발달 과정의 한 부분이 되어 있을 것이다. 개인은 규칙을 학습함으로써, 그리고 비교적 완고한 감정 반응들의 인도를 받아서 5단계를 통과해 간다. 한편 중대한 국면에서 이례적인 사건들 때문에 방향을 바꾸는 사람들도 있다. 반사회적인 이상 성격자도 있다. 그러나 대부분의 사람들은 4단계나 5단계에 도달하며, 따라서 홍적세의 수렵 채집인 무리처럼 조화롭게 살아갈 수 있는 준비가 된다.

우리는 더 이상 수렵 채집인들처럼 작은 무리로 살지 않기 때문에, 6단계는 거의 비생물학적이며, 따라서 비대화에 가장 큰 영향을 받기 쉽다. 개인은 집단과 법의 판단에 맞서는 원칙들을 선택할 수 있다. 감정에 바탕을 둔 직관을 통해 선택한 원칙들은 대개 생물학적인 근원을 갖고 있으며, 그것들은 원시적인 사회 제도를 강화하는 수준이기 쉽다. 그런 윤리 원칙들은 무의식적으로 형성되어 집단의 신성화, 이타주의의 전도된 역할, 영토 방어 등을 새롭게 합리화시키는 역할을 한다.

그러나 그 원칙들이 생물학과 관계가 적은 지식과 이유를 통해 선택되는 한, 그것들은 적어도 이론상으로는 비(非)다원주의적이다. 그래서 우리는 두 번째의 크나큰 정신적 딜레마로 돌아가지 않을 수 없다.

여기에서 제기되는 흥미로운 철학적 의문은 이렇다. 숭고한 도덕 가치들의 문화적 진화가 스스로 방향을 설정하고 자체 추진력을 획득해 유전적 진화를 대체할 수 있을까? 나는 그렇다고 보지 않는다. 유전자는 문화를 가죽끈으로 묶어 놓고 있다. 끈은 상당히 길지만, 가치들은 인간의 유전자 풀(gene pool)에 미치는 결과에 따라서 불가피하게 속박될 것이다.

뇌는 진화의 산물이다. 인간의 행동은 — 그것을 추진하고 인도하는 가장 깊은 감정적 반응 능력들처럼 — 인간의 유전 물질이 자신을 고스란히 보존해 오고 앞으로 그렇게 하기 위해 쓰는 우회적인 방법이다. 이 것 말고 도덕은 설명할 수 있는 다른 어떠한 궁극적 기능을 갖고 있지 않다.

8장
종교

✳

    종교 신앙을 갖고자 하는 성향은 인간 정신 중 가장 복잡하고 강력한 힘이자, 아마 인간 본성 중에서 근절할 수 없는 부분일 것이다. 불가지론자인 에밀 뒤르켕은 종교 행위가 그 집단의 정화(精華)이자 사회의 핵심이라고 규정했다.[1] 그것은 수렵 채집인 무리에서 사회주의 공화국에 이르기까지 모든 사회에 뚜렷이 나타나는 보편적인 사회적 행동이다.

    종교의 흔적은 최소한 네안데르탈인의 유골 제단과 장례 의식까지 거슬러 올라간다. 6만 년 전 이라크의 샤니다르 지역에 살던 네안데르탈인들은 샤먼을 기리기 위해서였는지, 의학적 및 경제적 가치가 있는 일곱 종류의 꽃으로 무덤을 장식했다.[2] 인류학자 앤서니 월리스(Anthony F. C. Wallace)에 따르면, 그로부터 인류는 10만 종류나 되는 종교를 만들어

냈다.[3]

회의주의자들은 과학과 학습이 종교를 폐지할 것이라는 신념을 계속 퍼뜨리고 있다. 그들은 종교란 환각투성이에 불과하다고 생각한다. 그중 가장 저명한 사람들은 인류가 로고스(logos) 지향성, 즉 정보를 지향하는 자동적인 방향 설정을 통해 지식을 향해 이동해 갈 것이기 때문에, 제도화한 종교는 계몽의 여명이 다가오기 전에 어둠 속으로 물러갈 것이 틀림없다고 확신한다.[4] 그러나 아리스토텔레스와 제논에게까지 소급되는 뿌리 깊은 이러한 인간 본성 개념은 지금에 와서는 유례없이 취약해진 듯하다. 오히려 지금 지식은 종교가 부과한 임무에 열광적으로 봉사하고 있다. 역사상 가장 발달한 기술과 과학을 소유한 국가인 미국은 인도 다음으로 가장 종교적인 국가이기도 하다. 1977년의 갤럽 여론 조사에 따르면 94퍼센트의 미국인이 하느님이나 다른 고등한 존재를 믿고 있으며, 31퍼센트는 신의 내재(內在, immanence)를 보고 갑자기 종교적 통찰력이나 깨달음을 얻었다고 한다. 1975년에 가장 잘 나간 책은 빌리 그레이엄(Billy Graham)의 『천사들: 하느님의 비밀 사자들(*Angels: God's Secret Messengers*)』이었다. 이 책은 양장본만 81만 권이 팔렸다.[5]

소련에서도 제도화한 종교가 번창하고 있으며, 심지어 공식적인 반대가 표명된 지 60년이 지난 지금 작은 부흥기를 맞고 있는 듯하다. 총인구 2억 5000만 명 중 적어도 3000만 명이 그리스 정교회 소속이며 — 공산당원의 두 배이다. — 500만 명은 로마 가톨릭교도와 루터교도이고, 또 다른 200만 명은 침례교, 성령 강림교, 제칠 안식일 재림교 같은 신교에 속해 있다. 그리고 2000만~3000만 명이 이슬람교도이고, 250만 명은 가장 유연한 종교인 정통파 유대교에 속해 있다. 따라서 세련된 장식으로 치장한 종교의 일종인 제도화한 소련 마르크스주의는 수많은 러시아 인들이 수세기 동안 자기 민족의 영혼이라고 생각해 왔던 것을 대체하는 데 실패한 셈이다.

　과학적 인본주의도 더 나을 것이 없다. 1846~1854년에 걸쳐 출판된 『실증 정치학 체계(System of Positive Polity)』에서 오귀스트 콩트(Auguste Comte)는 종교적 미신은 그 근원을 타파해야 한다고 주장했다. 그는 교양 있는 사람들에게 로마 가톨릭과 거의 똑같은 위계 체제, 예배, 규범, 성사(聖事)로 구성되어 있지만, 숭배의 대상을 하느님에서 위대한 인간으로 대체시킨 세속적 종교를 조직하라고 권고했다. 오늘날 과학자들과 여러 분야의 학자들은 미국 '인본주의자 협회'나 '과학 시대의 종교 연구소' 같은 학술 단체를 조직해 소식지 같은 잡지들을 통해 기독교 원리주의, 점성술, 이마누엘 벨리코프스키(Immanuel Velikovsky) 등을 비판하는 운동을 펼치고 있다.[6]

　노벨상 수상자들의 철저한 오만함을 등에 업은 그들의 시원시원한 논리적 폭격은 강철 탄환처럼 안개를 뚫고 나아간다. 그런 인본주의자들은 수적으로 볼 때 참된 신앙인들에 비해, 즉 진 딕슨(Jean Dixon)을 추종하면서도 랠프 웬델 버로(Ralph Wendell Burhoe)는 들어 본 적이 없는 사람들에 비해 상당한 열세에 있다. 사람들은 알려고 하기보다는 차라리 믿으려 하는 것 같다. 오래전 과학이 미래의 약속으로 충만했던 시기에 니체가 썼듯이, 그들은 목적의 부재보다는 차라리 목적으로서의 부재를 간직하고 싶어 한다.[7]

　다른 저명한 학자들은 두 경쟁자를 분리해 과학과 종교를 화해시키고자 애써 왔다. 뉴턴은 자신을 과학자로서뿐만 아니라 성서를 진정한 역사 기록으로 해독할 의무를 지닌 역사학자로 보았다. 그의 고귀한 노력으로 물리학의 첫 번째 근대적 종합이 탄생했지만, 그는 자신의 성취를 단지 초자연적인 것을 이해하기 위한 정거장으로 간주했다. 그는 창조자가 학자에게 자연의 책과 성서 두 가지 작품을 읽게 했다고 믿었

다.[8]

　오늘날 뉴턴이 개척한 과학의 거침없는 진보 덕택에, 신의 내재는 아원자 입자 속이나 눈에 보이는 가장 먼 은하 너머 어디엔가로 밀려났다. 원자 구조의 고유한 특성들로부터 신의 존재를 추론할 수 있다는 '과정 신학(process theology)'을 창조한 철학자들과 과학자들은 이런 관점에 박차를 가하고 있다. 앨프리드 노스 화이트헤드(Alfred North Whitehead)가 인식했듯이, 이제 신은 형이상학적 증명을 넘어선 기적과 전조를 창조하는 비범한 힘으로 여겨지지 않는다.[9] 신은 도처에 연속되어 존재한다. 신은 원자로부터 분자가, 분자로부터 생물이, 물질로부터 정신이 출현하도록 암암리에 인도한다. 전자의 특성은 그것의 최종 산물인 정신을 이해하기 전까지는 어떠하다고 결론을 내릴 수 없다. 과정은 현실이고, 현실은 과정이며, 신의 손은 과학 법칙들 속에 내재한다.

　그러므로 종교적 탐구와 과학적 탐구는 본질적으로 양립 가능하며, 저명한 과학자들은 정신적으로 평화로운 상태에서 자신들의 소명으로 돌아갈 수 있다. 그러나 독자들은 이 모든 내용이 오스트레일리아 원주민의 코로보리 춤이나 트렌트 위원회처럼 실제 종교와 거리가 있는 세계라는 것을 즉시 알아차릴 것이다.

　전부터 늘 그래 왔던 것처럼, 오늘날에도 정신은 거역할 수 없는 과학적 유물론과 동요되지 않는 종교 신앙 사이에 일어나는 충돌이 어떤 의미를 갖는지 이해하지 못한다. 우리는 단계적인 실용주의를 통해 대처하려고 애쓴다. 우리의 정신 분열적 사회는 지식을 통해 진보하지만, 지식을 침식하는 바로 그 신앙에서 유래한 영감을 통해 생존한다.

　나는 만일 우리가 종교의 사회 생물학에 적절히 주의를 기울인다면, 그 역설은 지금 당장은 아니지만 궁극적으로, 그리고 예측하기 어려운 결과를 낳으면서, 최소한 지성적으로는 해결이 가능하다고 주장하려 한다. 비록 종교적 경험이 찬란하고 다면적이어서, 가장 세심한 정신 분석학자들과 철학자들조차 그 미궁에서 헤맬 정도로 복잡하다고 할지라도, 나는 종교 행위들을 유전적 이득과 진화적 변화라는 2차원상에서 측량할 수 있다고 믿는다.

진화론의 원리들이 정말로 신학의 로제타석을 포함한다고 하더라도, 그것들의 번역이 모든 종교 현상의 세세한 사항들까지 함축한다고는 기대할 수 없다고 일단 양보함으로써 어조를 좀 누그러뜨리기로 하자. 과학은 전통적인 환원 및 분석 방법들을 통해 종교를 설명할 수 있지만, 그 실체의 중요성을 약화시킬 수는 없다.

역사적 사건은 종교 사회 생물학에서 우화 역할을 한다. 태즈메이니아의 원주민들은 과거에 그들과 삼림 서식지를 공유했던 특이한 유대류 늑대들과 마찬가지로 지구상에서 사라졌다.[10] 영국 식민지 이주자들이 그 일을 끝내는 데는 겨우 40년이 걸렸을 뿐이다(늑대는 그보다 100년이 더 지난 1950년까지 생존했다.). 이 황망함은 인류학 쪽에서는 특히 불행이었는데, 왜냐하면 태즈메이니아 인들 — '야생 종족들' — 은 자신들의 문화가 어떠했다는 것조차도 다른 세계로 전달할 기회를 갖지 못했기 때문이다.

그들이 적갈색 피부와 곱슬머리를 한 키 작은 사냥꾼이자 채집자라는 사실, 그리고 그들과 처음 마주친 탐험가들에 따르면 개방적이고 낙천적 기질을 지녔다는 사실을 제외하고는 알려진 것이 거의 없다. 그들의 기원도 단지 추측만 할 수 있을 뿐이다. 아마도 그들은 약 1만 년 전에 태즈메이니아로 이주한 오스트레일리아 원주민들이었을 것이다. 그들은 그 후 섬의 서늘하고 습한 삼림에 생물학적 및 문화적으로 적응했을 것이다. 우리에게 남아 있는 것은 단지 몇 장의 사진과 뼈뿐이다. 태즈메이니아 인들을 만난 유럽 인 중 그 언어를 기록할 가치가 있다고 생각한 사람이 거의 없었기 때문에, 그들의 언어조차도 재구성할 수 없는 실정이다.

1800년대 초부터 이주하기 시작한 영국 정착민들은 태즈메이니아 인들을 인간 이하의 그 무엇으로 간주했다. 태즈메이니아 인들은 농경과 문명을 방해하는 미미한 갈색 장애물에 불과했다. 따라서 그들은 체계적인 사냥과 살인을 통해 제거되어야 했다. 원주민들이 무리를 지어 캥거루 사냥을 하다가 단지 백인들 쪽으로 달렸다는 이유만으로, 한 무리의 남자와 여자와 아이들이 총살되기도 했다. 대다수는 유럽 인들이 전파한 매독 등의 질병으로 죽었다. 1842년이 되자 태즈메이니아 인의 수는 원래의 5,000명 정도에서 30명 이하로 줄어들었고, 상황은 더 이상 돌이킬 수 없게 되었다. 여자들은 너무 늙어 더 이상 아이를 낳을 수 없었고 문화는 이미 빈사 상태에 놓여 있었다.

원주민 절멸의 마지막 단계를 장식한 사람은 런던에서 온 선교사이자 훌륭한 이타주의자인 조지 로빈슨(George Robinson)이었다. 아직 수백 명의 태즈메이니아 인들이 남아 있었던 1830년, 로빈슨은 거의 독불장군식으로 그 종족을 구하기 위한 영웅적인 노력을 했다. 그는 동정심을 무기 삼아 잡혀 온 생존자들에게 접근한 뒤, 남은 사람들을 설득해 그들이 자신을 믿고 숲에서 나와 항복하도록 했다. 그런 사람들 중 일부는 그들을 정착시키기 위해 세운 새 마을에 들어갔고, 그곳에 그대로 버려졌다. 로빈슨은 나머지 사람들을 태즈메이니아의 고립된 북동쪽 항구인 플린더스 섬의 보호 구역으로 데려갔다. 그곳에서 그들은 소금에 절인 쇠고기와 홍차를 먹고, 유럽 인 옷을 입고, 개인 위생, 화폐 사용, 엄격한 칼뱅주의를 교육받았다. 그런 뒤 과거의 문화는 철저하게 금지되었다.

매일 태즈메이니아 인들은 작은 교회에 가서 조지 로빈슨의 설교를 들어야 했다. 그들 문화사의 이 종말기부터 우리는 피진 영어로 씌어진 기록을 만날 수 있다. "주 하느님 …… 착한 원주민, 죽은 원주민, 하늘로

가네 …… 나쁜 원주민, 죽은 원주민, 지하로 가네, 악한 영혼, 불구덩이에서 멈추네. 원주민은 울고, 울고, 또 울고……." 교리 문답은 쉽게 이해할 수 있는 내용을 되풀이한 것이었다.

신은 잠시 후에 세상을 어떻게 할까요?
— 불질러요!
악마를 좋아해요?
— 아뇨!
신은 왜 우리를 만들었나요?
— 자기 목적을 위해서요.

태즈메이니아 인들은 그런 가혹한 영혼의 용광로 속에서 살아남을 수 없었다. 그들은 점점 침울해지고 쇠약해져 갔고 더 이상 아이를 낳지 못했다. 많은 사람들이 감기와 결핵으로 죽었다. 마지막으로 남은 사람들은 태즈메이니아 본토 호바르트 인근의 새 보호 구역으로 옮겨졌다. 유럽 인들에게 킹 빌리로 알려진 마지막 남자는 1869년에 사망했고, 몇 명 남았던 늙은 여자들도 몇 년 지나지 않아 그의 뒤를 따랐다. 그들은 강력한 호기심의 대상이었고 마지막에는 존중의 대상이었다. 이 시기에 조지 로빈슨은 자신의 대가족을 거느렸다. 그의 평생 목표는 선한 양심을 갖고 학살을 종교적 복종이라는 더 문명화된 유형으로 대체해, 태즈메이니아 인들을 절멸로부터 보호하는 것이었다. 그러나 그를 무의식적으로 이끌었던 생물학적 알고리듬에 따른다면, 로빈슨은 실패하지 않았다.

점점 더 정교해져 왔음에도 불구하고, 인류학과 역사학은 초보적인 종교일수록 순수한 세속적 보상 — 긴 수명, 기름진 땅과 풍족한 식량,

재앙의 회피, 적의 정복 — 을 위해 초자연적 존재를 찾는다는 막스 베버의 결론을 여전히 지지하고 있다. 더 발전된 종교로 진화하는 과정에서 분파 사이에 경쟁이 일어나기도 하는데, 이때 일종의 문화적 다원주의가 작용하기도 한다. 신자들을 규합하는 분파는 성장하고 그렇지 못한 분파는 사라진다. 따라서 종교도 성직자들의 복지를 강화하는 방향으로 진화한다는 점에서 인간의 다른 제도들과 다르지 않다. 이 인구 통계학적 이득은 집단 전체에 귀속되어야 하므로, 그것은 일부는 이타주의를 통해서 그리고 일부는 착취를 통해서, 말하자면 어떤 분파가 타 분파들의 희생으로 이익을 얻음으로써 달성될 수 있다. 아니면 그 이익이 구성원 모두의 적응도를 총체적으로 증가시키는 쪽으로 나타날 수도 있다. 그 결과 사회 용어상으로 더 억압적인 종교와 더 자비로운 종교의 구분이 생긴다.

모든 종교는 대체로 어느 정도까지는, 특히 수장과 국가가 추진할 때는 억압적이 된다. 생태학에는 "최대 경쟁은 요구 사항이 동일한 종 사이에서 일어난다."라는 가우스 법칙이 있다. 비슷한 의미에서 종교가 거의 베풀지 않는 형태의 이타주의가 있는데, 그것은 다른 종교에 대한 관용이다. 종교끼리의 적대감은 사회가 붕괴될 때 강화된다. 종교는 전쟁과 경제적 착취라는 목적에 종사할 수 있기 때문이다. 정복자의 종교는 칼이 되고, 피정복자의 종교는 방패가 된다.

* * *

종교는 인간 사회 생물학의 가장 커다란 도전 대상이자, 사회 생물학이 진정 독창적인 분야로 발전할 수 있는 가장 흥미로운 기회이기도 하다. 정신이 어느 정도까지 칸트식 명령에 이끌린다고 한다면, 그 명령은 합리적 사유보다는 종교적 감정 속에서 발견될 가능성이 더 높을 것이다. 하지만 종교적 행동에 유물론적 근거가 있고, 그 근거가 전통 과학의 이해 범위 내에 있다고 할지라도, 그것을 해독하기란 쉽지 않다. 여기에는 두 가지 이유가 있다.

첫째, 종교는 부인할 수 없는 인간 종 고유의 주요 행동 범주에 속한다. 기존의 집단 생물학과 하등 동물의 실험 연구들로부터 이끌어 낸 행동 진화의 원리들은 직접적인 방식으로는 종교에 적용할 수 없을 것 같다.

둘째, 핵심적인 학습 규칙들 및 그것들의 궁극적인 유전적 동기는 아마 의식적인 정신에게는 보이지 않을 것이다. 왜냐하면 종교란 무엇보다도 개인이 자신의 직접적인 사리사욕을 집단의 이익에 종속시키도록 설득당하는 과정이기 때문이다. 성직자들은 장기적인 유전적 이득을 위해 단기적으로 생리적 희생을 하지 않으면 안 된다. 샤먼과 사제의 자기기만은 자신들의 연기를 완성하며, 신자들에게 하는 기만을 강화한다. 부조리의 와중에 승리는 확정된다. 결정은 신속하게 자동적으로 이루어지기 때문에, 각 집단이 매일 자신의 포괄적인 유전적 적응도를 계산하고, 그럼으로써 각 행동에 가장 적합한 열의와 순응 정도를 알 수 있는 합리적인 계산법은 존재하지 않는다.

인간은 복잡한 문제를 풀 수 있는 단순한 규칙을 요구하며, 무의식적 명령과 일상생활에서 이루어지는 결정을 해부하려는 어떠한 시도에도 저항하려는 경향이 있다. 그 원리는 어니스트 존스(Ernest Jones)의 심리 분석 이론에 다음과 같이 표현되어 있다. "개인이 주어진 (정신적) 과정이 너무 명백하기 때문에 그것의 기원에 대해서는 어떤 조사도 할 필요가 없다고 생각하고 그런 조사에 저항을 보일 때마다, 우리는 실제 기원이 그것의 받아들일 수 없는 특성 때문에 그에게 숨겨져 있는 것이 거의 확실하다고 의심하는 편이 옳다."[11]

우리는 세 가지 층위에서 일어나는 자연 선택을 조사함으로써 종교 신앙의 심층 구조를 탐구할 수 있다. 표면 수준에서 볼 때 선택은 성직자가 한다. 즉 종교 의식과 규약은 당시의 사회 상황에 정서적으로 영향을 받는 종교 지도자들에게 선택된다. 성직자 선택은 교조적이면서 안정 지향적이거나 혹은 복음 전도적이면서 역동적일 수 있다. 어느 쪽이든 그 선택의 결과는 문화적으로 전달된다. 그리하여 한 사회와 인접 사회가 지닌 종교 행위의 다양성은 유전자가 아니라 학습에 바탕을 둔다.

다음 수준에서 선택은 생태적이다. 성직자 선택이 신자들의 감정에 얼마나 충실하든지, 그들이 선호하는 규약이 얼마나 쉽게 학습되든지, 그 결과로 나타나는 행동은 결국 환경의 요구 사항에 따라 검증되어야 한다. 종교끼리 전쟁을 벌여 사회를 약화시키고, 환경 파괴를 부추기고, 수명을 줄이고, 출산을 방해한다면, 그들의 단기적인 감정적 이득에 관계없이 종교는 스스로 몰락하기 시작한다. 마지막 수준의 선택은 문화적 진화와 인구 변동이라는 복잡한 주전원들(epicycles) 속에서 유전자 빈도가 변화하는 것이다.

우리 앞에 놓인 가설은 유전자 빈도 중에는 성직자 선택에 부응하는 방식으로 변하는 것도 있다는 것이다. 인간 유전자들은 신체의 신경계, 감각계, 호르몬계의 기능을 프로그램함으로써 학습 과정에 영향을 미치는 것이 거의 확실하다. 유전자들은 어떤 행동의 성숙과 다른 행동의 학습 규칙을 속박한다. 근친상간 금기, 일반적인 금기, 이방인 혐오증, 대상을 성스러운 것과 속된 것으로 양분하는 태도, 노시즘(nosism, 자신을 지칭할 때 '우리'라고 말하는 행위 — 옮긴이), 계급 지배 체제, 지도자에 대한 추종, 카리스마, 트로피즘(trophyism, 기념설. 공적과 용기를 기념하려는 행위 — 옮긴이), 황홀경 유도 등은 발달 프로그램과 학습 규칙을 통해 가장 쉽게 형성될 수 있는 종교적 행동 요소들이다.

이런 과정들은 한 사회 집단의 경계를 정하고 그 구성원들을 맹목적인 충성심으로 결속시키는 작용을 한다. 우리의 가설은 그런 속박이 존재하고, 그것들이 생리적 근거를 갖고 있으며, 그 생리적 근거는 유전적 기원을 가진다는 것이다. 그것은 성직자 선택이 유전자로부터 생리 현상을 거쳐 속박된 학습에 이르기까지, 평생 지속되는 연쇄적인 사건들에 영향을 받는다는 것을 의미한다.

그 가설에 따르면, 유전자 자체의 빈도는 일련의 몇 가지 — 성직자적, 생태학적, 유전적 — 선택이 주고받듯이 이루어지면서 오랜 세대에 걸쳐 변한다. 성직자들의 생존과 번식을 꾸준히 강화하는 종교 행위들은 일생에 걸쳐 그 행동들의 습득을 선호하는 생리적 통제 기구들을 증식시킬 것이다. 그 통제 기구들을 규정하는 유전자들도 선호될 것이다. 개인의 성장기에 종교 행위는 유전자와 관계가 적기 때문에, 문화적 진화를 거치는 동안 크게 달라질 수 있다. 심지어 셰이커교도들처럼 한 집단이 한 세대 또는 몇 세대·내에 유전자 적응도를 감소시키는 관습을 채택하는 것도 가능하다. 그러나 여러 세대가 지나면, 그 밑바탕을 이루는 유전자들은 집단 전체에서 쇠퇴함으로써 자신들의 관대함에 대한 대가를 치르게 될 것이다. 그 결과 문화적 진화가 가져온 적응도 감소에 저항하는 기구들을 담당하는 다른 유전자들이 우세해질 것이고, 그 일탈 행동들은 사라질 것이다. 따라서 문화는 그 통제 유전자들을 냉정하게 시험하기는 하지만, 문화가 할 수 있는 최상의 행동은 한 유전자 집합을 다른 유전자 집합으로 대체하는 것뿐이다.

유전자와 문화의 상호 작용에 관한 이 가설은 종교의 영향을 생태적 및 유전적 수준에서 조사한다면 지지되거나 반증될 수 있다. 접근하기가 더 수월한 쪽은 생태적 수준이다. 우리는 이렇게 질문할 필요가 있다. 각 종교 행동은 개인과 종족의 복지에 어떤 영향을 미치는가? 그 행동은 역사적으로 어떻게, 어떤 환경에서 기원했을까? 그것이 필요에 대한 반응을 나타내거나 혹은 여러 세대에 걸쳐 한 사회의 효율을 개선하는 한, 그 상관관계는 상호 작용 가설에 들어맞는다. 그것이 이런 예측들에 어긋나는 한, 비록 간단하고 합당한 방식으로는 번식 적응도와 관련지을 수 없다고 할지라도, 그만큼 그 가설은 난점을 지닌다. 마지막으로 발달 생리학을 통해 밝혀질 학습에 대한 유전적으로 프로그램된 속박들이 종교 행동의 주요 추세에 부합된다는 것이 증명되어야 한다. 만약 그렇지 않다면 그 가설은 의심을 받게 되고, 그럴 때 문화적 진화는 이론적으로 예측된 유전적 진화 양식을 모방한다고 주장하는 편이 더 타당할 것이다.

폭넓은 주제들을 조사하기 위해서는 주술 및 그보다 더 신성화한 부족 의식, 그리고 신화를 중심으로 구축된 더 정교한 신앙들까지 포함될 수 있도록 종교 행동의 정의를 확장시켜야만 한다. 이런 조치들을 취한 뒤에도, 증거들은 유전-문화 상호 작용의 가설에 부합되어야 하고, 종교사의 사건 중 그 가설에 어긋나는 것은 거의 없어야 한다.

의례를 생각해 보자. 로렌츠-틴버겐 행동학(Lorenz-Tinbergen ethology)의 초창기에 열광적인 호응에 자극받은 일부 사회 과학자들은 인간의 의례와 동물의 의사 소통 표현 사이의 유사성을 이끌어 냈다. 그러나 아무리 노력한다 해도 그 비교는 옳지 않다. 동물의 표현은 대부분 한정된 의미를 전달하는 단절된 신호들이다. 그것은 자세, 얼굴 표정, 인간의 비언어적 의사 소통 수단인 원초적인 소리 등을 통해 보완된다. 새들이 펼치는 가장 복합적인 형태의 성적 광고와 부부 관계 형성 같은 일부 동물 표현들은 동물학자들이 가끔 의례라고 부를 정도로 정교하다는 인상을 심어 준다. 그러나 이런 비교 역시 잘못된 것이다. 대부분의 인간 의례는 단순한 신호 이상의 가치를 지닌다. 뒤르켕이 강조했듯이 그것들은 공동체의 도덕적 가치들을 표시할 뿐만 아니라 그것을 재확인하고 새롭게 한다.

신성한 의례는 인간만이 지닌 가장 고유한 것이다. 그것의 초보적인 형태는 주술, 즉 자연과 신을 조종하려는 적극적인 노력과 관계가 있다. 유럽 서부의 구석기 시대 동굴 벽화는 당시 사람들이 수렵 동물을 어떻게 바라보았는지 보여 준다. 벽화에는 수렵 동물의 몸에 창과 화살이 박혀 있는 그림들이 많다. 또 동물로 위장해 춤을 추거나 동물 앞에서 머리를 숙이고 서 있는 사람들을 묘사하는 그림들도 있다. 아마 그림은 어떤 심상을 마음에 품고 한 행위가 실제 대상에 전달될 것이라는 생각에서 나온 감응 주술 역할을 했을 것이다.

예견하고 하는 행동은 동물의 의도적 행동과 유사하며, 이런 행동은 진화 과정에서 종종 의사 소통 신호로 관례화하고는 했다. 꿀벌의 춤은 실제로 벌집에서 먹이까지 가는 비행의 축소 예행 연습이다. 8자 모양의 춤의 중간에 삽입되는 '직선 질주' 부분은 진짜 비행할 때의 방향과 비행 시간 두 변수의 크기에 정확히 맞춰진다. 원시인은 동물의 그런 복잡한 행동이 지닌 의미를 쉽게 이해했을 것이다. 아직도 몇몇 사회에서 쓰이는 주술은 샤먼, 주술사, 치료사 등 다양하게 불렸던 특별한 사람들이 수행했다. 그들만이 자연의 초자연적 힘을 다룰 수 있는 비밀 지식과 힘을 지닌다고 믿어졌고, 그들은 부족장을 능가하는 영향력을 행사하기도 했다.[12]

인류학자 로이 래퍼포트(Roy A. Rappaport)가 그 주제를 다룬 최근의 비평서에서 보여 주었던 것처럼, 신성한 의례는 직접적이고 생물학적으로 유익해 보이는 방식으로 원시 사회를 움직이고 표현했다.[13] 의례는 부족 및 가족의 부와 힘에 관한 정보를 제공할 수 있다. 뉴기니의 마링 족에게는 전쟁이 벌어졌을 때 충성을 요구하는 족장이나 지도자가 전혀 존재하지 않는다. 한 집단이 의례용 춤을 추면, 남자들은 춤을 추거나 추지 않음으로써 군사적 지원 여부 의사를 나타낸다. 그러고 나면 그 무리의 세력은 머릿수에 따라 정확히 결정된다. 더 발전한 사회에서는 국가 종교 의식과 각종 의장을 갖춘 군대 행진이 동일한 목적을 수행한다. 북서 해안 원주민들의 유명한 포틀래치 의식은 나누어 주는 선물의 양을 통해 개인의 부를 자랑할 수 있도록 한다. 지도자들은 친족 집단의 에너지를 잉여 물품을 제조하는 데 더 많이 동원함으로써 가족의 힘을 확대할 수도 있다.

또한 의례는 그렇지 않았다면 모호하고 쓸모없이 부정확했을 관계를 정례화한다. 이러한 의사 소통 양식의 가장 좋은 사례가 통과 의례이다. 소년이 성숙할 때, 아이에서 어른으로의 이행은 생물학적 및 심리학적 의미에서 매우 서서히 진행된다. 따라서 어른의 행동이 더 적당할 시기에 아이처럼 행동하거나, 그 반대 상황이 벌어지는 경우가 가끔 나타난다. 사회는 그를 이쪽 또는 저쪽으로 분류하는 데 어려움을 겪는다. 통과 의례는 그런 분류를 연속적인 것에서 이분법적인 것으로 임의로 변경함으로써 이 애매함을 제거해 준다. 또 젊은이가 자신을 받아들일 어른 집단에 확고한 유대감을 갖도록 한다.

주술은 이분법이 야기하는 문제들을 공격하려는 정신 성향도 보여 준다. 로버트 러바인, 키스 토머스(Keith Thomas), 모니카 윌슨(Monica Wilson) 같은 사회 과학자들은 주술의 심리학적 원인 이론을 정교하게 재구성해 왔다. 그들은 주술의 직접적인 동기를 밝혀냈는데, 그것은 일부는 감정적이고 일부는 합리적이다. 어느 사회든 샤먼은 치료나 저주를 하는 자리에 있다. 자신의 역할이 도전받지 않는 한, 그와 그의 친족은 더 커진 힘을 누린다. 그의 활동이 자비롭고 의례를 통해 승인되었다면, 그 활동은 사회의 결단과 통합에 기여한다. 그러므로 제도화한 주술이 생물학적 이득을 준다는 점은 명백해 보인다.

주술사의 행동을 억압하는 마녀 사냥은 훨씬 더 혼란스러운 현상이며, 우리 이론 연구의 정말 흥미로운 과제가 아닐 수 없다.[14] 사람들이 종종 자신이 귀신 들렸다거나 혹은 사회가 무엇에 씌었다고 선언하면서, 주변에서 사악한 초자연적 힘을 찾는 이유는 무엇일까? 엑소시즘(exorcism)과 신들림은 주술 행위와 마찬가지로 복잡하고 강력한 현상이지만, 여기서도 그 동기는 개인의 자아 찾기에 뿌리를 둔 것임이 증명된다. 가장 잘 기록된 사례는 튜터 왕조 및 스튜어트 왕조 잉글랜드에서 벌어진 마녀 사냥이다. 이 시기(1560~1680년) 이전의 가톨릭교회는 악령과 저주에 대처하는 체계적인 의례적 처방 체계를 시민에게 제공하고 있었다. 사실 교회는 긍정적 주술을 해 왔다. 그런데 종교 개혁이 바로 이 심리적 방벽을 제거해 버렸다. 신교 성직자들은 사악한 주술이 존재한다는 것을 재확인하면서 낡은 종교 행위들에 비난을 퍼부었다. 의례적인 대항 수단을 빼앗기자 귀신 들린 사람들은 스스로를 마녀라고 의심하게 되었고, 사람들은 그들을 공개적으로 비난하고, 그들의 파멸을 추구했다.

재판 기록들을 자세히 살펴보면 그 박해 뒤에 감추어진 더 심층적인 동기가 드러난다. 전형적인 사례를 하나 살펴보자. 고발인은 음식 등 필요한 것을 요구하는 어느 가난한 여인의 요청을 거절한 적이 있었는데, 그러고 나자 흉작이나 가족의 죽음 같은 개인적 불행을 겪게 되었다는 것이다. 고발인은 그 여인에게 누명을 씌움으로써 두 가지 목적을 달성했다. 첫 번째로 그는 마녀로 추정되는 여인의 유별나고 참견 잘하는 행동을 자신이 알아차릴 수 있었던 어떤 논리에 복종해, 자신이 고통의 원인이라고 진심으로 믿고 있는 것에 맞서 직접적인 행동을 취했다. 두 번째 동기는 더 미묘하며 증명하기가 쉽지 않다. 토머스는 이렇게 기술한다.

분노와 의무감 사이의 갈등으로 말미암아 남자들은 구걸하는 여자들을 매정하게 문 앞에서 쫓아 버렸다가 나중에 양심의 가책으로 괴로워하는 양가감정에 사로잡혔다. 그 끈적진 죄의식은 마녀 고발의 풍요로운 기반이 되었다. 계속되는 불운은 마녀 쪽의 복수로 볼 수 있었기 때문이다. 마녀 박해를 낳는 긴장들은 떠맡은 사람들을 어떻게 처리해야 할지 더 이상 명확한 견해를 갖지 못하고 있는 사회가 일으킨 것이다. 그것들은 일하지 않는 자는 먹지도 말아야 한다는 것과 부자가 가난한 자를 돕는 것은 축복이라는 것, 쌍을 이루면서도 상반되는 교리들 간의 윤리적 갈등을 반영한다.[15]

이 딜레마를 악령과의 전쟁으로 전이시킴으로써, 고발인은 더 이기적인 행동을 합리화할 수 있었다.

케냐의 난손간 족에서 마녀는 공식적인 고발보다는 소문을 통해 확인된다. 가장, 연장자, 추장, 부족 재판 위원 등 난손간 족 지도자들은 보통 마녀의 이야기를 받아들이지 않고 토론과 중재를 통해 논란을 해결하려고 시도한다. 절차가 엉성하기 때문에 사람들은 개인적 문제에 주의를 집중시키기 위한 방편으로 소문을 퍼뜨리고 고소를 한다.

마녀와 여러 주술 행동이 지닌 특성은 그런 행동을 더 높은 층위에 있는 '참된' 종교와 구별하는 근거가 되기도 한다. 대부분의 학자들은 종교의 핵심인 신성한 것과 주술이나 일상생활에 쓰이는 속성인 세속적인 것을 근본적으로 구분한 뒤르켕의 견해를 따른다. 어떤 절차나 견해를 승인한다는 것은 그것을 문제 삼지 않고 인증한다는 것이고, 감히 그것에 반대하는 자는 누구든지 처벌한다는 것을 의미한다. 예를 들어 힌두교 창조 신화를 보면, 자기 카스트가 아닌 다른 계급의 사람과 혼인한 자는 사후에 지옥 같은 야마의 왕국으로 가서 적열하는 인간 형상을 껴안아야만 한다. 세속적인 것과 신성한 것은 천양지차이기에 상황 파악을 제대로 못한 채 그런 이야기를 꺼내는 것 자체가 죄가 된다. 신성한 의례는 인간의 이해를 초월한 것임을 암시하는 외경심을 불러일으킨다.

이런 극단적인 형태의 승인은 그 집단의 핵심 이익에 봉사하는 행위와 교리를 통해 인준을 받는다. 개인은 신성한 의례를 거치면서 초인적인 노력과 자기희생을 할 준비가 된다. 시험하는 물음, 특별한 의상, 감정 중추에 정확히 맞춰진 신성한 춤과 음악에 압도되어, 그는 종교 체험에 빠져든다. 신자는 자신의 부족과 가족에 충실하겠다는 것을 거듭 확인하고, 자비를 베풀고, 평생을 봉헌하고, 사냥을 떠나고, 전투에 참가하며, 신과 국가를 위해 죽을 준비가 된다. 존 파이퍼(John E. Pfeiffer)가 말한 대로 예전에는 정말로 그러했다.

> 그들이 알고 믿어 온 것의 전부인 선조의 권위와 전통으로 충만한 힘은 구심점이 되어 의식이 진행될수록 점차 감정을 고조시켜 나갔다. 모닥불을 둘러싼 사람들 앞에서 몰아지경에 빠져 추는 샤먼으로부터 시작된 춤은 높은 제단 위에 있는 고위 사제들의 장엄한 군무로 절정에 올랐다. 똑같은 단어를 계속 되풀이하면서 행이 끝나는 부분마다 음을 강조하는 단조로운 노래와 찬가가 울려 나왔다. 배경에 깔린 음악이 북소리에 맞춰 점점 빨라지면서 반향을 일으키며 고조되어 절정을 향해 갔다. 가면을 쓴 춤꾼들은 신과 영웅의 역할을 연기하며 노래와 음악에 맞춰 몸을 움직였다. 모여든 사람들은 리듬에 맞춰 몸을 흔들며 의식용 찬가를 영창했다.[16]

그리고 그것은 보통 조각나고 약화된 형태를 취한 채 지금도 계속되고 있다. 현대 가톨릭의 복고적인 이단 종파와 신교의 부흥 및 복음주의 운동들은 타락해 가는 사회 세속화의 물결을 역류시키고 옛 형식을 부활시키려 애쓴다. 그 집단의 주류를 차지하고 있는 '선량한' 사람들은 정서적으로 공동체에 대한 맹목적인 복종을 가장 강력한 덕목으로 여기고 있다. "예수가 해답이다."라는 말은 1차 십자군들이 의지를 다지던 말인 "신이 원한다.(Deus vult)"의 현대적 대응물이다. 그 행동이 어떻든, 그 길이 얼마나 험난하든, 그것은 신의 의지이다. 마오쩌둥은 말했다. "우리는 끊임없이 일하고 견뎌 내야 한다. 우리는 신의 마음을 움직일 것이다. 우리의 신은 다름 아닌 중국인 자신이다."[17] 이런 신들이 섬겨질 때, 미지의 혜택이 있다면 부족 구성원들의 다원주의적 적응도는 최대가 된다. 이제 이런 질문을 할 때가 되었다. 교리 주입을 기꺼이 받아들이려는 태도가 서로 경쟁하는 파벌 간의 선택을 통해 진화한 신경학적 토대 위에 있는 학습 규칙일까?

종교적 충성이라는 맹목적 힘이 신학 없이도 작용할 수 있다는 사실은 이 단순한 생물학적 가설을 지지한다. 천안문 광장의 노동절 집회는 마야 인 계급들에게는 즉시 이해될 것이고, 레닌의 무덤은 예수의 피 묻은 수의를 숭배하는 사람들에게 쉽게 이해될 것이다. 레닌의 측근이었던 그리고리 피아타코프(Grigori Pyatakov)의 회고를 보자. "진짜 공산주의자, 즉 당에서 길러지고 영혼까지 흡수된 사람은 어느 정도 기적적인 사람이 된다. 그런 당에서 진정한 볼셰비키는 자신이 수년 동안 믿어 온 관념들을 쉽게 내버릴 수 있다. 진정한 볼셰비키는 자신의 견해와 확신에서 벗어나기 위해 필사적으로 노력할 수 있고, 당의 견해가 옳다고 진심으로 동의할 수 있는 수준까지 자신의 개성을 집단성, 즉 '당'에 융합시킨다. 이것이 진정한 볼셰비키의 검증 방법이다."[18]

* * *

『죽음의 부정(*The Denial of Death*)』에서 어니스트 베커(Ernest Becker)는 구

루(guru) 현상이 자아를 더 강하고 자비로운 힘에 복종시키는 장치임을 우리에게 일깨워 주었다. 선사는 수련자가 자아로부터 벗어나 불가사의한 힘을 획득할 때까지, 모든 수련 방법 — 정확한 물구나무서기 자세와 정확한 호흡법 — 에서 절대적인 충성을 요구한다. 선의 궁수는 더 이상 화살을 쏘지 않는다. 본성의 내면이 궁수의 완전한 몰아를 통해 세계를 깨고 들어가는 순간, 활이 놓이는 것이다.[19]

에살렌, 에스트, 아리카, 사이언톨로지 등 현대의 자아 완성 종교들은 전통 종교의 세속적 대체물이다. 그 종교 지도자들은 지적인 미국인들에게 경배를 받는다. 이런 모습은 가장 광신적인 수피교단(금욕적 수행을 하는 이슬람 신비주의 — 옮긴이) 장로에게서 감탄의 미소를 자아냈을 것이다. 에하르트 트레이닝 세미나(약칭 에스트(est))에서, 신참자들은 끊이지 않고 낭독되는 행동 과학과 동양 철학의 단순한 진리를 들으면서 동시에 배석자들에게 들볶이고 회유당한다. 그들은 먹기 위해 자리를 뜰 수도, 화장실에 갈 수도, 심지어 일어나 기지개를 펼 수도 없다. 피터 마린(Peter Marin)의 개인적 연구에 따르면, 그렇게 함으로써 얻는 보상은 자신을 전능한 주인의 손에 내맡김으로써 얻게 되는 자기 학대적 구원이다.[20]

그런 자발적인 복종은 개인과 사회 모두의 이익을 증대시킬 수 있다. 앙리 베르그송(Henri Bergson)은 감정 충족 기구 뒤에 최종 행위자가 있을 수 있다는 것을 처음 알아차린 사람이었다. 그는 인간의 사회적 행동이 지닌 극도의 유연성이 강점이자 위험이라고 보았다. 만일 각 가족마다 각자의 행동 규칙을 제정한다면, 전체 사회는 혼돈으로 붕괴될 것이다. 높은 지능과 개성이라는 해체시키는 힘과 이기적 행동에 대항하기 위해, 각 사회는 자신의 규약을 만들어야 한다. 넓게 보면 그 어떤 사회 규약도 아무것도 없는 편보다는 낫다. 하지만 임의의 조항이 적용된다면, 사회 조직은 불필요한 불공정 사례들 때문에 비효율적이 되고 훼손되기 쉽다. 래퍼포트는 그것을 간결하게 표현했다. "신성화는 임의적인 것을 필연적인 것으로 바꾸므로, 임의적인 규제 장치들은 신성화할 가능성이 높다."

그러나 신성화의 임의성은 비판을 불러오고, 더 자유롭고 자의식이 강한 미래론자들과 혁명론자들은 그 체제를 바꾸려 시도한다. 그들의 최종 목적은 자신들이 고안한 규약을 상정하는 것이다. 현재의 규약은 어느 정도 신성화하고 신화화했기 때문에, 대다수의 사람들은 그것을 의문을 초월한 것으로 보며, 다른 견해는 불경한 것으로 규정되고, 개혁은 억압과 마주치게 된다.

따라서 개인 수준의 자연 선택과 집단 수준의 자연 선택 간에 갈등의 장이 형성된다. 이 갈등을 다룸으로써 우리는 한 바퀴 돌아서 이타주의의 기원이라는 이론상의 문제에 다시 이르게 된다. 일단 순응과 봉헌을 향한 유전적 성향이 있다고 하자. 그 성향은 사회 전체 수준의 선택을 통해 습득된 것인가, 아니면 개인 수준의 선택을 통해 습득된 것인가? 심리학 관점에서 보면 이 질문은 이렇게 될 것이다. 그 행동은 공동체 전체의 이익을 수호하기 위해 프로그램된 맹목적인 것인가, 아니면 개인들의 자기 이익을 조장하기 위한 목적적인 것인가?

한쪽 극단인 굳센 종교 성향을 빚어낼 가능성이 높은 쪽에서는 선택 단위는 집단이 된다. 이럴 때 순응이 너무 약해지면, 집단은 쇠퇴하고 소멸하기도 한다. 이런 가상의 상황에서도 이기적이고 개인주의적인 구성원들이 상층부를 차지하고, 타인의 희생을 밑거름 삼아 증식할 가능성은 여전히 남아 있다. 그러나 그들의 일탈 성향이 미치는 영향력이 커짐에 따라 사회는 더 취약해지고 급속히 쇠퇴한다. 그런 개인들의 비율이 높은 사회, 따라서 그런 성향을 낳는 유전자의 빈도가 높은 사회는 '유전적 결의'가 덜 흔들린 사회에 굴복할 것이고, 전체 개체군에서 순응 개체들이 차지하는 비율은 증가할 것이다. 맹목적 순응을 낳는 유전자는 그런 가능성이 없는 유전자를 희생시키면서 증식한다. 자기희생 유전자도 이런 식으로 강화될 수 있는데, 왜냐하면 보상을 기꺼이 포기하거나, 심지어 자신들의 삶까지 내던지려는 개인들의 의지는 집단의 생존을 도울 것이기 때문이다. 그런 과단성 있는 개인들이 죽음으로써 입게 되는 유전자 손실은 수혜 집단이 커짐으로써 얻는 유전적 이익으로 상쇄되고도 남는다.

더 목적적이고 더 양가감정적인 종교 성향을 낳는 다른 쪽 극단에서는, 개인적 선택이 다윈 진화를 통제하는 힘이 된다. 개인들의 순응 능력은 에너지 소비와 위험을 최소화하면서 구성원으로서의 이익을 향유할 수 있게 하며, 그들의 행동은 장기적으로 사회 표준이 되어 남는다. 경쟁자들이 이기심과 불경스러움을 통해 일시적으로 순응주의자에 비해 유리해질 수도 있지만, 결국은 추방과 억압을 통해 경쟁에 지게 된다. 순응주의자는 모든 사회들 간의 경쟁을 통해 선택된 유전적 성향 때문이 아니라, 집단이 다른 상황에서는 그 개인에게 유리할 수도 있는 교리 주입을 가끔 이용할 수 있기 때문에, 자신의 삶을 위험에 몰아넣을 정도까지 이타적 행동을 한다.

이 두 가능성이 상호 배타적일 이유는 없다. 즉 집단적 선택과 개인적 선택은 서로를 보완할 수 있다. 집단이 성공하기 위해 스파르타식 미덕과 자기 부정적 종교 성향을 요구한다면, 승리는 살아남은 신자들에게 그 이상으로 토지 권력과 번식 기회 등으로 보상할 수 있다. 이 다윈주의적 게임에서는 평균적인 개인이 이길 것이고, 그의 도박은 이익을 안겨 줄 것이다. 왜냐하면 참여자들의 총체적인 노력은 평균적인 사람에게 더 많은 보상을 안겨 주기 때문이다.

야훼께서 모세에게 말씀하셨다. "너와 엘르아잘 사제와 회중의 집안 어른들은 노략물과 사로잡아 온 사람과 짐승들을 세어 보아라. 그리고 너는 그것을 반으로 갈라서 반은 싸우러 나갔던 전사에게, 반은 온 회중에게 나누어 주어라. 그리고 싸우러 나갔던 군인들에게서 야훼에게 드릴 헌납품을 떼어 내라. 사람이든 소든 나귀든 양이든 그 500분의 1을 그들이 차지한 것의 절반에서 떼어 내어 엘르아잘 사제에게 주어라. 이것이 야훼에게 바칠 예물이다. 야훼의 성막을 보살피는 레위 인들에게는 이스라엘 백성이 차지한 것의 절반에서 사람이든 소든 나귀든 양이든 그 모든 것의 50분의 1을 떼어 주어라."

— 「민수기 31 : 25~30」

가장 고귀한 형태의 종교 행위도 더 세밀히 조사하면 생물학적 이익을 제공하는 것으로 보일 수 있다. 무엇보다도 그것들은 정체성을 고정한다. 개인이 매일 겪는 혼란스럽고 방향을 잃게 만드는 경험들의 한가운데에서, 종교는 그를 분류해 주고, 위대한 능력이 있음을 주장하는 집단의 확실한 구성원 자격을 그에게 부여하며, 그럼으로써 그의 개인적 이익에 부합되는 삶의 목표를 그에게 제공한다. 집단의 힘은 그의 힘이고, 신성한 계약은 그의 안내자이다. 신학자이자 사회학자인 한스 몰 (Hans J. Mol)은 이 핵심 과정을 "정체성의 신성화"라고 불렀다.[21] 정신은 결합되어 조직화된 종교의 제도들을 만드는 몇몇 신성화 과정에 참여하려는 성향 — 우리는 학습 규칙들이 생리적으로 프로그램되어 있다고 추정할 수 있기 때문에 — 이 있다.

첫 번째 과정은 대상화이다. 즉 이해가 쉽고 모순과 예외가 적은 심상과 정의를 사용해 현실을 기술하는 것이다. 천당과 지옥, 선한 힘과 악한 힘의 투쟁이 벌어지는 장으로서의 인생, 각각의 자연력을 통제하는 신들, 당장 금기를 강요할 것 같은 정령들이 그 예이다. 대상화는 상징과 신화로 장식할 매력적인 뼈대를 만든다.

종교 만들기의 두 번째 과정은 의탁이다. 신자들은 같은 일을 하는 사람들의 복지와 대상화한 관념들을 위해 자신의 일생을 바친다. 의탁은 감정적인 자기 복종을 통해 드러나는 순수한 동족 의식이다. 그것은 신비주의적인 계약에 초점을 맞추고 있으며, 그것의 승인에는 계약 조항의 번역 의무를 진 샤먼과 사제가 필요하다. 의탁은 의례를 통해 이루어지며, 의례 속에서 임의의 규칙들과 신성한 대상들은, 사랑이나 배고픔처럼 인간 본성의 한 부분으로 여겨질 때까지 반복해서 신성화되고 재정의된다.

마지막으로 신화가 있다. 전승되는 이야기들은 그 부족이 세계 내에서 차지하고 있는 특별한 지위를 합리적인 용어로 설명해 주며, 그것은 듣는 사람이 이해하고 있는 물리적 세계에 들어맞는다. 문자가 없던 수렵 채집인들은 세계 창조에 관해 믿음이 가는 신성한 이야기들을 하고는 했다. 초자연적 힘을 지니고 그 부족과 특수한 관계를 맺고 있는 인간이나 동물들은 그 부족과 함께 싸우고 먹고 자손을 낳았다. 그들의 행동은 자연이 어떻게 돌아가고, 왜 그 부족이 지금 있는 곳을 선호했는지 약간이나마 설명해 준다. 신화의 복잡성은 사회의 복잡성에 비례한다. 신화들은 본질적 구조를 더 환상적인 형태로 복제해 낸다. 반신반인과 영웅 종족들은 군주와 영토를 지키기 위해 싸우면서, 유한한 인간 삶의 각기 다른 측면을 다스린다. 신화들은 마니교의 주제, 즉 인간 세계를 통제하려는 두 초자연적 힘의 투쟁이라는 주제를 끊임없이 되풀이하고 있다.

예를 들어 아마존 오리노코 숲에 사는 아메린드 족의 신화에서는 해와 달을 상징하는 두 형제가 싸우는데, 하나는 자비로운 창조자고 다른 하나는 트릭스터(trickster, 여러 민족의 신화 속에서 창조자의 방해자로 등장하는 자 — 옮긴이)이다. 후기 힌두교 신화에서 우주의 자비로운 신 브라흐마는 밤을 창조한다. 밤은 라카샤들을 낳았는데, 라카샤들은 브라흐마를 잡아먹으려 하고 죽어야 할 운명을 지닌 인간들을 파멸시키려 한다. 더 세련된 신화들 속에서 되풀이되고 있는 또 다른 주제는 한 신이 기존 세계를 종식시키고 새 질서를 창조함으로써 투쟁이 끝난다고 예언하는 계시록과 천년 왕국이다.

그러한 고등한 신에 대한 믿음은 보편적인 것이 아니다. 존 휘팅(John W. M. Whiting)은 81개 수렵 채집 사회를 조사했는데, 그중 그들의 신성한 전승 속에 고등한 신을 포함하고 있는 사회는 28개, 즉 35퍼센트에 불과했다.[22] 세계를 창조한 능동적이고 도덕적인 신의 개념을 지닌 사회는 그보다 더 적다. 게다가 이 개념은 대체로 유목 생활 양식에서 유래한다. 유목 의존도가 높을수록 유대-기독교 유형의 목자의 신이 나타나기 쉽다. 유목 의존도가 낮고 종교가 있는 사회 중 그런 유형의 신앙을 가진 사회는 10퍼센트 이하에 불과하다.

유일신 종교에서 신은 언제나 남성이다. 이 강력한 가부장적 성향은 몇 가지 문화적 원천을 갖고 있다. 유목 사회는 이동성이 높고, 긴밀하게 조직되어 있고, 호전적이기도 하다. 즉 균형을 남성의 권위 쪽으로 이동시키는 특징을 모두 갖고 있다. 경제의 주요 토대인 유목이 주로 남자들의 책임이라는 점도 중요하다. 유대인은 원래 유목 민족이었으므로, 성경은 신을 목자로, 그의 선택된 민족을 양으로 기술하고 있다. 모든 유일신교 중 가장 엄격한 종교의 하나인 이슬람교가 처음 교세를 키운 것도 아라비아 반도의 유목 민족 속에서였다.[23]

신앙의 사회 생물학적 설명은 현대 생활에서 신화의 역할이라는 수수께끼로 이어진다. 인류가 아직도 대체로 신화의 지배를 받고 있다는 것은 분명하다. 더구나 현대의 많은 지적 및 정치적 투쟁은 세 거대 신화 — 마르크스주의, 전통 종교, 과학적 유물론 — 의 갈등 때문에 나타난다. 순진한 사람들은 아직도 마르크스주의를 과학적 유물론의 일종으로 간주하지만, 그렇지 않다. 필연적인 계급 투쟁을 통해 노동자들의 통제하에 생산이 이루어지고 약하게 통제되는 평등 사회가 출현한다는 역사 인식은 순수한 경제적 과정이라는 하부 힘에 대한 이해에 토대를 둔다고 한다.

사실 마르크스주의는 인간 본성의 부정확한 해석에도 마찬가지로 토대를 두고 있다. 마르크스와 엥겔스, 그리고 그들의 모든 추종자들과 분파주의자들이 지닌 논리가 아무리 정교하든 간에, 그 논리는 인간 행동이 사회 환경을 통해 얼마만큼 성형될 수 있다는 생각과 인간 본성의 더 심층적인 욕망에 관한 드러나지 않은 수많은 전제들 위에서 작동한다. 이 전제들은 결코 검증받은 적이 없다. 그 전제들은 명확히 밝혀질 때마다 불충분하거나 틀린 것임이 드러나고는 했다. 그것들은 자신들이 낳았다고 하는 역사적 도그마의 숨은 감시자가 된다.

마르크스주의는 생물학 없는 사회 생물학이다. 인간 본성의 과학적 연구를 가장 강력히 반대하는 쪽은 인간 행동이 극소수의 구조화하지 않은 충동들로부터 나온다는 관점을 고수하고 있는 소수의 마르크스주의 생물학자들과 인류학자들이다. 그들은 학습되지 않은 인간 정신 속에는 혁명적 사회주의 국가라는 목표로 쉽게 이끌릴 수 있는 것을 제외하면 아무것도 없다고 믿는다.

그들은 더 커다란 구조가 있다는 증거와 마주칠 때마다, 인간 본성을 과학적으로 연구하는 데는 한계가 있다고 선언하는 반응을 보여 왔다. 그렇지 않은 소수의 매우 능력 있는 학자들은 그 주제의 논의 자체가 위험하다고, 최소한 자신들의 진보 개념에 비추어 볼 때 그렇다고 주장한다. 나는 내가 이러한 인식이 근본적으로 틀렸다는 것을 보여 주었다고 믿고 싶다. 이론 및 신념 체계로서의 마르크스주의의 건강을 염려하는 것도 당연하다. 비록 마르크스주의가 자신을 무지와 미신의 적으로서 공식화하기는 했지만, 그것은 교조화해 온 만큼 실천을 주저해 왔고, 지금은 인간 사회 생물학의 발견들로부터 치명적인 위협을 받고 있다.

마르크스주의가 단지 과학적 유물론의 부정확한 산물, 말하자면 실패한 폭군이라고 한다면, 전통 종교는 그렇지 않다. 과학이 고대 신화들을 하나씩 붕괴시켜 왔기 때문에, 이제 신학은 더 이상 물러날 수 없는 마지막 발판을 딛고 서 있다. 창조 신화는 신을 이렇게 정의한다. 신은 의지이고, 존재의 원인이며, 최초의 불덩이 속에서 모든 에너지를 생성하고 우주 진화의 자연법칙을 설정하는 자이다. 하지만 발판이 있는 한, 신학은 문을 통해 몰래 빠져나갈 수 있고 때로는 현실 세계로 다시 튀어나올 수도 있다.

다른 철학자들이 무장 해제당해 온 반면, 자연신을 믿는 사람들은 과정 신학에서처럼 곳곳에 배어 있는 초월적 의지를 가정할 수 있다. 그들은 심지어 기적을 가정할 수도 있다.

그러나 과학적 유물론의 힘을 오해하지 말기를 바란다. 그것은 대체 신화로서 인간의 마음에 존재하며, 지금까지 투쟁의 장이 마련될 때마다 매번 전통 종교를 물리쳐 왔다. 과학적 유물론의 이야기 형태는 서사시다. 즉 그것은 150억 년 전의 대폭발에서 출발해 원소와 천체의 탄생을 거쳐 지구의 생명이 출현하기까지의 진화이다. 그 진화 서사시는, 그것이 지금 당장 제시할 수 있는 법칙들은 믿을 만한 것이지만, 물리학에서 사회 과학까지, 이 세계로부터 가시 우주의 다른 모든 세계까지, 시간을 거슬러 올라가 우주의 탄생 시점까지, 그 모든 것이 인과의 사슬로 엮여 있다는 점을 결코 명쾌하게 증명할 수는 없다는 의미에서 신화이다.

모든 존재는 외부의 그 어떤 통제도 필요 없는 물리 법칙에 복종한다고 여겨진다. 과학자들은 경제적인 설명에 강한 애착을 갖고 있기 때문에, 신성한 정신 같은 외부 행위자를 배척한다. 가장 중요한 것은 현재 우리가 생물학사의 중요 단계, 즉 종교 자체가 자연 과학의 설명 대상이 되는 시점에 도달해 있다는 사실이다. 내가 보여 주고자 한 대로, 사회 생물학은 인간의 뇌라는 유전적으로 진화하는 물질 구조에 작용하는 자연 선택 원리를 통해, 신화의 근원 자체를 설명할 수 있다.[24]

이 해석이 옳다면, 과학적 자연주의가 휘두르고 있는 최종 결론에 해당하는 칼날은 그것의 주요 경쟁자인 전통 종교를 철저하게 물질적인 현상으로 설명할 수 있는 능력에서 나올 것이다. 신학은 독립적인 지적 분야로 생존해 갈 것 같지 않다. 그러나 종교 그 자체는 사회의 생명력으로서 오랜 기간 버텨 낼 것이다. 어머니인 대지로부터 에너지를 끌어내는 신화 속의 거인 안타에우스처럼, 종교가 단순히 그것을 땅에 내던지는 자들에게 패배할 리는 없다.

과학적 자연주의의 정신적 약점은 그러한 힘의 근원을 전혀 갖고 있지 않다는 사실 때문이다. 종교적 호소력의 생물학적 근원을 설명할 수는 있지만, 그 근원으로부터 그것의 현재 형태들을 도출해 내지는 못한다. 왜냐하면 진화 서사시는 개인의 불멸성과 사회에 대한 신의 특권을 부정하며, 인간 종의 존재론적 의미만을 제시하기 때문이다.

인본주의자들은 영적 깨달음과 자기 복종이라는 강렬한 쾌락을 결코 향유하지 못할 것이다. 즉 과학자들은 성직자처럼 충심으로 봉사할 수 없다. 따라서 이제 이런 질문을 던질 시기가 되었다. 종교적 힘의 방향을 그 힘 자체의 근원을 폭로하려는 위대한 새 계획에 복무하도록 전환시킬 수 있는 방법이 과연 있을까? 이제 마침내 우리는 답을 요구하는 형태로 재구성된, 두 번째 딜레마로 회귀했다.

9장
희망

❄

　첫 번째 딜레마는 전통 종교 신화와 그 세속적 대체물들, 특히 마르크스주의적 역사 해석에 바탕을 둔 주류 이데올로기들이 지닌 신화들이 숙명처럼 쇠퇴함으로써 나타났다. 이들의 쇠퇴는 도덕적 합의의 상실, 인간 조건에 대한 심각한 무기력감, 자신과 미래에 대한 무관심 등을 낳았다. 첫 번째 딜레마의 지적 해결책은 생물학의 발견들과 사회 과학의 발견들을 겸비하고 인간 본성을 더 심층적이고 과감하게 연구함으로써 찾을 수 있다.

　정신은 뇌 신경 기구의 부수적인 현상이라고 설명하는 편이 더 정확할 것이다. 그 기구는 고대 환경에서 수십만 년 동안 인간 집단에 작용해 온 자연 선택을 거친 유전적 진화의 산물이다. 신경 생물학, 동물 행동학, 사회 생물학의 방법들과 개념들을 신중하게 확장한다면, 사회 과학을 위한 적절한 토대가 마련될 수 있고, 이쪽은 자연 과학 저쪽은 사회 과학과 인문학 하는 식으로 아직도 나누고 있는 편가름을 없앨 수도 있다.

이런 첫 번째 딜레마의 해결책이 일부나마 옳다고 증명된다면, 그 해결책은 두 번째 딜레마, 즉 의식적 선택은 타고난 정신적 성향들 중에서 이루어져야 한다는 딜레마와 직결된다. 인간의 본성을 구성하는 요소들이란 어떤 다른 통로가 아닌 특정한 통로를 따라 발달하도록 사회적 행동을 인도하는 학습 규칙들, 감정 강화 요인들, 호르몬 되먹임 고리들이다.

인간 본성은 현존 사회 속에 구현되어 있는 성과들을 그저 배열해 놓은 것이 아니다. 그것은 미래 사회의 의식적 설계를 통해 성취될지 모를 가능성의 배열이기도 하다. 수백 종의 동물들이 이룩해 놓은 사회 체제를 조사하고, 이 체제의 진화 원리를 도출한다면, 우리는 인간의 모든 선택이 이론상 가능한 대안 중 작은 부분 집합에 불과하다는 것을 확인할 수 있을 것이다. 게다가 인간 본성은 이미 거의 사라지고 없는 환경인, 빙하기 수렵 채집인들의 세계에서 유전적으로 특수한 적응을 거친 결과로 나온 일종의 혼합물이다.

현대 생활이 그 속에 사로잡혀 있는 사람에게는 풍요롭고 급속히 변화하는 것처럼 보이겠지만, 그것 역시 고대에 적응했던 행동들이 문화적으로 비대화해 형성된 모자이크에 불과할 뿐이다. 그리고 두 번째 딜레마의 핵심에서는 자가 순환성이 발견된다. 즉 우리는 오래전에 사라진 진화 시대에 창조된 이런 요소들로 이루어진 가치 체계를 참조해, 인간 본성의 구성 요소들 중에서 선택을 할 수밖에 없다.

다행히 인간을 궁지에 몰아넣는 이러한 자가 순환성은 의지의 훈련을 통해 깨뜨릴 수 없을 만큼 견고한 것이 아니다. 인간 생물학의 주요 과제는 윤리 철학자들을 비롯한 모든 사람들의 결정에 영향을 미치는 속박을 파악하고 측정하며, 정신의 신경 생리학적 및 계통학적 재구성을 통해 그 속박의 의미를 추론하는 것이다. 이 과제는 그 뒤에 이어질 문화적 진화 연구에 반드시 필요한 보완물이다. 그것은 사회 과학의 풍요로움과 중요성을 전혀 손상시키지 않으면서, 그것의 토대를 바꿀 것이다. 그 과정에서 그것은 윤리학의 생물학을 빚어낼 것이고, 그 생물학은 더 깊이 이해된 항구적인 윤리적 가치 규범을 선택할 수 있도록 해 줄 것이다.

우선 그 새로운 윤리학자들은 세대를 초월한 공통 풀(pool)의 형태로 존재하는 인간 유전자의 생존이라는 기본 가치를 진지하게 고찰하고 싶어 할 것이다. 유성 생식이 용해 작용을 한다는 것, 따라서 '혈통'이란 중요하지 않다는 것, 이것의 진정한 결과를 깨닫고 있는 사람은 거의 없다.

한 개인의 DNA는 주어진 어느 세대의 모든 조상들이 거의 동등하게 기여한 결과이고, 마찬가지로 그것은 미래의 어느 시점에서도 모든 자손들에게 동등하게 배분될 것이다. 1700년으로 거슬러 올라가면 우리 개개인의 조상은 200명을 넘어서고, 그들 각각이 현재의 자손에게 기여한 정도는 염색체 하나보다도 훨씬 적다. 그리고 족외혼이 얼마나 이루어졌는가에 따라 달라지겠지만, 1066년으로 올라가면 이 숫자는 수백만 명까지 늘어날 수도 있다.

노르만계 영국인들의 조상을 상세히 연구했던 헨리 애덤스(Henry Adams)도 그런 생각을 했다. "우리가 과거로 돌아가서 2억 5000만 명으로 추산되는 11세기의 조상들과 함께 살게 된다면, 우리는 많은 놀라운 일들을 하고 있는 자기 자신을 발견하게 된다. 그중에서도 우리는 틀림없이 콩텐틴과 칼바도스 벌판의 대부분을 갈아야 하고, 노르망디에 있는 교구 교회에 예배를 보러 가야 하며, 이 모든 지역에 있는 군주들에게 종교적으로 또는 세속적으로 군역을 져야 하며, 몽 생 미셸에 있는 대성당의 건축을 도와야 한다."[1]

다시 수천 년을 거슬러 올라가면 — 진화 시계가 단 한번 똑딱 움직이는 기간에 불과하다. — 현대 영국인 한 명을 출현시킨 그 유전자 풀은 전 유럽, 북아프리카, 중동, 그리고 더 멀리까지 퍼져 있음을 알게 된다. 그 개인은 이 풀에서 꺼낸 유전자들의 일시적인 조합이며, 그 유전 물질은 곧 다시 그 풀로 용해될 것이다. 자연 선택이 자신과 가까운 친척들에게 이익을 가져오는 방향으로 개인들의 행동에 작용해 왔기 때문에, 인간 본성은 우리를 이기심과 종족주의의 명령에 복종시킨다.

그러나 장기적인 진화 과정이라는 더 초연한 관점에 서면, 우리는 자연 선택이라는 맹목적인 의사 결정 과정 그 너머를 볼 수 있고, 전체 인간 종을 배경 삼아 우리 유전자의 역사와 미래를 조망할 수 있다. 이미 쓰이고 있는 단어 중에 이 관점을 직관적으로 정의하는 것이 있다. 그것은 '고귀함'이라는 단어다. 공룡들이 이 개념을 이해했다면, 그들은 살아남았을지도 모른다. 그들이 우리가 되었을지도 모른다.

나는 진화론의 올바른 적용이란 유전자 풀 내의 다양성도 기본 가치로서 옹호하는 것이라고 믿는다. 증거들이 보여 주는 대로 정신적 및 육체적 능력의 차이가 어느 정도 유전자의 영향을 받는다고 한다면, 우리는 평범한 가족 중에서 예기치 않게 진짜 비범한 능력을 지닌 사람들이 출현할 수 있고, 이 능력은 자손에게 전달되지 않으리라고 예상할 수 있다.

생물학자 조지 윌리엄스(George C. Williams)는 동식물에서 나타나는 그런 출현을 시시포스 유전형이라고 썼다.[2] 그의 추론은 초보적인 유전학에서 이끌어 낸 다음과 같은 논증에 바탕을 두고 있다. 거의 모든 능력은 염색체 위의 수많은 지점에서 이루어지는 유전자들의 조합으로 정해진다. 약하거나 강한, 진정 예외적인 사람들은 정의에 따라 통계 곡선의 양끝에 위치한다. 그리고 그들의 형질을 발현시키는 유전 물질은, 새로운 생식 세포가 형성되고 이 생식 세포들이 융합해 새 생물이 창조되는 무작위적 과정에서 매우 희귀한 유전자 조합이 일어남으로써 나온 것이다. 각 개체는 유성 생식을 통해 형성된 고유한 유전자를 지니고 있으므로, 극히 예외적인 유전자 조합은 한 가족 내에서 두 번 이상 나타날 것 같지 않다. 따라서 만약 재능이 어느 정도 유전된다면, 그것은 측정하기도 예측하기도 어려운 방식으로 유전자 풀을 통해 켜졌다 꺼졌다 할 것이다.

다시 굴러 떨어지는 바위를 되풀이해서 언덕 위로 밀어 올리는 시시포스처럼, 인간 유전자 풀은 다음 세대에 다양한 장소에서 다양한 방식으로, 오로지 동떨어져 나타나도록 유전적 재능을 창조한다. 시시포스식으로 조합되는 유전자들은 아마 집단 전체에 퍼져 있을 것이다. 이 이유만으로도, 우리는 전체 유전자 풀의 보전을 잠정적인 기본 가치로 생각해도 무방하다. 인간 유전에 관한 거의 상상할 수 없는 광대한 지식이 우리에게 민주적으로 설계된 우생학적 대안을 제공하는 시대가 오기 전까지는.

보편적 인권은 세 번째 기본 가치로 간주하는 편이 적절할지 모른다. 그 개념은 보편적인 것이 아니다. 그것은 주로 최근의 유럽-미국 문명의 발명품이다.[3] 나는 보편적 인권이 신의 명령(왕도 신권에 의해 통치하고는 했다.)이나 미지의 초월적 근원에서 유래한 추상적 원리에 복종하기 때문이 아니라, 우리가 포유류이기 때문에 그것에 기본적인 지위를 부여하고 싶어 하는 것이라고 믿는다.

우리 사회는 포유류적 계획에 토대를 두고 있다. 즉 개인은 우선 자신의 번식에 성공하기 위해 전력을 다하고, 이차적으로 가까운 친족들을 번식시키기 위해 애쓴다. 그다음에 마지못해 하는 협동은 집단 구성원의 이익을 향유하기 위한 타협을 의미한다. 이성을 지닌 개미는 ― 개미를 비롯한 사회성 곤충들이 진화하여 고도의 지능을 갖게 되었다고 상상하자. ― 그런 순서를 생물학적으로 불건전한 것이라고, 개인의 자유라는 개념 자체를 본질적인 악이라고 생각할 것이다.

고도 기술 사회에서는 권력이 너무 유동적이어서 이 포유류적 명령을 회피할 수 없기 때문에, 우리는 보편적 인권을 따를 것이다. 즉, 장기적인 불평등이 가져올 결과는 일시적인 혜택에 비해 언제나 위험할 것이 분명하기 때문이다. 나는 이것이 보편적 인권 운동의 참된 이유이고, 문화가 그것을 강화하고 완곡하게 표현하기 위해 아무리 합리화를 하든 간에 결국은 그것의 근원적인 생물학적 원인을 이해할 수밖에 없을 것이라고 주장하는 바이다.

그러고 나면 가치의 추구는 유전적 적응도라는 공리주의 계산법을 넘어서게 될 것이다.[4] 비록 자연 선택이 원동자라고 할지라도, 그것은 역사적으로 볼 때 생존과 번식을 성공으로 이끈 메커니즘으로 작용해 온 이차적인 가치들을 근거로 한 연쇄적인 결정들을 통해 작동한다. 이 가치들은 대체로 우리의 가장 강렬한 감정들에 따라 정의된다. 극도의 열정과 모험심, 발견의 희열, 전투와 경기에서의 승리감, 진심 어린 이타적 행동에서 우러나는 만족감, 민족적 및 국가적 자긍심의 고양, 가족의 유대에서 나오는 강한 감정, 가까운 동물과 식물로부터 얻는 내밀한 생명사랑의 기쁨이 바로 그런 감정에 해당한다.

그러한 감정 반응들은 신경 생리학적으로 해독될 수 있고, 그것들의 진화사는 재구성되기를 기다리고 있다. 어느 한 가지 힘이 다른 힘들보다 강하다고 해도 모든 힘을 총합한 에너지는 보존되고 있는 것처럼, 그 반응들 간에도 일종의 에너지 보존 원리가 작용한다. 메리 버나드(Mary

Barnard)가 번역한 사포(Sappho)의 차분한 시에서 알 수 있듯이, 시인들은 그것을 잘 알고 있었다.

누구는 기병대를 말하지,
누구는 보병대, 누구는 또
주장할 거야
우리 함대의 빠른 노들이
어둔 세상의 가장 멋진 광경이라고
하지만 나는 말하지
무엇을 사랑하든, 이라고[5]

비록 이 에너지들을 측정할 방법은 없지만, 나는 그것들이 힘을 잃지 않으면서도 실질적으로 다른 방향을 취할 수 있다는 점과 정신이 평정과 정서적 보상을 일정 수준으로 유지하기 위해 분투한다는 점에 심리학자들이 동의할 것이라고 생각한다. 최근의 증거들은 잠을 자는 동안에 뇌줄기의 거대 신경 섬유들이 뇌를 향해 위로 발화되어, 대뇌 피질의 활동을 자극함으로써 꿈을 꾸게 된다고 말한다.[6] 외부로부터 일상적인 감각 정보가 없을 때, 피질은 기억 창고에서 심상들을 불러내 그럴듯한 이야기를 꾸며 냄으로써 반응한다.

이와 유사하게 정신은 언제나 도덕, 종교, 신화를 창조하고 그것들에 감정의 힘을 불어넣을 것이다. 맹목적 이데올로기와 종교적 신념이 제거될 때면, 다른 것들이 대체물로 급조된다. 만일 대뇌 피질을 정밀한 분석 기법으로 단단히 훈련시키고 나서 그것에 검증된 정보를 채워 넣는다면, 그것은 그 모든 정보를 특정한 형태의 도덕, 종교, 신화로 다시 정리해 놓을 것이다. 만일 정신에게 자신의 비합리적인 활동이 합리적인 활동과 융화될 수 없다고 가르친다면, 정신은 두 활동이 나란히 풍성해질 수 있도록 자신을 두 부분으로 나눌 것이다.

* * *

과학적 유물론 자체가 고상한 의미로 정의된 신화라는 것을 우리가 마침내 인정한다면, 이 신화를 창조하려는 충동은 다듬어서 인간의 진보에 관해 배우고 그것을 이성적으로 탐구하는 데 이용할 수 있다. 여기에서 내가 왜 과학 정신을 종교보다 우월하다고 생각하는지 그 이유를 다시 한번 말하고 싶다.

과학은 자연 세계를 설명하고 제어하는 데 성공을 거듭해 왔고, 그것의 자기 교정 특성은 자가 진단법들을 설계하고 수행할 수 있는 모든 능력을 갖추고 있다. 또 그것은 모든 신성한 주제와 세속적 주제들을 조사할 준비가 되어 있다. 그리고 이제 그것은 전통 종교를 진화 생물학의 기계론적 모형으로 설명할 수 있는 가능성을 갖게 되었다. 이 중 마지막 성취가 핵심일 것이다. 교조화한 세속적 이데올로기를 포함해 모든 종교가 뇌의 진화 산물로서 체계적으로 분석되고 설명될 수 있다면, 종교가 지닌 도덕성의 외부 근원으로서의 힘은 영원히 사라질 것이다. 그리고 두 번째 딜레마의 해답은 현실적인 필연이 될 것이다.

과학적 유물론의 정수는 진화 서사시다. 그것이 내세우는 최소한의 주장을 다시 한번 열거해 보자. 물리학 법칙들은 생물학 및 사회 과학 법칙들에 부합되며 인과적 설명 사슬로 연결될 수 있다. 생명과 정신은 물리적 토대를 가진다. 우리가 알고 있는 세계는 같은 법칙의 지배를 받는 더 앞선 세계로부터 진화해 왔다. 오늘날 눈에 보이는 우주는 어느 곳이든 이 유물론적 설명의 대상이 된다, 등등. 이 서사시의 행은 아래

위로 무한히 늘어날 수 있지만, 그것의 가장 포괄적인 주장들은 궁극적으로 증명될 수 없다.

내가 주장하는 것은 결국은 진화 서사시가 아마도 우리가 지닐 최상의 신화가 되리라는 것이다. 그것은 인간의 정신이 진리를 판단할 수 있도록 구축되어 진리에 가까이 다가갈 때까지 수정될 수 있다. 그렇다면 우리의 최상의 능력을 재투자할 수 있도록 과학적 유물론은 어떻게 해서든지 정신의 신화 창조에 필요한 요건을 충족시켜야 한다. 그런 변화를 정직하게, 도그마 없이 이루어 내는 방법들이 있다. 하나는 과학과 인문학의 관계를 더 돈독히 하는 것이다.

영국의 위대한 생물학자 J. B. S. 홀데인(J. B. S. Haldane)은 과학과 문학의 관계를 이렇게 표현했다. "나는 과학이 고전 문학보다 더욱 폭넓게 상상을 자극하긴 하지만, 계급으로서의 과학자들이 문학 양식을 전혀 이해하지 못하기 때문에 그 자극의 산물들이 빛을 보지 못하고 있다고 확신한다."

사실 천문학자들과 물리학자들이 추론해 낸 150억 년 전의 대폭발로 시작되는 우주의 기원은 창세기의 첫 장이나 니네베의 길가메시 서사시보다도 훨씬 더 경이롭다. 모든 것 — 말 그대로 모든 것 — 을 말해 주는 수학 모형의 도움을 받아 그 시점까지 물리적 과정들을 역산함으로써, 그리고 펄서와 초신성이 출현하고 블랙홀이 충돌하는 시점까지 앞으로 나아감으로써, 과학자들은 앞선 세대가 상상했던 것들을 초월해 먼 시간과 공간 그리고 수수께끼를 탐사할 수 있다. 신이 욥에게 인간의 정신을 압도하는 개념들을 어떻게 가르쳤는지 상기하자.

이해도 못 하는 말로
그런 무지한 조언을 하는 자가 누구냐

어디 사나이답게 대답해 보아라

네가 깊은 바다 속을 걸어 보았느냐

바닷물이 솟는 샘에 들어가 보았느냐

죽음의 문이 네 앞에 나타났느냐

죽음의 환영 문을 본 일이 있느냐

땅이 얼마나 넓은지 터득했느냐

다 안다면 그렇다고 하거라.[7]

그렇다. 우리는 정말 알고 있고 또 말해 왔다. 야훼는 도전을 받아 왔고 과학자들은 비밀을 벗겨 내고 심지어 더 큰 퍼즐을 풂으로써 압력을 가해 왔다. 생명의 물리적 근거는 밝혀졌다. 즉 우리는 지구상에 어떻게, 언제 생명이 시작되었는지 대체로 이해하고 있다.[8] 실험실에서는 새로운 종이 창조되어 왔고 진화는 분자 수준까지 추적되어 왔다. 유전자를 잘라 낸 한 생물에서 다른 생물로 옮길 수도 있다. 분자 생물학자들은 원시적인 형태의 생명을 창조하는 데 필요한 지식을 거의 대부분 갖추고 있다. 우리의 기계들은 화성에 착륙해 장엄한 경치와 토양의 화학 분석 결과를 전송했다. 구약 성경의 저자들이 그런 활동을 상상이나 할 수 있었을까? 더구나 위대한 과학적 발견의 과정은 아직도 힘을 축적하고 있다.

그러나 놀랍게도 서구 문명의 고도 문화는 대부분 자연 과학과 동떨어져 있다. 미국에서 지식인이란 사회 과학과 인문학의 유망 분야에서 일하는 사람들이라고 정의된다.[9] 마치 인류가 아직도 물리적 실재의 신성한 관찰자라는 듯이, 그들의 회고록에는 화학과 생물학의 용어들이 없다. 《뉴욕 리뷰 오브 북스》, 《코멘터리》, 《뉴 리퍼블릭》, 《다이달로스》, 《내셔널 리뷰》, 《새터데이 리뷰》를 비롯한 문학 잡지의 기사들은 마치 기초 과학의 발전이 19세기에 멈췄다는 듯이 비평해 놓은 것들이 주류를 이룬다. 내용도 대부분 역사적 일화, 낡은 것들의 통시적 대조, 중구난방의 인간 행동 이론들, 개인적 이데올로기에 비춰 판단한 시사 문제들이다. 그것들은 모두 즐겁기는 하지만 실망스러운 분위기 고양 기법으로 활기가 넘치고 있다.

현대 과학은 아직도 문제 풀이 활동이자 기술적 경이의 집합으로 간주되고 있으며, 그것의 중요성은 과학과 무관한 에토스에 따라 평가된다. 수많은 '인문주의적인' 과학자들이 과학적 유물론 바깥으로 걸어 나가, 때로는 전문적인 관찰자로서 때로는 열정적인 작가로서 문화에 참여하는 것이 사실이지만, 그들은 두 담론 세계 사이의 틈새를 전혀 메우지 못하고 있다. 그들도 거의 예외 없이 길들여진 과학자들이다. 그들을 초청한 주인들이 볼 때 그들은 글을 통해 여전히 폄하되고 있는, 야만적인 문화임에 틀림없는 그 무엇의 명목상의 사자들이다. 그들은 대중 과학자라는 말로 격하되며, 너무나 쉽게 그 꼬리표를 받아들인다. 정신의 더 심층에 도달하려 애쓰고 그곳에 도달한 극소수의 위대한 작가들조차도 현실 과학을 과학이 요청하는 대로 쓰는 경우는 거의 없다. 그들이 도전의 본성을 알기나 하는지.

인간 마음이 인과적 설명망의 대상이므로, 원하는 방향으로 주의를 돌리기는 더 쉬울 수 있다. 모든 서사시는 영웅을 필요로 한다. 마음도 그럴 것이다. 100억 개의 은하와 무한에서 아주 조금 모자라는 거리에 대해 생각하는 천문학자들까지도 인간의 뇌는 우리가 알고 있는 가장 복잡한 구조이고 모든 주요 자연 과학 연구의 교차로라는 말에 동의할 것이다. 사회 과학자들과 인문학자들, 신학자들까지도 결국은 과학적 자연주의가 정신 과정 그 자체를 재정의함으로써 그들의 체계적인 탐구의 토대를 바꿔 놓을 운명을 지녔다는 것을 수긍해야만 할 것이다.

나는 과학적 발전의 변증법적 특성을 보여 주면서 이 책을 시작했다. 한 분야는 반분야와 접하고, 반분야는 분야의 현상들을 자신의 더 근본적인 법칙들로 환원시킴으로써 재배열하는 데 성공한다. 그러나 상호 작용이 점차 확대되면서 분야에서 이루어진 새로운 종합은 반분야를 크게 변화시킨다. 나는 생물학, 특히 신경 생물학과 사회 생물학이 사회 과학의 반분야 역할을 할 것으로 믿는다. 더 나아가 생물학에 내포된 과학적 유물론이 마음과 사회적 행동의 토대를 재검토함으로써, 인문학에 대해 일종의 반분야 역할을 할 것이라고 주장하련다. 콩트적인 철학 혁명은 결코 일어나지 않을 것이다. 변환은 점진적으로 진행될 것이다. 이데올로기와 신앙을 비롯한 인문학의 핵심 문제들을 다루기 위해, 과학 자체는 더 정교해져야 하고, 부분적으로는 특히 인간 생물학의 고유한 특성들을 다룰 능력을 갖추어야 한다.[10]

나는 이 혼합주의가 발전할수록 진정한 경이감이 다시금 더 폭넓은 문화에 찾아들 것이라고 기대한다. 우리는 알지 못하는 것을 더 솔직하게 말할 필요가 있다. 자연 과학자들이 전문 용어로 쓴 단편들로 구성된 이 서사시에는 아직 연결되지 않은 드넓은 틈들이 있으며 수수께끼를 빨아들이고 있지만, 그래도 마음의 물리적 토대이다. 일부만 탐사된 세계 지도의 빈 공간처럼, 그 공백들은 경계는 정할 수 있지만 규모는 단지 엉성하게 추측할 수 있을 뿐이다.

과학자들과 인문학자들은 발견의 항해에 나서는 교양인들이 나아갈 원대한 목표들을 체계화하는 일을 지금보다 훨씬 더 잘 해낼 수 있다. 미지의 경이로운 일들이 그들을 기다리고 있다. 그들은 초기 유럽 탐험가들이 신세계를 발견하고, 최초의 현미경 학자들이 물방울 속에서 헤엄치고 있는 세균을 보았던 그 경이의 시대처럼 감동을 받을 것이다. 지식이 늘어날수록 과학은 더욱더 상상의 자극제가 되어야 한다.

경제나 사회 문제가 무엇보다 우선한다고 생각하는 일부 사람들은 틀림없이 그런 관점을 엘리트주의라고 반대할 것이다. 그들이 반대하는 것도 일리가 있다. 사람들이 사하라 사막 주변의 사바나와 인도에서 기아에 시달리고 아르헨티나와 소련의 감옥에서 쇠약해지고 피를 흘리고 있는데, 그 무엇을 현실 문제라고 할 수 있겠는가? 대답 대신 그 질문을 다시 해 보자. 우리는 깊이 그리고 늘 알고 싶어 한다. 왜 우리는 걱정하는 것일까? 그리고 이런 문제들이 해결된 뒤에는 무엇을 할 것인가? 모든 정부가 천명한 목표들은 어떤 의미에서 보면 동물적인 생존이 아니라 더 높은 차원의 인간 완성이라 할 수 있다. 거의 모든 사회주의 혁명에서 혁명에의 헌신 다음의 최우선 목표는 교육, 과학, 기술 등 여지없이 첫 번째와 두 번째 딜레마로 회귀하게 하는 것들이다.

전통적인 조직 종교를 통해 정서적 욕구를 충족시키는 사람들은 이런 생각을 더욱더 완고하게 거부할 것이다. 그들은 이렇게 주장할 것이다. 신과 교회가 과학을 기반으로 한 경쟁 신화에 일방적으로 소멸될 리가 없다고. 그들이 옳을 것이다. 개념을 정의할 수 없고 검증할 수 없을지라도, 신은 원동자라는 중요한 가설로 남아 있다. 종교 의례들, 특히 통과 의례와 국민 의례는 기존 문화의 가장 장엄한 한 부분으로 깊숙이 스며들어 통합될 것이다. 그 의례들은 근원이 드러난 뒤에도 틀림없이 오랫동안 계속 거행될 것이다. 죽음에 대한 걱정 하나만으로도 그것들은 충분히 살아남을 것이다. 과학적 유물론이 그 신화 창조적 에너지를 자신의 목적에 전용할 때 의례가 어떤 형태를 취할지 예측하는 것이 무모한 것처럼, 개인적이고 도덕적인 신에 대한 믿음이 사라지리라고 주장하는 것은 오만일 것이다.

또 나는 과학적 일반화를 예술의 대체물로 생각하지도 않고 예술을 풍요롭게 하는 공생체 이상의 그 무엇이라고 생각하지도 않는다. 창조적인 저술가들을 포함하여 예술가는 자신의 가장 사적인 경험과 전망, 인식을 관중들에게 감정적으로 전달하기 위해 선택한 직접적인 방식으로 의사 소통을 한다. 과학은 예술가, 예술적 재능, 심지어 예술까지도 설명하겠다고 나설 수 있고, 앞으로 인간 행동을 조사하는 일에 예술을 사용하는 사례도 점점 더 늘어날 것이다. 하지만 과학은 경험을 개인 차원에서 전달하거나, 개념 정의를 통해 맨 처음 연계시킨 법칙과 원리로부터 경험의 그 풍요로움을 재구성할 수 있도록 고안되어 있지는 않다.

무엇보다도 나는 과학적 자연주의가 체계적인 공식 종교의 대체물로 쓰여야 한다고 주장하는 것이 아니다. 내 추론은 토머스 헉슬리(Thomas Huxley), 워딩턴, 자크 모노(Jaque Monod), 파울리(Pauli), 도브잔스키, 케틀(Cattell), 그리고 이 고르곤(Gorgon, 머리털이 뱀으로 되어 있고 쳐다보면 돌이 되어 버린다는 그리스 신화에 나오는 여자 — 옮긴이)을 정면으로 쳐다보는 위험을 무릅썼던 다른 사람들의 인본주의를 그대로 따르고 있다. 나는 그들이 두 가지 이유 중 어느 하나 때문에 목적을 이루지 못했다고 생각한다. 그들은 종교 신앙을 애니미즘이라고 거부하거나, 아니면 그것을 주된 지적 탐구 대상에서 제외되어 문화적으로 양육되는 존재로 살아남을 수 있는 장소인 정신의 어느 조용한 보호 구역에 격리시킬 것을 권고했다. 인본주의자들은 인간의 마음의 진화적 발전이라는 개념과 지식이 지닌 힘을 사실상 믿고 있다는 것을 감동적으로 보여 준다.

나는 종교 신앙의 정신적 과정들이 — 개인 및 집단 동일성에의 헌신, 카리스마적 지도자를 향한 구애, 신화 창조 등이 — 수천 세대의 유전적 진화를 거쳐 뇌 신경 기구에 통합된 자기 만족적 요소들로 이루어진 프로그램된 성향들을 나타낸다는 인식하에 수정된 과학적 휴머니즘을 주장하고 있다. 그렇기 때문에 그 성향들은 강력하고, 근절할 수 없고, 인간이라는 사회적 존재의 중심에 서 있다. 또한 그것들은 대부분의 철학자들이 과거에 생각하지 못했던 수준까지 구조화되어 있다. 더 나아가 나는 과학적 유물론이 그것들을 두 수준으로 구분해야 한다고 주장하련다. 매우 복잡하고 흥미로운 과학 퍼즐, 그리고 과학적 유물론 자체가 더 강력한 신화로 받아들여질 때 새로운 방향으로 나아갈 수 있는 에너지원으로.

그 전환은 점점 가속화할 것이다. 만일 지식을 지닌 사회가 그것이 결핍된 사회보다 문화적으로 우세하기만 하다면, 인간의 운명은 알 수 있다. 기술 혁신의 반대자들과 반지성주의자들은 열역학 미분 방정식이나 질병의 생화학적 치료법을 습득하지 못한다. 그들은 오두막에서 살다가 일찍 죽는다. 통합이라는 목표를 가진 문화는 그렇지 못한 문화보다 더 빨리 배울 것이다. 그리고 과학적 유물론은 순수한 지식을 지속적으로 추구하면서 더 원대한 목표들을 세울 수 있는 유일한 신화이기 때문에 자가 촉매적인 학습 발달이 계속 이루어질 것이다.

나는 그것이 가져올 한 가지 뚜렷한 효과는 역사를 점점 더 정확하게 기술할 수 있게 되는 것이라고 믿는다. 사회 이론가들 — 비코, 마르크스, 스펜서, 슈펭글러, 테가르트, 토인비 등 가장 혁신적인 사람들 — 은 인류의 미래를 예측할 수 있는 역사 법칙을 내놓겠다는 거창한 꿈을 지니고 있었다. 그 꿈은 인간 본성에 대한 그들의 이해가 어떠한 과학적 근거도 갖지 못했기 때문에, 즉 오차 범위가 너무 넓어 과학 논문에 널리 쓰이는 표현을 사용할 수 없었기 때문에 거의 실현되지 못했다. 보이지 않는 손은 보이지 않은 채로 남았다. 즉 불완전하게 이해된 수천 또는 수백만 명의 총합된 행위는 계산할 수가 없었다. 그러나 이제는 각각의 문화가 인간 본성의 유전 법칙에 속박된 진화 궤도의 집합 가운데 어느 하나를 따라 나아간다는 관점을 받아들일 이유가 없다. 이 궤도 집합은 인간 중심적 관점을 중심으로 폭넓게 분포해 있지만, 그래도 유전적 속박이 없을 때 가능한 모든 궤도들 가운데 겨우 작은 부분 집합에 불과할 뿐이다.

인간 본성에 대한 지식이 증가할수록, 더 객관적인 기초 위에서 가치 체계를 선택하기 시작할수록, 그리고 마침내 냉철한 정신이 따뜻한 가슴과 만날 때, 그 궤도 집합은 더욱더 작아질 것이다. 우리는 두 가지 극단적이고 상반되는 세계, 즉 완벽한 사회 다윈주의자인 윌리엄 그레이엄 섬너(William Graham Sumner)의 세계와 무정부주의자 미하일 바쿠닌(Mikhail Bakunin)의 세계가 생물학적으로 불가능함을 이미 알고 있다. 사회 과학이 예측 학문으로 성숙되어 갈수록, 가능한 궤도의 수는 줄어들 뿐 아니라 우리 자손들은 그 궤도들을 따라 더 멀리 나아갈 수 있을 것이다.

그렇게 되면 인류는 세 번째이자 아마도 마지막이 될 정신적 딜레마와 마주치게 될 것이다. 인간 유전학은 다른 모든 과학 분야와 더불어 급속히 발전하고 있다. 조만간 사회적 행동의 유전적 토대에 관한 많은 지식이 축적될 것이고, 유전 공학과 복제 기술을 이용해 유전자를 바꿀 수 있게 될 것이다. 적어도 완만한 진화적 변화는 기존의 우생학을 통해 실현 가능해질 것이다. 인간 종은 자신의 본성을 바꿀 수 있다. 인간 종은 무엇을 선택할까? 부분적으로 낡아 버린 빙하기의 적응 양상과 동일한, 날림으로 지은 흔들거리는 토대 위에 그대로 머물러 있을까? 아니면 더 많은 — 혹은 더 적은 — 감정적 반응 능력을 지닌 채 더 고도의 지성과 창조성을 향해 나아갈까?

사회성의 새로운 패턴들은 조각조각 나누어 설치될 수 있을 것이다. 흰손긴팔원숭이의 거의 완벽해 보이는 핵가족이나 꿀벌의 조화로운 자매애를 유전적으로 모방하는 것도 가능할지 모른다. 그러나 우리는 지금 인간성의 본질 그 자체를 이야기하고 있다. 아마 우리 본성에는 그런 변화를 이루지 못하도록 막는 그 무엇이 이미 존재하고 있을 것이다. 어쨌든 다행스럽게도 이 세 번째 딜레마는 나중 세대들이 해결할 문제다.

진화 서사시가 점점 풍성해지는 와중에, 현대 작가들은 인류가 위기에 처해 있다는 견해를 설명하기 위해 종종 고전 신화의 영웅들을 불러내곤 한다. 운명을 자신에게 열려 있는 유일한 표현 수단으로 전환한 실존주의적 시시포스, 정의의 싸움터에서 자신의 양심과 전쟁을 벌이는 우유부단한 아르주나, 죽을 운명을 지닌 존재가 짊어질 고통을 준 재앙의 판도라, 유한한 대지의 청지기인 불평 없는 아틀라스가 그렇다. 프로메테우스는 자원 부족과 관리자의 신중함이 강조되는 추세에 따라 최근 인기를 잃고 있다. 그러나 우리는 그에 대한 믿음을 잃어서는 안 된다. 잠시 나와 함께 원래의 아이스킬로스(Aeschylus)의 프로메테우스로 돌아가자.

합창: 우리에게 말하지 않은 일도 하지 않았는가?
프로메테우스: 나는 인간들에게 운명을 내다보지 못하게 했네.
합창: 그 병에 어떤 처방을 주었나?
프로메테우스: 맹목적인 희망을 주었지.[11]

진정한 프로메테우스적 과학 정신은 인간에게 자연 환경을 지배할 몇 가지 수단과 지식을 줌으로써 인간을 해방시키는 것을 의미한다. 그러나 다른 단계, 새로운 시대에 그것은 또 과학적 유물론의 신화를 구축할 것이다. 과학적 방법이라는 교정 장치들의 인도를 받음으로써, 인간 본성의 가장 심층적인 욕구에 정확하고 신중하게 감정적으로 호소함으로써, 우리가 막 출항한 이 여행이 방금 끝맺은 것보다 더 나아갈 것이고 더 나을 것이라는 맹목적 희망을 굳건히 유지함으로써 말이다.

10년이 흐른 뒤에

이 책을 번역한 지 어느덧 10년이 넘었다니, 감회가 새롭다. 이 책은 내게 남다른 의미를 지니고 있다. 번역가로서 초기에 맡은 책이라 많은 고생을 했지만, 그 시간이 아깝지 않을 정도로 많은 독자의 사랑을 받은 책이기 때문이다. 게다가 돌이켜 보면 이 책이 없었다면 번역가라는 길에 들어섰을까 하는 의문이 들기도 한다. 이제는 좀 시들해졌지만, 몇 년 전만 해도 그냥 손을 털었더라면 지금쯤 다른 일을 하며 살고 있을 텐데 하는 생각도 가끔 했다. 몇 차례 바뀐 인생의 행로에 한몫을 한 책이다.

계속 새로운 책에 몰두해야 하는 형편이라, 사실 번역을 끝내고 손을 떠난 책을 다시 찬찬히 읽을 시간을 내기가 어렵다. 글을 쓸 때 참고하기 위해 어느 대목을 들춰 보는 일은 있지만, 전부 다 읽는 일은 거의 없다.

그런데 이번에 책을 다시 내면서 10여 년 만에 다시 교정을 보았고, 찬찬히 읽을 기회가 생겼다.

다시 읽으면서 이 책이 정말로 명저라는 것을 새삼스럽게 느꼈다. 물론 세월이 흐른 탓에 인용된 사례 중에는 낡은 것도 있지만, 그런 것들이 이 책의 진가를 가리지는 못한다. 낡은 기미를 보이는 사례들은 오히려 그런 빈약한 자료로부터 놀라운 결론을 이끌어 낸 저자의 혜안과 통찰력을 돋보이게 하는 역할을 한다. 많은 내용을 짧게 압축해 놓은 이 책에는 저자가 고심한 흔적과 깊이가 담겨 있다. 저자의 저서는 국내에 여러 권 번역되어 나와 있지만, 역자는 이 책이 가장 혼신의 힘을 쏟은 듯한 느낌을 받는다.

알다시피 이 책은 새로운 학문의 흐름을 일으키면서 한편으로 많은 논란을 불러왔다. 정치적 함의가 있느냐를 두고도 말이 많았다. 아무튼 그런 논란들은 계속 확장되고 깊어지면서 우리의 사유 세계를 풍성하게 해 왔다. 어느 쪽 입장에 서 있든 간에, 이 책은 생물학적 측면에서 바라본 인간이 어떤 존재인지를 이해하려는 독자에게 여전히 좋은 출발점 역할을 하고 있다.

다시 꼼꼼히 읽다 보니 군데군데 오류가 눈에 띄었다. 이번 개정판에서는 오류를 바로잡고, 모호하게 옮겨진 부분들을 손보았다. 그리고 저자의 번역된 다른 저서들과 되도록 용어를 통일했다. 좋은 책은 일을 끝냈을 때 피곤한 만큼 기쁨을 준다. 이 책은 다시금 그런 기쁨을 맛보게 해 주었다.

2011년 9월

이한음

용어 해설

독자의 편의를 위해 이 책에 쓰인 용어들을 일부 설명해 놓았다. 전문 용어라서 익숙하지 않거나, 중요하기 때문에 더 정확한 정의가 필요한 것들을 위주로 했다.

가설(hypothesis) 더 많은 관찰과 실험을 통해 검증될 수 있고 반증될 가능성을 지니는 명제. 통상적인 과학적 증거 규범들에 따르면, 가설을 궁극적으로 증명하는 것은 불가능하지는 않을지라도 어렵다. 그러나 철저하고 엄격하게 검증된 가설은 결국 일반적으로 인정된 사실로 전환된다. 하지만 도그마는 결코 그렇지 않다. 이론 항목 참조.

개체군(Population) 동시에 같은 지역에서 공존하면서 대부분 상호 교배가 가능한 생물 집단.

개체 발생(Ontogeny) 한 생물의 평생에 걸친 발달. 계통 발생과 대비.

개체 선택(Individual selection) 개체와 그 직계 자손을 선호하는 자연 선택. 집단 선택 및 혈연 선택과 대비.

결정론(Determinism) 해부 구조, 생리 작용, 행동의 발달이 어떤 방식으로든 속박되어 있다고 설정하는 이론. 유전자 결정론은 그 속박이 어느 정도 특정한 유전자에 근거를 두고 있다고 본다.

계통 발생(Phylogeny) 특정한 생물 집단의 진화 역사. 또는 종이 다른 종을 발생시키는 과정을 보여 주는 '가계도'. 개체 발생과 대비.

공격성(Aggression) 남의 자유나 유전자 적합성을 줄이기 위해 개체가 행하는 물리적 행위나 위협.

과학적 유물론(Scientific materialism) 인간의 정신을 포함하여 우주의 모든 현상들이 물질적 토대를 갖고 있으며, 동일한 물리 법칙에 지배되고, 과학적 분석에 의해 가장 깊이 이해될 수 있다는 관점.

다윈주의(Darwinism) 찰스 다윈이 『종의 기원』(1859년)에서 주장한 자연 선택을 통한 진화 이론. 집단의 유전적 조성이 첫째는 집단 구성원들의 유전 물질이 다양해짐으로써, 둘째는 생존과 번식에 가장 적합한 특징을 지닌 개체들이 다음 세대에 더 많아짐으로써, 시간에 따라 변화한다는 — 그러므로 진화한다는 — 이론. 현대 생물학자들은 이 진화 방식이 집단 내 유전형들의 단순히 통계적인 변동이라는 차원을 넘어서는 유일한 변화라고 본다.

대뇌 피질(Cortex) 인간의 해부 구조에서 뇌 신경 조직의 바깥 층. 겉질이라고도 하며 의식과 합리적 사고의 중추.

돌연변이(Mutation) 넓은 의미에서는 생물의 유전적 조성에 일어나는 모든 불연속적 변이를 지칭. 돌연변이는 유전자(DNA 절편)의 화학적 구조에 일어나는 변화와 전체 염색체의 수나 구조에 일어나는 변화를 포함한다.

동형 접합(Homozygous) 몸의 각 체세포들이 같은 종류의 두 염색체를 지닌 경우. 이 염색체 쌍의 특정 위치에 있는 유전자들이 서로 같다면, 그 생물은 특정한 염색체 좌위에서 동형 접합이라고 말할 수 있다.

라마르크주의(Lamarckism) 1809년 라마르크가 상세히 전개한 이론. 좋은 생물들이 평생 동안 획득한 신체적 및 행동적 특징들이 직접 자손에게 전달됨으로써 진화한다는 이론이다. 라마르크주의는 생물 진화의 설명으로는 틀렸다는 것이 증명되었으며, 자연 선택에 의한 진화인 다윈주의가 대신 그 자리를 차지했다.

막시류(Hymenoptera) 모든 벌, 말벌, 개미를 포함하는 곤충의 목(目).

무리(Band) 수렵 채집인 집단을 지칭하는 말.

무성 생식(Asexual reproduction) 포자 형성, 출아, 단순 세포 분열 등 성세포의 융합을 수반하지 않는 번식 형태.

밀도 의존(Density dependence) 질병이나 텃세 행동 등 집단의 밀도가 높아지면 그 집단의 증가 속도에 영향을 미치게 되는 현상.

반배수성(Haplodiploidy) 개미를 비롯한 막시류 곤충에게 나타나는 성 결정 방식. 미수정란은 수컷(염색체를 반만 지니고 있으므로 반수체(haploid))이 되고, 수정란은 암컷(두 벌의 염색체를 지니고 있으므로 배수체(diploid))이 된다.

발달 경관(Developmental landscape) 본성-양육 논쟁을 해결하기 위해 쓰인 비유. 한 형질의 발달은 유전적으로 고정된 경관을 향해 공을 굴리는 것과 같다. 공이 굴러가는 통로들은 구간마다 갈라져 있으며, 공은 구르는 힘과 갈림길에서 얼마나 쉽게 진입할 수 있는가에 따라 어느 한 통로 속으로 굴러가게 된다.

발정기(Estrus) 암컷의 성적 감수성이 최대로 고양되는 시기. 정상적인 상태에서 발정기는 암컷의 난자가 난소에서 방출되는 시기와 일치한다.

배우자(Gamete) 성세포, 즉 난자나 정자.

변연계(Limbic system) 감정, 동기, 학습 강화 등과 깊은 관련을 맺고 있는 전뇌의 심층부에 있는 영역. 시상 하부, 후각뇌, 해마 등으로 이루어져 있다.

본능(Instinct) 눈의 깜박거림, 타액 분비 같은 단순 반사보다는 좀 더 복잡하고 비교적 전형적이며, 대체로 환경 내의 특정한 대상을 지향하고 있다. 학습은 본능적 행동의 발달에 관여할 수도 관여하지 않을 수도 있다. 중요한 것은 행동이 비교적 협소하고 예측 가능한 최종 산물을 향해 발달한다는 점이다. 용어의 애매성 때문에 '본능'은 전문 과학 문헌에서는 이제 거의 쓰이지 않지만, 영어 내에 너무나 확고하게 자리를 차지하고 있고 때때로 유용하게 쓰일 수 있기 때문에, 정확한 정의를 내리려는 노력도 필요하다.

비대화(Hypertrophy) 기존 구조의 극단적인 발달. 예를 들어, 코끼리의 엄니는 원래 보통 형태였던 이빨이 진화를 통해 비정상적으로 발달하여 커지고 모양도 변화한 것이다. 이 책에서는 인간의 사회적 행동들 대부분이 수렵 채집인 사회와 원시 농경 사회에 직접적인 적응의 이익을 가져다줌으로써 원래의 단순한 반응들이 이상 발달한 것이라고 보고 있다.

사회(Society) 같은 종에 속해 있고 협동적인 방식으로 조직된 개체 집단. '사회'라는 용어를 적용할 수 있는 주된 기준은 단순한 성적 행동을 초월해 협동적인 본성이 호혜적 의사 소통을 하는가 여부이다.

사회 생물학(Sociobiology) 인간을 포함한 모든 생물의 모든 사회적 행동의 생물학적 토대를 연구하는 학문.

사회성 곤충(Social insect) 번식 계급과 노동 계급이 있는 군체를 형성하는 곤충들. 특히 흰개미, 개미, 사회성 벌, 사회성 말벌.

상동(Homology) 둘 이상의 종이 공통 조상에서 유래한 공통 자손이고, 최소한 동일한 유전자를 일부 지니고 있기 때문에 나타나는 해부 구조, 생리 작용, 행동 패턴의 유사성.

생식샘(Gonad) 성세포를 만드는 신체 기관. 보통 난소(여성 생식샘)나 정소(남성 생식샘)를 말한다.

선천적인(Innate) 유전적(genetic)이란 말과 같은 의미. 최소한 부분적으로 유전자의 차이에 토대를 둔 변이를 지칭.

성숙(Maturation) 동물이 성장함에 따라 점점 더 복잡하고 정확해지는, 행동 양상의 자동적인 발달. 학습과 달리, 발달하는 데 경험이 필요하지 않다.

신경 생물학(Neurobiology) 신경계의 해부 구조(신경 해부학)와 생리 작용(신경 생리학)의 과학적 연구.

앙혼(Hypergamy) 여성이 동등하거나 더 상류층 집단에 속한 배우자와 짝을 짓는 행위.

양성성(Hermaphroditism) 한 생물에 암수의 성기가 공존하는 것.

영장류(Primate) 여우원숭이, 원숭이, 유인원, 인간 등 영장목에 속한 생물들.

유전자(Gene) 유전의 기본 단위. 가장 근본적인 생화학 수준에서 어떤 형질의 발달에 영향을 미치는, 거대한 DNA 분자의 한 부분. 유전자라는 말은 더 정확하게는 시스트론(cistron), 즉 단백질 분자의 특정 부위의 형성을 지시하는 유전 부호를 지닌 DNA 절편을 지칭하기도 한다.

유전적 적응도(Genetic fitness) 유전적으로 구별되는 한 생물이 같은 집단에 속한 유전적으로 다른 생물들에 대해 다음 세대에 기여하는 정도. 정의에 따른다면, 유전적 적응도가 높을수록 결국 집단 내에서 우위를 차지하게 된다. 이 과정은 자연 선택을 통한 진화를 지칭하기도 한다.

유전자 풀(Gene pool) 전체 생물 집단 내의 모든 유전자.

유전적(Genetic) 최소한 일부나마 유전자들의 차이에 근거를 둔 형질의 변이를 지칭.

이론(Theory) 진화 방식이나 지구 대류의 역사처럼, 검증될 수 있는 특정한 현상들에 관한 추측(가설)들을 불러일으키는, 자연계의 어떤 과정들에 관한 다양한 명제들의 집합. 이론은 새 가설의 창안을 자극하고, 그 가설이 검증에 견뎌 내고, 그 이론에 의한 설명 결과가 경쟁 이론들이 설명해 낸 것보다 현실의 일부를 더 효과적이고 흡족하게 설명해 낼 수 있다면, 진리라고 간주된다.

이타주의(Altruism) 남의 이익을 위해 수행하는 자기 파괴 행동. 이타주의는 합리적이거나, 자동적이면서 무의식적이거나, 또는 천성적인 정서적 반응에 의해 유도되는 의식적인 것일 수도 있다.

인간 본성(Human nature) 넓은 의미에서는 인간 종을 특징 짓는 타고난 행동 성향들의 전체 집합을 말한다. 좁은 의미에서는 사회적 행동에 영향을 미치는 성향을 뜻한다.

자가 촉매 작용(Autocatalysis) 반응 산물들이 촉매 역할을 하게 되는 과정. 즉, 반응 산물들이 자신들을 생산해 낸 바로 그 반응의 속도를 증가시키고 촉진하는 과정.

자연 선택(Natural selection) 같은 개체군에 속한 다양한 유전형들이 다음 세대의 자손들에게 차등적으로 기여하는 현상. 이 진화 메커니즘은 찰스 다윈이 제시했기 때문에 다윈주의라 불리기도 한다. 자연 선택은 현대 유전학의 성과들을 통해 지지를 받고 있고 큰 힘을 얻었다.

적응(Adaptation) 생물학에서 생물이 생존하고 번식할 수 있도록 적응도를 높여 주는 특정한 해부 구조, 생리 작용, 행동. 또 그런 형질을 획득하도록 이끄는 진화 과정.

종(Species) 서로 가깝게 연관되고 유사한 생물들의 개체군 또는 개체군 집합. 한 종에 속한 개체들은 대개 자신들끼리는 자유롭게 교배가 이루어지고 다른 개체군의 구성원들과는 그렇지 못하다.

준비된 학습(Prepared learning) 훈련의 강도가 동일할 때에도, 특정한 것을 학습하는 타고난 성향. 예를 들어, 유전적으로 오른손잡이인 사람은 오른손 사용을 학습할 준비가 되어 있고 왼손 사용을 학습하지 않으려 한다. 왼손 사용은 특별한 노력을 통해서만 유도가 가능하다.

지배 체제(Dominance system) 사회 생물학에서 일종의 공격과 강요에 의해 확립되고 유지되고는 하는, 동물이나 인간 집단 내의 관계 유형. 한 개체가 포식이나 짝짓기 등에서 다른 모든 개체들에 대해 우선권을 갖고, 그다음 순위의 개체가 집단의 남은 구성원들에 대해 우선권을 갖는 식으로, 차례로 순위가 결정되는 위계질서 또는 '쪼기 순위'. 닭의 위계질서는 단순하고 엄격하지만, 인간의 위계질서는 복잡하고 미묘하다.

진화(Evolution) 모든 점진적인 변화. 생물의 진화를 지칭하기도 하는데, 생물 진화는 세대가 지나면서 생물 집단 내의 유전자가 변화하는 것을 가리킨다.

진화 생물학(Evolutionary biology) 생태학, 분류학, 집단 생물학, 행동학, 사회 생물학 등 전체 생물 집단과 군집의 특징과 진화 과정을 연구하는 생물학의 모든 분야.

집단 선택(Group selection) 경쟁, 질병의 영향, 번식 능력 등 한 개체들의 집단이 다른 집단보다 더 많은 자손을 남기도록 하는 모든 과정. '집단'은 이론에서 확실하게 정의된 단어가 아니다. 이 말은 친족 집합(부모와 자손보다 더 확장된 개념. 혈연 선택 참조), 부족의 일부 또는 전체, 또는 좀 더 규모가 큰 사회 집단을 의미할 수도 있다. 개체 선택과 대비되는 말.

촉매 작용(Catalysis) 전반적인 반응 과정에서 소모되지 않으면서 반응을 촉진하는 특정한 물질에 의해 수행되는 반응 과정.

포유류(Mammal) 포유류강(綱)에 속한 모든 동물(인간 포함). 암컷의 젖샘에서 젖이 생산된다는 점과 몸이 털로 덮여 있다는 점이 특징이다.

학습 규칙(Learning rule) 상반되는 행동 대안들을 동등한 강도로 가르친다고 해도, 그중 특정한 하나만을 학습하는 성향. 학습 규칙의 한 예가 바로 잘 쓰는 손의 발달이다. 유전적으로 오른손잡이인 사람을 왼손잡이로 훈련시키는 것은 어렵고, 그 역도 마찬가지이다.

행동 생물학(Behavioral biology) 신경 생리학(신경계의 연구), 행동학(행동의 전반적인 패턴 연구), 사회 생물학(사회적 행동과 조직의 생물학적 토대 연구)을 포함하는 행동의 전 측면에 대한 과학적 연구.

행동학(Ethology) 자연 환경에 있는 동물의 전반적인 행동 패턴의 연구. 적응과 패턴 진화를 분석하는 일에 중점을 둔다.

혈연 선택(Kin selection) 공통 자손이라 같은 유전자를 지닐 가능성이 높은 혈연들의 생존과 번식을 도와주는 한 명 이상의 개체들이 집단 내에 있기 때문에 특정한 유전자가 증가하는 현상. 혈연 선택은 이타주의 행동이 생물학적 형질로서 진화할 수 있는 한 가지 방법이다. 비록 혈연이라는 용어의 정의상 자손도 포함되기는 하지만, 혈연 선택이라는 말은 보통 형제, 자매, 부모를 비롯해 영향을 받는 다른 친척들만을 지칭하는 데 사용된다. 개체 선택과 대비.

호혜적 이타주의(Reciprocal altruism) 개인들이 서로 다른 시기에 행하는 이타적 거래 행위. 예를 들어, 그 이타적 행위가 상황이 바뀌면 보상을 받을 것이라는 약속(아니면 적어도 합리적인 기대)하에 물에 빠진 사람을 구조하는 것이 그렇다.

환경 결정론(Environmentalism) 행동 연구에서 환경과 관련된 경험이 행동 패턴의 발달을 대부분 또는 전적으로 결정한다는 이론.

참고 문헌

1장 인간 본성의 딜레마

1) 그런 관점들을 포괄하기 위해 David Mathews는 "신자연주의(new naturalism)"라는 표현을 사용해 왔다. David Mathews et al., *The Changing Agenda for American Higher Education*(U.S. Government Printing Office, Washington, D.C., 1977) 및 "Naturalistic Humanism: A New Synthesis in American Thought?"(미발표 수고, 1977) 참조.

2) Steven Weinberg, "The Forces of Nature," *Bulletin of the American Academy of Arts and Sciences* 29(4): 13-29(1976).

3) W. B. Yeats, "The coming of wisdom with time"(1910), in Peter Allt and R. K. Alspach, eds., *The Variorum Edition of the Poems of W. B. Yeats*(Macmillan Co., New York, 1957. M. B. Yeats, Miss Anne Yeats, Macmillan Publishing Company of New York, The Macmillan Company of London & Basingstoke의 허락을 받고 게재).

4) Alain Peyrefitte, *The Chinese: Portrait of a People*, Graham Webb의 영역본 참조

(Boobs-Merrill, New York, 1977).

5) Gunther S. Stent, *The Coming of the Golden Age: A View of the End of Progress*(Natural History Press, Garden City, Long Island, New York, 1969).

6) 자연 선택을 통해 도덕적 성향의 유전적 진화가 일어난다는 생각은 오래된 것이기는 하지만 역사적으로는 별다른 영향을 끼치지 못했다. Darwin은 *The Descent of Man and Selection in Relation to Sex*(London, 1971)에서 그런 가능성을 제기했고, 정신이 자연 선택으로부터 해방되었다는 John Stuart Mill과 Alfred Russel Wallace의 주장을 논박했다. 그는 만일 인간의 정신성이 추출된다면, 자연 선택에 의한 진화라는 기초 이론은 크게 위협을 받을 것이라고 느꼈다. 그는 1869년 자연 선택의 공동 발견자인 윌리스에게 "나는 당신이 당신 자신의 아이이자 내 아이를 너무 완벽하게 죽이지 말았으면 합니다."라고 썼다(Francis Darwin, *More Letters of Charles Darwin*(D. Appleton, New York, 1903), vol. 2, 39쪽).

Darwin은 이 문제를 깊이 생각했다. 그는 1838년 7월에 쓴 그의 미발표 주석에서 진화의 이해가 더 강력한 도덕성을 이끌어 낼 것이라는 낙관적인 견해를 드러내고 있다. "두 부류의 도덕주의자가 있다. 한쪽은 우리의 생활 양식이 최고의 행복을 낳을 것이라고 말한다. 다른 한쪽은 우리가 도덕 관념을 지닌다고 말한다. 하지만 내 관점은 양자를 통합하고 양자가 거의 동일하다는 것을 보여 주고 있으며, 지고의 선을 낳은 것, 아니 그보다는 선에 필요한 것은 본능적인 도덕 관념이다."(Paul H. Barrett와 E. P. Dutton이 옮겨 쓰고 주석을 단 Darwin의 초기 및 미발표된 수기들을 집대성한 Howard E. Gruber의 *Darwin on Man: A Psychological Study of Scientific Creativity* 242-243쪽에서).

19세기의 가장 의욕적인 진화론자였던 Herbert Spencer는 윤리학에 대해 비칸트적·합리적 접근을 할 필요가 있다고 주장했다(*Principles of Ethics*(New York, 1896)). 그는 인간의 신경계가 수천 세대를 거치면서, 옳고 그른 행위에 반응하는 감정들로 구성된 어떤 천성적인 도덕적 직관 능력을 갖추게 되었지만, 인간의 본성은 "조화로운 사회적 협동이라는 전제 조건의 엄격한 유지"를 통해 형성될 수 있다고 믿었다(*An Autobiography*(D. Appleton, New York, 1904), vol. 2, 8쪽).

The Influence of Darwin on Philosophy(P. Smith, New York, 1910)에서 John Dewey는 진화론, 특히 다윈주의가 과학적 윤리학을 형성하는 수단을 제공한다고 결론지었다. 하지만 그 뒤 *Human Nature and Conduct*(Holt, New York, 1922)에서 그는 특정한 윤리적 전제들은 문화적으로 습득된다고 하면서 한 발 물러섰다.

더 최근에 Antony Flew는 *Evolutionary Ethics*(Macmillan, Lon-don, 1967)에서 진화론이 철학과 무관하다는 Wittgenstein의 주장을 반박하면서, 윤리적 행동이 진화해 왔고 따라서 경험적인 평가의 대상이라는 생각에까지 나아갔다. *Sociobiology: The New Synthesis* (The Belknap Press of Harvard University Press, Cambridge, Mass., 1975) 및 "The Social Instinct," *Bulletin of the American Academy of Arts and Sciences* 30(1): 11-25(1976)에서 나

는 윤리적 성향의 유전적 진화를 집단 생물학의 특정한 원리와 연관시켰다. Gunther Stent 는 *The Hastings Center Report* 6(6): 32-40(1976)에서 '구조주의적 윤리학(structuralist ethics)'의 전제와 한계를 논하고 있다. George E. Pugh는 *The Biological Origin of Human Values*(Basic Books, New York, 1977)에서 이 문제를 좀 더 깊이 고찰하고 있다. 이 책은 수학적 통계론과 생물학에서 얻은 개념들을 결합시킨 중요한 저작이다.

더 넓은 관점에서 Konrad Lorenz는 인지 및 사유 개념의 발달을 구조화한 뇌의 진화적 산물이라고 주창해 왔다. 그의 최근 관점은 *Behind the Mirror*(Ronald Taylor의 영역본; Harcourt Brace Jovanovich, New York, 1977)에 집약되어 있다. Donald T. Campbell 은 Paul Schilpp가 편집한 *The Philosophy of Karl Popper*(Open Court, La Salle Illinois, 1974, 415-463쪽)의 「진화적 인식론(Evolutionary epistemology)」이라는 장에서 원문 부연과 역사적 검토를 통해 Lorenz의 글들을 우호적으로 평하고 있다. 더 대중성 있는 개인적 비평을 해 놓은 Richard I. Evans의 *Konrad Lorenz: The Man and His Ideas*(Harcourt Brace Jovanovich, New York, 1975)도 참조할 것.

7) 사회 생물학이 사회 과학의 반분야라는 개념은 내 논문인 "Biology and the Social Sciences," *Daedalus* 106(4): 127-140(1977)에 상술되어 있다. .

8) Charles P. Snow는 *The Two Cultures and the Scientific Revolution*(Cambridge University Press, Cambridge, 1959)에서 과학과 인문학 간의 단절에 관한 고전적인 언급을 했다.

9) Theodore Roszak, "The Monster and the Titan: Science, Know-ledge, and Gnosis," *Daedalus* 103(3): 17-32(1974).

10) Ernst Mach, *The Science of Mechanics*, 9th ed.(Open Court, La-Salle, Illinois, 1942).

2장 유전적 진화

1) Howard E. Evans, *Life on a Little-Known Planet*(Dutton, New York, 1968).

2) 사회성 생물들과 사회 생물학 분야에 대한 소개는 Wilson, *Socio-biology*를 참조할 것.

3) Irenäus Eibl-Eibesfeldt는 *Ethology: The Biology of Behavior*(Holt, Rinehart and Winston, New York, 1977), 2nd ed.에서 인간의 고정된 행위 패턴을 자세히 분석하면서, 현대 행동학을 탁월하게 검토했다. Robert A. Hinde는 *Animal Behavior*(McGraw-Hill, New York, 1970), 2nd ed.에서 행동학과 비교 심리학을 가장 독창적이고 신뢰성 있게 종합해 냈다.

4) J. J. Rousseau, *Essai sur l'origine des langues*, Oeuvres Posthumes vol. 2(London, 1783); Claude Lévi-Strauss의 *La Pensée Sauvage*(Plon, Paris, 1964)에 인용된 구절.

5) Robert Nozick, *Anarchy, State, and Utopia*(Basic Books, New York, 1974).

6) 인간의 정보 처리 과정이 기계와 같은 특징을 지닌다는 것은 Allan Newell과 Herbert A. Simon의 *Human Problem Solving*(Prentice-Hall, Englewood Cliffs, New Jersey, 1972), George Boolos와 Richard Jeffrey의 *Computability and Logic*(Cambridge University Press, Cambridge, 1974)에 설명되어 있다.

7) 눈동자 색깔의 유전은 Curt Stein의 *Principles of Human Genetics*(W. H. Freeman, San Francisco, 1973), 3rd ed.에 논의되어 있다.

8) R. D. Alexander, J. L. Hoogland, R. D. Howard, K. M. Noonan, and P. W. Sherman, "Sexual Dimorphisms and Breeding Systems in Pinnipeds, Ungulates, Primates, and Humans," in N. A. Chagnon and W. G. Irons, eds., *Evolutionary Biology and Human Social Behavior*(Duxbury Press, Scituate, Mass., 1979), 402-435쪽.

9) 초기 발달 과정에 겪는 비정상적인 경험이 장기적으로 파괴적인 영향을 미친다는 증거는 Ronald P. Rohner의 *They Love Me, They Love Me Not*(HRAF Press, New Haven, Conn., 1975)와, T. G. R. Bower의 *A Primer of Infant Development*(W. H. Freeman, San Francisco, 1977)에 논의되어 있다.

10) Theodosius Dobzhansky, "Anthropology and the Natural Sciences-The Problem of Human Evolution," *Current Anthropology* 4: 138, 146-148(1963).

11) George P. Murdock, "The Common Denominator of Culture," in Ralph Linton, ed., *The Science of Man in the World Crisis*(Columbia University Press, New York, 1945), 124-142쪽.

12) Robin Fox, "The Cultural Animal," in J. F. Eisenberg and W. S. Dillon, eds., *Man and Beast: Comparative Social Behavior*(Smithsonian Institution press, Washington, D.C., 1971). 273-296쪽.

13) Mary-Claire King and Allan C. Wilson, "Evolution at two levels in humans and chimpanzees," *Science* 188: 107-116(1975).

14) 침팬지의 언어 학습 능력은 David Premack의 "Language and Intelligence in Ape and Man," *American Scientist* 64(6): 674-683 (1976) 및 Carl Sagan의 *The Dragons of Eden*(Random House, New York, 1977)에 개괄되어 있다.

15) 인간 후두의 초기 진화와 언어 능력을 분석한 문헌. Jan Wind, "Phylogeny of the Human Vocal Tract," *Animals of the New York Academy of Sciences* 280 : 612-630(1976); Philip Lieberman, "The phylogeny of Language," in T. A. Sebeok, ed., *How Animals Communicate*(Indiana University Press, Bloomington, 1977), 3-25쪽.

16) Leslie A. White, *The Science of Culture: A Study of Man and Civilization*(Farrar, Straus and Giroux, New York, 1949).

17) Gordon G. Gallup, "Self-Recognition in Primates: A Comparative Approach to the

Bidirectional Properties of Consciousness," *American Psychologist* 32(5): 329-338(1977).

18) David Premack, "Language and Intelligence."

19) Gombe 침팬지 무리들의 영토 침략 초기 단계를 언급한 문헌들. Glenn E. King, "Socioterritorial Units among Carnivores and Early Hominids," *Journal of Anthropological Research* 31(1): 69-87(1975); Jane Lancaster, "Carrying and Sharing in Human Evolution," *Human Nature* 1(2): 82-89(1978); 이 현상의 원인을 더 이론적으로 논의한 문헌. Richard W. Wrangham, "On the Evolution of Ape Social Systems," *Social Sciences Information* 18(3): 335-386(1979).

20) Richard B. Lee, "What Hunters Do for a Living, or How to Make Out on Scarce Resources," in R. B. Lee and Irven DeVore, eds., *Man the Hunter*(Aldine, Chicago, 1968), 30-48쪽.

21) 침팬지의 사냥 행동을 묘사한 문헌. Geza Teleki, *The Predatory Behavior of Wild Chimpanzees*(Bucknell University Press Lewisburg, Pa., 1973).

22) Jane van Lawick-Goodall(Jane Goodall), "The Behaviour of Free-Living Chimpanzees in the Gombe Stream Reserve," *Animal Behaviour Monographs* 1(3): 161-311(1968); "Mother-Offspring Relationships in Free-Ranging Chimpanzees," in Desmond Morris ed., *Primate Ethology*(Aldine, Chicago, 1969), 364-436쪽; "Tool-using in Primates and Other Vertebrates," *Advances in the Study of Behavior* 3: 195-249(1970).

23) Jorge Sabater-Pi, "An Elementary Industry of the Chimpanzees in the Okorobiko Mountains, Rio Muni(Republic of Equatorial Africa) West Africa," *Primates* 15(4): 351-364(1974).

24) 현대 자연 선택 이론을 다룬 문헌들. Anthony Ferguson, "Can Evolutionary Theory Predict?" *American Naturalist* 110: 1101-104(1976); G. Ledyard Stebbins, "In Defense of Evolution: Tautology or Theory?" *American Naturalist* 111: 386-390(1977); Theodosius Dobzhansky, Francisco J. Ayala, G. Ledyard Stebbins, and James W. Valentine, *Evolution*(W. H. Freeman, San Francisco, 1977); and George F. Oster and Edward O. Wilson, "A Critique of Optimization Theory in Evolutionary Biology," in *Caste and Ecoloy in the Social Insects*(Princeton University Press, Princeton, N.J., 1978).

25) Joseph Shepher, "Mate Selection among Second-Generation Kibutz Adolescents and Adults: Incest Avoidance and Negative Imprinting,"*Archives of Sexual Behavior* 1(4): 293-307(1971). Edward Westermarck는 1891년 어린 시기에 친밀하게 정이 든 사람 사이에 자동적인 기피 성향이 발달할 가능성이 있다는 주장을 처음 제시했다.

26) 근친상간 금기에 관한 세 가지 주요 설명은 인류학에 진화론이 개화했던 19세기 말에 처음 정식화했다. Carl N. Starcke(1889)의 가족 통합 가설, Edward Tylor(1889)의 동맹 가

설, Lewis Henry Morgan (1877)의 동종 번식 저하 가설이 그것이다. Marvin Harris는 *The Rise of Anthropological Theory*(Thomas Y. Crowell, New York, 1968)에서 이 문제를 역사적으로 검토하고 있다. Melvin Ember는 "On the Origin and Extension of the Incest Taboo," *Behavior Science Research*(Human Relations Area Files, New Haven, Connecticut) 10: 249-281 (1975)에서 문화적인 비교 검토를 통해 경쟁 가설들을 고찰하면서 생물학적 설명을 비판하고 있다.

27) 열성 유전자와 인간 근친상간의 해로운 효과에 대한 일반적인 설명은 다음 문헌을 참조. Curt Stern, *Principle of Human Genetics*(W. H. Freeman, San Francisco, 1973), 3rd ed.; L. L. Cavalli-Sforza and W. F. Bodmer, *The Genetics of Human Populations*(W. H. Freeman, San Francisco, 1971). 인간 집단 내의 치사 유전자 추정치가 수록된 문헌. N. E. Morton, J. F. Crow, and H. J. Muller, "An Estimate of the Mutational Damage in Man from Data on Consanguineous Marriages," *Proceedings of the National Academy of Sciences*, U.S.A. 42:855-863(1956). 근친 교배로 태어난 체코 아이들에 관한 연구는 Eva Seemanova에 의해 수행되었으며, *Time* October 9, 1972에 실려 있다.

28) R. L. Trivers and D. E. Willard, "Natural Selection of Parental Ability to Vary the Sex Ration of Offspring," *Science* 179:90-92(1973).

29) Mildred Dickeman, "Female Infanticide and the Reproductive Strategies of Stratified Human Societies: A Preliminary Model," in Napoleon A. Chagnon and William G. Irons, eds., *Evolutionary Biology and Human Social Organization*(Duxbury Press, Scituate, Mass., 1978).

30) Richard H. Wills, *The Institutionalized Severely Retarded*(Charles C. Thomas, Springfield, Ill., 1973).

31) 인간 행동 유전학을 개괄한 문헌들. G. E. McClearn and J. C. DeFries, *Introduction to Behavioral Genetics*(W. H. Freeman, San Francisco, 1973); Lee Ehrman and P. A. Parsons, *The Genetics of Behavior*(Sinauer Associates, Sunderland, Mass., 1976).

32) H. A. Witkin et al., "Criminality in XYY and XXY Men," *Science* 193: 547-555(1976).

33) 레쉬니한 증후군과 터너 증후군을 설명한 문헌들. J. C. DeFries, S. G. Vandenberg, and G. E. McClearn, "Genetics of Specific Cognitive Abilities," *Annual Review of Genetics* 10: 179-207(1976); C. R. Lake and M. G. Ziegler, "Lesch-Nyhan Syndrome: Low Dopamine-β-Hydroxylase Activity and Diminished Response to Stress and Posture," *Science* 196: 905-906(1977).

34) 쌍둥이 분석 방법은 G. E. McClearn과 J. C. DeFries의 *Introduction to Behavioral Genetics*에 상세히 설명되어 있다. 좀 더 구체적인 연구 문헌들. L. L. Heston and J. Shields,

"Homosexuality in Twins: a Family Study and a Registry Study?" *Archives of General Psychiatry* 18: 149-160(1968); N. G. Martin, L. J. Eaves, and H. J. Eysenck "Genetical, Environmental and Personality Factors in Influencing the Age of First Sexual Intercourse in Twins," *Journal of Biosocial Science* 9(1): 91-97(1977). Sandra Scarr와 Richard A. Weinberg 는 양부모와 친부모 밑에서 자란 아이들을 비교 연구해 지능과 개성 형질들이 유전된다는 중요한 새로운 증거를 찾아냈다("Attitudes Interests, and IQ," *Human Nature* 1(4): 29-36(1978)). 비록 같은 집단 내의 가족들 간에도 상당한 유전적 변이가 나타나지만, Scarr와 Weinberg는 아프리카계 미국인들과 유럽계 미국인들 사이에 평균 IQ에 차이가 있다는 증거를 전혀 발견할 수 없었다.

35) J. C. Loehlin and R. C. Nichols, Heredity, *Environment, and Personality*(University of Texas Press, Austin, 1976).

36) V. A. McKusick and F. H. Ruddle, "The Status of the Gene Map of the Human Chromosome," *Science* 196: 390-405(1977).

37) Joan Arehart-Treichel, "Enkephalins: More than Just Pain Killers," *Science News* 112(4): 59, 62(1977).

38) 지리적 변이의 특성을 분석한 문헌. Edward O. Wilson and William L. Brown, "The Subspecies Concept and Its Taxonomic Application," *Systematic Zoology* 2(3): 97-111(1953).

39) Daniel G. Freedman, *Human Infancy: An Evolutionary Perspective* (Lawrence Erlbaum, Hillsdale, N. J., 1974).

40) Nova Green, "An Exploratory Study of Aggression and Spacing in Two Preschool Nurseries: Chinese-American and European-American"(master's thesis, University of Chicago, 1969).

41) Marvin Bressler, "Sociology, Biology and Ideology," in David Glass, eds., *Genetics*(Rockefeller University Press, New York, 1968), 178-210쪽.

3장 준비된 학습

1) Gunther S. Stent는 시각 신경계를 날카로운 철학적 논의와 함께 묘사하고 있다. "Limits to the Scientific Understanding of Man," *Science* 187: 1052-1057(1975); David H. Hubel도 이 문제의 주요 연구자이다. "Vision and the Brain," *Bulletin of the American Academy of Arts and Sciences* 31: 17-28(1978); Harry J. Jerison은 청각 신경계를 묘사했다. "Fossil Evidence of the Evolution of the Human Brain," *Annual Review of Anthropology* 4: 27-58(1975).

2) 결정론의 철학적 논의와 그것의 심리학적 의미를 논파한 문헌. Bernard Berofsky, *Determinism*(Princeton University Press Princeton, N. J., 1971).

3) 모기의 예를 비롯한 판에 박은 행동의 사례 연구. Thomas Eisner and Edward O. Wilson, eds., *Animal Behavior*(W. H. Freeman, San Francisco, 1976).

4) 오른손잡이나 왼손잡이가 유전된다는 증거는 Curt Stern의 *Principles of Human Genetics*에 나와 있다. 그러나 Robert L. Collins, "The Sound of One Paw Clapping: An Inquiry into the Origin of Left-Handedness," in Gardner Lindzey and Delbert D. Thiessen, eds. *Contributions to Behavior-Genetic Analysis: The Mouse as a Prototype*(Appleton-Century-Crofts, New York, 1970)는 수많은 자료들을 재분석해 다른 결론을 내리고 있다.

Robert L. Collins는 손잡이의 결정이 태아에게 미치는 알려지지 않은 생물학적 영향 때문이거나 학습 규칙의 유전 때문이라고 설명하는 쪽을 택하고 있다. 즉 우연이나 문화에 따라 어릴 때 어느 한쪽 손을 선택하는 강력한 성향이 있다는 것이다. 아래 주석에 언급된 Teng의 중국인 연구를 보면 손잡이는 학습 규칙보다는 출생 이전에 결정되는 듯하다. 이런 일반적인 설명(순수한 유전적 가설까지 포함하여)은 선사 시대 이래로 왼손잡이가 인구의 10퍼센트 이내의 소수를 차지해 왔다는 사실로부터 지지를 받고 있기도 하다. Curtis Hardyk and Lewis F. Petrinovich, "Left-handedness," *Psychological Bulletin* 84: 385-404(1977) 참조.

5) Evelyn Lee Teng, Pen-hua Lee, K. Yang, and P. C. Chang "Handedness in Chinese Populations: Biological, Social, and Pathological Factors," *Science* 193: 1146-1150(1976).

6) T. S. Szasz, *The Myth of Mental Illness: Foundations of a Theory of Personal Conduct* revised edition(Harper & Row, New York, 1974). R. D. Laing and A. Esterson, *Sanity, Madness and the Family*(Tavistock, London, 1964).

7) Seymour S. Kety and Steven Matthysse의 "Genetic Aspects of Schizophrenia" 강의록. Bernard D. Davis and Patricia Flaherty eds., *Human Diversity: Its Causes and Social Significance*(Ballinger, Cambridge, Mass., 1976), 108-115쪽.

8) Jane M. Murphy, "Psychiatiric Labeling in Cross-Cultural Perspective," *Science* 191: 1019-1028(1976).

9) Philip Seeman과 Tyrone Lee의 도파민 수용체 연구는 *Science News* 112: 342(1977)에 실려 있다.

10) 정신 분열병 가족의 특성과 분열병에 영향을 미치는 요인들에 관한 연구. Roger Brown and Richard J. Herrnstein, *Psychology*(Little Brown, Boston, Mass., 1975).

11) Konrad Lorenz, *Evolution and Modification of Behavior*(Phoenix Books, University of Chicago Press, Chicago, 1965); Robert A. Hinde, *Animal Behavior*; B. F. Skinner, "The Phylogeny and Ontogeny of Behavior," *Science* 153: 1205-1213(1966).

12) C. H. Waddington, *The Strategy of the Genes: A Discussion of Aspects of Theoretical*

Biology(George Allen and Unwin, London 1957).

13) Paul Ekman and Wallace V. Friesen, *Unmasking the Face*(Prentice-Hall, Englewood Cliffs, N. J., 1975); Paul Ekman, "Darwin and Cross-Cultural Studies of Facial Expression, ed., *Darwin and Facial Expression*" *A Century of Research in Review*(Academic Press, New York, 1973).

14) Irenäs Eibl-Eibesfeldt, *Ethology: The Biology of Behavior*(Holt Rinehart and Winston, New York, 1977), 2nd ed.

15) 눈먼 아이들의 웃음에 관한 정보는 Irenäus Eibl-Eibesfeldt의 *Ethology* 참조.

16) Melvin J. Konner, "Aspects of the Developmental Ethology of a Foraging People," in N. G. Blurton Jones, ed., *Ethological Studies of Child Behaviour*(Cambridge University Press, 1972), 285-304쪽; Joel Greenberg, "The Brain and Emotions," *Science News* 112: 74-75(1977).

17) 정상적인 시각을 지닌 유아들의 웃음이 일정한 방향으로 발달한다는 증거들은 신중하게 평가되어야 한다. 최근 영국 심리학자 Andrew N. Meltzoff와 M. Keith Moore는 태어난 지 2주밖에 안 된 영아도 자신에게 가까이 다가온 어른들의 다양한 얼굴 표정과 손의 움직임을 모방할 수 있다는 것을 보여 주었다. "Imitation of Facial and Manual Gestures by Human Neonates," *Science* 198: 75-78(1977). 하지만 눈이나 눈과 귀가 먼 아이들에 관한 증거들은 아직 그대로다.

18) G. A. Miller, E. Galanter, K. H. Pribram은 *Plans and Structure of Behavior*(Henry Holt, New York, 1960)에서 프로그램된 언어 습득의 필요성을 논하고 있다. Roger Brown은 언어의 초기 발생 과정을 서술하고 있다. *A First Language: The Early Stages*(Harvard University Press, Cambridge, Mass., 1973).

19) B. F. Skinner, *The Behavior of Organisms*(Appleton, New York 1938).

20) 학습의 제약을 생물학적 적응이라고 논의한 문헌. Martin E. P. Seligman and Joanne L. Hager, eds., *Biological Boundaries of Learning*(Prentice-Hall, Englewood Cliffs, N.J., 1972).

21) 동물의 준비된 학습에 관한 사례들. Seligman and Hager, eds. *Biological Boundaries*; J. S. Rosenblatt, "Learning in Newborn Kittens," *Scientific American* 227(6): 18-25(1972); Sara J. Shettleworth, "Constraints on Learning," *Advances in the Study of Behavior* 4: 1-68(1972) and "Conditioning of Domestic Chicks to Visual and Auditory Stimuli," in Seligman and Hager, eds.

Biological Boundaries, 228-236쪽; Stephen T. Emlen, "The Stellar-Orientation System of a Migratory Bird," *Scientific American* 233(2): 102-111(1975).

22) Jean Piaget, *Genetic Epistemology*(Eleanor Duckworth의 영역본, Columbia

University Press, New York, 1970). John L. Philips, Jr.의 *The Origins of Intellect: Piaget's Theory*(W. H. Freeman, San Francisco, 1975), 2nd ed.도 참조.

23) John Bowlby, *Attachment*(Basic Books, New York, 1969); *Separation: Anxiety and Anger*(Basic Books, New York, 1973).

24) Lawrence Kohlberg, "Stage and Sequence: The Cognitive-Descriptive Approach to Socialization," in D. A. Goslin, ed., *Handbook of Socialization Theory and Research*(Rand-McNally Chicago, Ill., 1969), 347-480쪽.

25) 다양한 범주의 능력과 개성 형질들의 유전 가능성을 비교한 문헌들. S. G. Vandenberg, "Heredity Factors in Normal Personality Traits(as Measured by Inventories)," *Recent Advances in Biological Psychiatry* 9: 65-104(1967); J. C. Loehlin and R. C. Nichols, *Heredity Environment, and Personality*(University of Texas press, Austin, 1976). 차이가 적응이라는 의미를 지닌다는 생각은 D. G. Freedman에게서 비롯되었다. *Human Infancy: An Evolutionary Perspective*(Lawrence Erlbaum Associates, Hillsdale, N.J., 1974).

26) 공포증의 의미는 M. E. P. Seligman의 "Phobias and preparedness," in Seligman and Hager, eds., *Biological Boundaries*, 451-462쪽에 논의되어 있다.

27) Lionel Tiger and Robin Fox, *The Imperial Animal*(Holt, Rinehart and Winston, New York, 1971).

28) Erik H. Erikson, Identity: *Youth and Crisis*(W. W. Norton, New York, 1968).

4장 문화적 진화

1) 시각의 신경 생물학적 묘사는 Gunther S. Stent의 기사를 근거로 삼았다. "Limits to the Scientific Understanding of Man," *Science* 187: 1052-1057(1975).

2) Chales Sherrington, *Man on His Nature*(Cambridge University Press Cambridge, 1940).

3) 뇌의 스키마 또는 도식 개념에 관한 문헌들. G. A. Miller, E. Galanter, and K. H. Pribram, *Plans and the Structure of Behavior*(Holt, Rinehart and Winston, New York, 1960); Ulric Neisser *Cognition and Reality*(W. H. Freeman, San Francisco, 1976).

4) Oliver Sacks, "The Nature of Consciousness," *Harper's* 251(1507): 5(December 1975).

5) 뇌, 마음, 개성, 결정론, 자유 의지, 운명론 사이의 복잡한 관계는 물론 오랜 세월 동안 철학의 핵심 주제가 되어 왔고 지금도 이론 심리학자들의 관심 대상이다. 여기 전개된 견해는 개인적인 것일 뿐 아니라 매우 단순화한 것이기도 하다. 이 문제를 더 상세히 탐구한 유용한 저술들은 다음과 같다. Gilbert Ryle, *The Concept of Mind*(Hutchinson, London, 1949);

A. J. Ayer, *The Concept of a Person and Other Essays*(St. Martin's Press, New York, 1963); Antony Flew, *Body, Mind, and Death*(Macmillan, New York, 1964)는 이 문제를 역사적으로 개괄한 선집이다.

6) 꿀벌의 비행 특성은 Karl von Frish의 *The Dance Language and Orientation of Bees*에 분석되어 있다. 여기서는 L. Chadwick이 번역한 영역본을 참조했다(Belknap Press of Harvard University Press Cambridge, Mass., 1967).; George F. Oster and Edward O. Wilson *Caste and Ecology in the Social Insects*(princeton University Press Princeton, N. J., 1978)도 참조.

7) 유전자와 문화적 진화의 더 기술적인 상호 작용 이론의 몇 가지 측면을 서술한 문헌들. L. L. Cavalli-Sforza and M. W. Feldman "Models for Cultural Inheritance: I. Group Mean and within Group Variation," *Theoretical Population Biology* 4: 42-55(1973); Robert Boyd and P. J. Richerson, "A Simple Dual Inheritance Model of the Conflict between Social and Biological Evolution," *Zygon* 11: 254-262(1976); W. H. Durham, "The Adaptive Significance of Cultural Behavior," *Human Ecology* 4: 89-121(1976).

8) Lionel Trilling, *Beyond Culture: Essays on Literature and Learning*(Viking Press, New York, 1955).

9) Orlando Patterson, "Slavery," *Annual Review of Sociology* 3: 407-449(1977); "The Structural Origins of Slavery: A Critique of the Nieboer-Domar Hypothesis from a Comparative Perspective," *Annals of the New York Academy of Sciences* 292: 12-34(1977).

10) Richard B. Lee, "What Hunters Do for a Living, or How to Make Out on Scarce Resources," in R. B. Lee and Irven DeVore, eds. *Man the Hunter*(Aldine, Chicago, 1968), 30-48쪽.

11) 초기 인류와 네발 육식 동물의 사회 조직을 비교한 문헌들. G. B. Schaller and G. R. Lowther, "The Relevance of Carnivore Behavior to the Study of Early Hominids," *Southwestern Journal of Anthropology* 25(4): 307-341(1969); P. R. Thompson in "A Cross-Species Analysis of Carnivore, Primate, and Hominid Behavior," *Journal of Human Evolution* 4(2): 112-124(1975).

12) 인간의 사회성 진화의 자가 촉매화 모형은 Wilson의 *Sociobiology* 566-568쪽에 설명되어 있다. 초기 인류의 식습관과 생태학의 고고학적 증거들은 Glynn Issac의 "The Food-Sharing Behavior of Protohuman Hominids," *Scientific American* 238: 90-108(April, 1978)에 요약되어 있다.

13) 쿵 족의 야영지 대화는 Richard B. Lee의 "The !Kung Bushmen of Botswana"에 실려 있다. M. G. Bicchieri, eds., *Hunters and Gatherers Today*(Holt, Rinehart and Winston, New York, 1972) 327-368쪽.

14) 수렵 채집 사회의 삶을 탁월하게 묘사한 책은 John E. Pfeiffer의 *The Emergence of*

Man(Harper & Row, New York, 1969) 및 *The Emergence of Society*(McGraw-Hill, New York, 1977).

15) Robin Fox, "Alliance and Constraint: Sexual Selection in the Evolution of Human Kinship Systems," in B. G. Campbell, ed. *Sexual Selection and the Descent of Man 1871-1971*(Aldine Chicago, 1972), 282-331쪽.

16) 인간 뇌 용량의 진화적인 증가율 추정치는 1977년에 발표된 모든 화석 자료들과 Harry J. Jerison이 제공한 자료(개인적인 대화를 통해)에 근거를 두었다.

17) Kent V. Flannery, "The Cultural Evolution of civilizations," *Annual Review of Ecology and Systematics* 3: 399-426(1972).

18) Draper, Patricia, "!Kung Women: Contrasts in Sexual Egalitarianism in Foraging and Sedentary Contexts," in Rayna R. Reiter, ed. *Toward an Anthropology of Women*(Monthly Review Press, New York, 1975), 77-109쪽.

19) Erving Goffman, *Frame Analysis*(Harvard University Press Cambridge, Mass., 1974).

20) Marvin Harris, *Cannibals and Kings: The Origins of Cultures*(Random House, New York, 1977).

21) 아스텍 희생 제의의 식육 관습 기원에 관한 가설을 제기한 사람은 Michael Harner 이다. "The Enigma of Aztec Sacrifice," *Natural History* 84: 46-51(April 1977). 다른 인류 학자들은 아스텍 인들의 식사에 단백질이 부족했다는 증거에 의문을 제기해 왔다. Michael D. Coe, "Struggles of Human History," *Science* 199: 752-763(1978); Barbara J. Price, "Demystification, Enriddlement, and Aztec Cannibalism: A Materialist Rejoinder to Harner," *American Ethnologist* 5: 98-115(1978)을 보라.

22) 이 컴퓨터 기술의 발전에 관한 설명은 Robert Jastrow의 기사 "Post-Human Intelligence," *Natural History* 84: 12-18(June-July 1977)에 근거를 둔 것이다. 인용한 능력 은 기억을 뜻하는 것이지, 이해력과 더 복잡한 언어 형성 및 의사 결정 과정까지 염두에 둔 것 은 아니다.

5장 공격성

1) 전쟁 빈도 자료는 Pitirim Sorokin, *Social and Cultural Dynamics*(Porter Sargent, Boston, 1957)에 실려 있다. 이 분야의 고전인 Quincy Wright, *A Study of War*(University of Chicago Press, Chicago, 1965). 2nd ed.도 참조.

2) Elizabeth Marshall Thomas, *The Harmless People*(Alfred Knopf, New York, 1959).

3) 쿵 산 족의 살인률은 1969년 11월에 열린 미국 인류학 협회 연례 회의에서 Richard B.

Lee가 부시먼과의 대화를 근거로 제출한 "!Kung Bushman violence"를 근거로 한 것이다.

4) Robert K. Dentan, *The Semai: A Nonviolent People of Malaya*(Holt, Rinehart and Winston, New York, 1968).

5) 공격 행동의 범위와 특성에 관한 논의는 Wilson의 *Sociobiology*, 19-211, 242-297쪽에 나와 있다.

6) Sigmund Freud, "Why War," *Collected Papers*(J. Strachery, ed.) vol. 5(Basic Books, New York, 1959), 273-287쪽.

7) Konrad Lorenz, *On Aggression*(Harcourt, Brace & World, New York, 1966).

8) Erich Fromm, *The Anatomy of Human Destructiveness*(Holt, Rinehart and Winston, New York, 1973).

9) 공격 행동의 다양성은 *Sociobiology* 242-255쪽 참조.

10) 방울뱀의 공격 사례는 George W. Barlow의 "Ethological Units of Behavior"에서 인용. D. Ingle eds., *The Central Nervous System and Fish Behavior*(University of Chicago Press, Chicago, 1968), 217-232쪽.

11) 나는 J. F. Eisenberg와 W. Dillon, eds., *Man and Beast: comparative Social Behavior*(Smithsonian Institution Press Washington, D. C., 1971), 183-217쪽의 "Competitive and Aggressive Behavior"에서 공격성과 생태 사이의 이러한 관계를 처음 정립했다.

12) 동물의 공격성에 대한 더 최근의 정확한 설명은 Boyce Rensberger의 *The Cult of the Wild*(Anchor Press, Doubleday, Garden City, New York, 1977) 참조.

13) 동물의 공격성에 대한 설명 중 일부는 내 기사에서 발췌한 것이다. "Human Decency is Animal," *New York Times Magazine*, 12 October 1975, 38-50쪽.

14) Hans Kruuk, *The Spotted Hyena: A Study of Predation and Social Behavior*(University of Chicago Press, Chicago, 1972).

15) R. G. Sipes, "War, Sports and Aggression: An Empirical Test of Two Rival Theories," *American Anthropologist* 75: 64-86(1973); *Science News*, December 13, 1975, 375쪽에 실린 더 최근의 연구도 참조.

16) Glenn E. King은 수렵 채집 무리들 간의 영토 갈등을 요약하고 있다. "Society and Territory in Human Evolution," *Journal of Human Evolution* 5: 323-332(1976).

17) Rada Dyson-Hudson and Eric A. Smith, "Human Territoriality: An Ecological Reassessment," *American Anthropologist* 80(1): 21-41(1978).

18) Pierre L. van den Berghe, "Territorial Behavior in a Natural Human Group," *Social Sciences Information* 16(3/4): 419-430(1977).

19) 원시 세계의 분배 개념을 주창한 사람은 Edmund Leach이다. "The Nature of War,"

Disarmament and Arms Control 3: 165-183(1965).

20) 이 종족이 벌인 전쟁의 1차 자료들. Robert F. Murphy, "Intergroup Hostility and Social Cohesion," *American Anthropologist* 59: 1018-1035(1957); *Headhunter's Heritage: Social and Economic Change among the Mundurucu Indians*(University of California Press Berkeley, 1960).

21) William H. Durham, "Resource competition and human aggression. Part I: A Review of Primitive War," *Quarterly Review of Biology* 51: 385-415(1976).

22) 이들 같은 수렵 채집인들의 출생률과 사망률을 결정하는 요인은 인구 조절 요인이 밀도 의존적인지 평가할 수 있을 만큼 충분하게 알려져 있지 않다. Nancy Howell은 쿵 족 연구를 하면서 이런 중요한 형태의 분석을 처음 시도했다. "The Population of the Dobe Area !Kung," R. B. Lee and Irven DeVore 편 *Kalahari Hunter-Gatherers*(Harvard University Press, Cambridge, Mass., 1976), 137-151쪽. Mark N. Cohen은 *The Food Crisis in Prehistory: Over-population and the Origins of Agriculture*(Yale University Press, New Haven, Connecticut, 1977)에서 인구 밀도와 생활 방식의 관계에 관한 한정된 고고학적 증거들을 신중하게 검토했다.

23) Napoleon A. Chagnon, *Yanomamö: The Fierce People*(Holt Rinehart and Winston, New York, 1968); *Studying the Yanomamö*(Holt, Rinehart and Winston, New York, 1974); "Fission in an Amazonian Tribe," *The Sciences* 16(1): 14-18(1976).

24) Quincy Wright, *A Study of War*, 100쪽.

25) Keith F. Otterbein, *The Evolution of War*(HRAF Press, New Haven, Connecticut, 1970); "The Anthropology of War," J. J. Honigman, eds., *Handbook of Social and Cultural Anthropology*(Rand McNally, Chicago, 1974), 923-958쪽.

26) Andrew P. Vayda, *War in Ecological Perspective*(Plenum Press New York, 1976).

27) 마오리 족이 총에 반응하는 모습을 설명한 여행자의 이야기는 Vayda, *War in Ecological Perspective*에서 발췌.

28) 야노마뫼 족 사람의 말은 John E. Pfeiffer의 *Horizon*(January 1977)에서 인용.

29) 상호 결합 매듭이라는 유사한 규칙들이 평화를 지키기 위한 보조 수단이라는 주장은 Margaret Mead의 "Alternatives to War"에 실려 있다. Morton Fried, Marvin Harris and Robert F. Murphy eds., *The Anthropology of Armed Conflict and Aggression*(Natural History Press, Garden City, New York, 1968), 215-218쪽; Donald H. Horowitz, "Ethnic Identity," in Nathan Glazer and D. Patrick Moynihan, eds., *Ethnicity: Theory and Experience*(Harvard University Press, Cambridge, Mass., 1976), 111-140쪽.

6장 성(性)

1) 인간의 성 결정이 지닌 유전적 결함은 G. E. McClearn과 J. C. DeFries의 *Introduction to Behavioral Genetics*(W. H. Freeman, San Francisco, 1973)에 상세히 설명되어 있다; John Money and Anke A. Ehrhardt, *Man and Woman, Boy and Girl*(Johns Hopkins University Press, Baltimore, 1972)도 참조.

2) 성 역할 차이의 유전적 토대 이론은 여러 생물학자들이 발전시켜 왔고, Wilson의 *Sociobiology* 및 David P. Barash의 *Sociobiology and Behavior*(Elsevier, New York, 1977)에 상세히 검토되어 있다.

3) George P. Murdock, "World Ethnographic Sample," *American Anthropologist* 59: 664-687(1957).

4) 일부다처제와 양혼의 관계는 Pierre L. van den Berghe와 David P. Barash가 "Inclusive Fitness and Human Family Structure," *American Anthropologist* 79(4): 809-823(1977)에서 상세히 다루고 있다.

5) Maimonides, Moses, *The Guide of the Perplexed*. Shlomo Pines의 번역본(University of Chicago Press, Chicago, 1963) 참조.

6) 육상 기록의 성별 차이는 국제 아마추어 육상 연맹이 인정한 1974년의 세계 기록과 *Editors of Runner's World 1975 Marathon Yearbook* (World Publications, Mountain View, California, 1976)에 공표된 1975년 미국 마라톤 순위를 참조한 것임.

7) 남성 우위에 관한 참고 문헌. Steven Goldberg, *The Inevitability of Patriarchy*(Morrow, New York, 1973); Marvin Harris, "Why Men Dominate Women," *New York Times Magazine*, November 13, 1977, 46, 115-123쪽.

8) 행동 발달의 초기 단계에 나타나는 성별 차이에 관한 문헌들. Daniel G. Freedman, *Human Infancy*; A. F. Korner, "Neonatal Startles, Smiles, Erections and Reflex Sucks as Related to State, Sex and Individuality," *Child Development* 40: 1039-1053(1969); Jerome Kagan, *Change and Continuity in Infancy*(Wiley, New York, 1971).

9) Patricia Draper, "Social and Economic Constraints on Child Life among the !Kung," in Richard B. Lee and Irven DeVore, ed., *Kalahari Hunter-gatherers: Studies of the !Kung San and Their Neighbors*(Harvard University Press, Cambridge, Mass., 1976), 199-217쪽. Draper의 자료는 많지 않지만 통계적으로 의미가 있으며, 내 생각에는 내가 이 책에서 강조해 온 구별을 짓기에 충분하다고 본다.

10) N. G. Blurton Jones and M. J. Konner, "Sex Differences in Behaviour of London and Bushman Children," in R. P. Michael and J. H. Crook, eds., *Comparative Ecology and Behaviour of Primates*(Academic Press, London, 1973), 689-750쪽.

11) Eleanor E. Maccoby and Carol N. Jacklin, *The Psychology of Sex Differences*(Stanford University Press, Stanford, 1974).

12) Ronald P. Rohner, *They Love Me, They Love Me Not*(HRAF Press, New Haven, Connecticut, 1975).

13) 유전자와 호르몬에 의한 남성화를 비판적으로 다룬 문헌들. W. J. Gadpaille, "Research into the Physiology of Maleness and Femaleness," *Archives of General Psychiatry* 26: 193-211(1972); Money and Ehrhardt, *Man and Woman*; Julianne Imperato-McGinley, Ralph E. Peterson, and Teofilo Gautier, "Gender Identity and Hermaphroditism," *Science* 191: 182(1976); June M. Reinisch and William G. Karow, "Prenatal Exposure to Synthetic Progestins and Estrogens: Effects on Human Development," *Archives of Sexual Behavior* 6: 257-288(1977). Reinisch-Karow의 연구는 특히 중요하다. 이것은 태아 때 프로게스틴에 노출되었지만 태어날 때는 양성이 아니어서 출생 뒤에 어떤 특별한 취급을 받지 않은 소녀들의 인격에 미친 영향을 설명하고 있기 때문이다.

14) Lionel Tiger and Joseph Shepher, *Women in the Kibbutz*(Harcourt Brace Jovanovich, New York, 1975).

15) 이스라엘의 뿌리 깊은 가부장적 전통이 여성 해방에 미친 부정적인 영향은 Lesley Hazleton의 *Israeli Women: The Reality Behind the Myths*(Simon and Schuster, New York, 1977)에 설명되어 있다.

16) Hans J. Morgenthau, *Scientific Man Versus Power Politics* (University of Chicago Press, Chicago, 1946). Morgenthau는 과학은 정치적 행동과 영혼의 문제에 관해서 할 말이 거의 없을 것이라고 열변을 토했다. 이 책에 쓴 여러 이유들 때문에 나는 더 낙관하고 있지만, 과학적 객관성의 범위를 초월한 선택의 필요성을 논박하지 않겠다.

17) 미국의 가족 구성에 대한 통계 자료는 인구 자료국에서 인용. "The Family in Transition," *The New York Times*, November 27, 1977, 1쪽.

18) Herbert G. Gutman, *The Black Family in Slavery and Freedom 1750-1925*(Pantheon Books, New York, 1976).

19) Carol B. Stack, *All Our Kin*(Harper & Row, New York, 1974).

20) Jerome Cohen and Bernice T. Eiduson, "Changing Patterns of Child Rearing in Alternative Life-Styles," Anthony Davids ed., *Child Personality and Psychopathology: Current Topics*(John Wiley, New York, 1976), vol. 3, 25-68쪽.

21) Rose Giallombardo, *Society of Women: A Study of a Women's Prison*(John Wiley, New York, 1966).

22) 남성 집단 내의 협동 사냥 이론과 그것이 현대 사회에 갖는 의미는 Lionel Tiger의 *Men in Groups*(Random House, New York, 1969)에 상세히 기술되어 있다.

23) 원숭이 암컷에게 나타나는 성적 물질이 인간 여성에게는 나타나지 않는다는 것은 R. P. Michael, P. W. Bonsall, Patricia Warner의 "Human Vaginal Secretions: Volatile Fatty Acid Content," *Science* 186: 1217-1219(1974)에 보고되어 있다.

24) 동성애 행위가 용인되는 지역에 관한 정보를 준 예일대의 John E. Boswell 박사에게 감사한다.

25) 동물과 인간의 동성애를 비교한 문헌들. Frank A. Beach, "Cross-Species Comparisons and the Human Heritage," *Archives of Sexual Behavior* 5(3): 469-485(1976); F. A. Beach, ed., *Human Sexuality in Four Perspectives*(Johns Hopkins University Press, Baltimore, 1976).

26) L. L. Heston and James Shields, "Homosexuality in Twins," *Archives of General Psychiatry* 18: 149-160(1968).

27) 수렵 채집 사회와 진보한 사회에서 동성애자의 역할을 다룬 문헌들. James D. Weinrich의 "Human reproductive strategy"(Ph.D. thesis, Harvard University, 1976); "Non-Reproduction and Intelligence: An Apparent Fact and One Sociobiological Explanation," *Journal of Homosexuality*, in press; and R. Reiche and M. Dannecker, "Male Homosexuality in West Germany — a Sociological Investigation," *Journal of Sex Research* 13(1): 35-53(1977).

7장 이타주의

1) James Jones, *WWII*(Ballantine Books, New York, 1976). John Keegan의 *The Face of Battle*(Viking Press, New York, 1976)도 직접 체험한 이야기에 바탕을 둔 비슷한 인상을 주는 글이다.

2) 동물의 이타성에 관한 설명은 내 기사에서 발췌한 것임. "Human Decency is Animal," *New York Times Magazine*, October 12, 1975, 38-50쪽).

3) 시인의 죽음에 대한 인식의 해설은 Lionel Trilling의 *Beyond Culture: Essays on Literature and Learning*(Viking Press, New York, 1955)에서 빌린 것이다.

4) 열반 불교의 계율은 Melford Spiro의 *Buddhism and Society: A Great Tradition and Its Burmese Vicissitudes*(Harper & Row, New York, 1970)에 기술되어 있다. 소수의 미얀마 불교도들은 소멸의 형식으로서 열반을 향해 나아가지만, 대다수의 불교도들은 열반을 영원한 극락으로 인식한다. 이슬람 세계의 통제된 이타성 사례는 Walter Kaufmann의 "Selective Compassion," *The New York Times, September* 22, 1977, 27쪽에서 빌린 것이다.

5) 혈연 선택 및 이타성의 유전적 진화에 관한 기본 이론은 대부분 William D. Hamilton

이 발전시킨 것이다. Robert L. Trivers는 인간에게서 '호혜적 이타주의'의 중요성을 처음 지적한 사람이다. 나는 이 책에서 그것을 '목적적 이타주의'라고 불렀다. 이 은유가 유전적 토대를 더 잘 묘사한다고 믿기 때문이다. 이타성의 진화론은 Wilson, *Sociobiology*, 106-129쪽에 설명되어 있다. 인간에게 목적적 이타주의와 맹목적 이타주의가 함께 존재한다는 의미는 Donald T. Campbell의 기사 "On the Conflicts between Biological and Social Evolution and between Psychology and Moral Tradition," *American Psychologist* 30: 1103-1126(1975)를 논평할 때 다루었다. 이 평은 *American Psychologist* 31: 370-371(1976)에 실려 있다.

6) C. Parker, "Reciprocal Altruism in Papio Anubis," *Nature* 265: 441-443(1977).

7) 사기가 도덕적으로 용인될 수 있는 상황은 Sissela Bok, *Lying: Moral Choice in Public and Private Life*(Pantheon, New York, 1978)에 날카롭게 분석되어 있다.

8) Donald T. Campbell, "On the Genetics of Altruism and the Counter-Hedonic Components in Human Culture," *Journal of Social Issues* 28 (3): 21-37(1972); "On the conflicts."

9) Milton M. Gordon, "Toward a General Theory of Racial and Ethnic Group Relations," in Nathan Glazer and D. Patrick Moynihan, ed., *Ethnicity: Theory and Practice*(Harvard University Press, Cambridge, Mass., 1975), 84-110쪽.

10) Orlando Patterson, "Context and Choice in Ethnic Allegiance: A Theoretical Framework and Caribbean Case Study," in Glazer and Moynihan, *Ethnicity*, 304-349쪽.

11) '공공 수입 재분배에 관한 디렉터의 법칙'은 Aaron Director에게서 비롯된 것으로, George Stigler가 체계화했다. James Q. Wilson의 "The Riddle of the Middle Clas," *The Public Interest* 39: 125-129(1975) 참조.

12) Bernard Berelson and Gary A. Steiner, *Human Behavior: An Inventory of Scientific Findings*(Harcourt, Brace & World, New York, 1964); Robert A. LeVine and Donald T. Campbell, *Ethnocentrism*(Wiley, New York, 1972); Nathan Glazer and D.P. Moynihan, eds., *Ethnicity: Theory and Practice.*

13) 마더 테레사의 활동은 다음 기사를 근거로 했음. "Saints among Us," *Time*, December 29, 1975, 47-56쪽; Malcolm Muggeridge, *Something Beautiful for God*(Harper & Row, New York, 1971).

14) 그리스도의 12사도, 「마가복음 16: 15-16」.

15) Aleksandr I. Solzhenitsyn, *The Gulag Archipelago 1918-1956*, vols. 1 and 2, translated by Thomas P. Whitney(Harper & Row, New York, 1973).

16) Lawrence Kohlberg, "Stage and Sequence: The Cognitive Developmental Approach to Socialization," in D. A. Goslin, ed., *Handbook of Socialization Theory and Research*(Rand-McNally Co., Chicago, 1969), 347-380쪽; John C. Gibbs, "Kohlberg's Stages of Moral

Development: A Constructive Critique," Harvard Educational Review 47(1): 43-61(1977).

8장 종교

1) Robert A. Nisbet, *The Sociology of Emile Durkheim*(Oxford University Press, New York, 1974).

2) Ralph S. Solecki, "Shanidar IV, a Neanderthal Flower Burial in Northern Iraq," *Science* 190: 880-881(1975).

3) Anthony F. C. Wallace, *Religion: An Anthropological View*(Random House, New York, 1966).

4) Logotaxis, 그리스 어인 logos(말, 담론)와 taxis(방향, 장소)에서 유래. taxis라는 용어는 생물학에서 빛을 향해 방향을 잡는 주광성처럼, 특정 자극을 향해 생물이 이동하는 성향을 지칭할 때 쓰인다.

5) Billy Graham, *Angels* 판매량은 John A. Miles, Jr., *Zygon* 12(1): 42-71(1977)에 실려 있다.

6) 예를 들면 "19명의 노벨상 수상자를 비롯해 지도적인 위치에 있는 과학자" 192명이 서명한 선언문과 Bart J. Bok의 "A Critical Look at Astrology," 21-33쪽, 그리고 Lawrence E. Jerome의 "Astrology: Magic or Science?" 37-62쪽, 같은 논문이 실려 있는 *Objections to astrology*(Prometheus Books, Buffalo, N. Y., 1975)를 보라.

7) Friedrich W. Nietzsche, *The Genealogy of Morals*, English translation by Francis Golffing(Doubleday Anchor Books, New York, 1956).

8) 뉴턴의 신앙 및 그것과 과학적 연구의 관계를 논의한 문헌. Gerald Holton, "Analysis and Synthesis as Methodological Themata," in *The Scientific Imagination: Case Studies*(Cambridge University Press, Cambridge, 1977).

9) Alfred N. Whitehead, *Science and the Morden World*(Cambridge University Press, Cambridge, 1926); *Process and Reality*(Macmillan, New York, 1929). 과정 신학이 옳다고 믿는 한 저명한 과학자의 해설은 다음 문헌 참조. Charles Birch, "What Does God Do in the World?" *Union Theological Seminary Quarterly* 30(4): 76-84(1975).

10) 태즈메이니아 원주민들의 소멸 이야기는 Alan Moorehead의 *The Fatal Impact*(Hamish Hamilton, London, 1966) 및 Robert Brain의 *Into the Primitive Environment* (Prentice-Hall, Englewood Cliffs, New Jersey, 1972)에 서술되어 있다.

11) Ernest Jones의 말은 Conrad H. Waddington의 *The Ethical Animal* (Atheneum, New York, 1961)에 인용되어 있다.

12) 이런 의례의 중요성에 대한 설명은 Wilson의 *Sociobiology*, 560-562쪽에서 발췌.

13) Roy A. Rappaport, *Pigs for the Ancestors: Ritual in the Ecology of a New Guinea People*(Yale University Press, New Haven, 1968); "The Sacred in Human Evolution," *Annual Review of Ecology and Systematics* 2: 23-44(1971). 뒤의 논문은 특히 종교의 사회 생물학에 중요한 기여를 했다.

14) 주술을 기능적으로 분석한 우수한 문헌. Robert A. LeVine, *Culture, Behavior, and Personality*(Aldine, Chicago, 1973).

15) Keith Thomas, "The Relevance of Social Anthropology to the Historical Study of English Witchcraft," in Mary Douglas, ed., *Witchcraft Confessions and Accusations*(Tavistock, London, 1970), 47-79쪽. Keith Thomas, *Religion and the Decline of Magic*(Charles Scribner's Sons, New York, 1971); Monica Wilson, *Religion and the Transformation of Society: A Study of Social Change in Africa* (Cambridge University Press, Cambridge, 1971).

16) John E. Pfeiffer, *The Emergence of Society, A Prehistory of the Establishment*(McGraw Hill, New York, 1977).

17) 마오쩌둥의 말은 Alain Peyrefitte, *The Chinese*에서 인용.

18) Pyatakov의 말은 Robert Conquest의 *The Great Terror: Stalin's Purge of the Thirties*(Macmillan, New York, 1973), revised ed., 641쪽에서 인용.

19) Ernest Becker, *The Denial of Death*(Free Press, New York, 1973).

20) Peter Marin, "The New Narcissism," *Harper's*(October 1975), 45-56쪽.

21) Hans J. Mol, *Identity and the Sacred: A Sketch for a New Social-Scientific Theory of Religion*(The Free Press, New York, 1976). Mol의 결론은 사회 생물학을 전혀 참조하지 않고 이끌어 낸 것이기 때문에 특히 흥미롭다. 종교 행위의 진화상의 단계는 Robert N. Bellah의 *Beyond Belief: Essays on Religion in a Post-Traditional World*(Harper & Row, New York, 1970)에 서술되어 있다.

22) John W.M. Whiting, "Are the Hunter-Gatherers a Cultural Type?" in Lee and DeVore, *Kalahari Hunter-Gatherers*, 336-339쪽.

23) 유목 생활과 활동적이고 도덕적인 신에 대한 믿음의 상관관계는 E. Gerhard와 Jean Lenski의 *Human Societies*(McGraw-Hill, New York, 1970)에 언급되어 있다.

24) 과학과 종교의 관계에 대한 내 생각은 Robert A. Nisbet의 저작들, 그중 특히 그가 *The New York Times Book Review*, August 2, 1970, 2-3, 26쪽에서 C. D. Darlington, *The Evolution of Man and Society*를 평한 것에 크게 영향을 받았다. Donald T. Campbell, "On the Conflicts between Biological and Social Evolution and between Psychology and Moral Tradition," *American Psychologist* 30: 1103-1126(1975); Ralph W. Burhoe, "The Source of Civilization

in the Natural Selection of Coadapted Information in Genes and Culture," *Zygon* 11(3): 263-303(1976); John A. Miles, Jr., "Burhoe Barbour, Mythology, and Sociobiology," *Zygon* 12(1): 42-71(1977); Charles Fried, "The University as a Church and Party," *Bulletin of the American Academy of Arts and Sciences* 31(3): 29-46(1977).

9장 희망

1) Henry Adams, *Mont-Saint-Michel and Chartres*(Houghton-Mifflin, Boston, 1936).

2) George C. Williams, *Sex and Evolution*(Princeton University Press, Princeton, N.J., 1975).

3) 대다수의 사회는 대량 학살, 고문, 강제 노동, 가족의 강제 해체 같은 형태의 극단적인 잔인성은 반대하지만, 유럽-미국적 의미의 더 정제된 인권은 아직 제한적으로 받아들이고 있다. Peter L. Berger, "Are Human Rights Universal?" *Commentary* 64: 60-63(September 1977).

4) 몇몇 과학자들이 이차적인 가치들을 외부화하고 객관적으로 평가하기 위한 방법을 고안하려 시도하고 있다. Kenneth R. Hammond and Leonard Adelman, "Science, Values, and Human Judgment," *Science* 194: 389-396(1976); George E. Pugh, *The Biological Origin of Human Values*(Basic Books, New York, 1977).

5) 사포가 아낙토리아(Anactoria)에게 보낸 사랑의 노래("To an army wife in Sardis"), *Sappho: A New Translation*(University of California Press, Berkeley and Los Angeles, 1958).

6) 꿈 활성화 가설의 상세한 설명은 다음 문헌 참조. Robert W. McCarley and J. Allan Hobson, "The Neurobiological Origins of Psychoanalytic Dream Theory," *American Journal of Psychiatry* 134: 1211-1221(1977); J. Allan Hobson and Robert W. McCarley, "The Brain State Generator: An Activation-Synthesis Hypothesis of the Dream Process," *American Journal of Psychiatiry* 134: 1335-1348(1977).

7) 「욥기 38: 2-3」.

8) 최근 생화학자와 고생물학자들이 재구성한 생명의 초기 역사에 관한 문헌. Robert M. Schwartz and Margaret O. Dayhoff, "Origins of Procaryotes, Eucaryotes, Mitochondrian, and Chloroplasts," *Science* 199: 395-403(1978).

9) 사회 과학자들과 인문학자들을 지성인과 동일시하는 이런 말은 Charles Kadushin이 한 여론 조사에 바탕을 두고 있다. "Who Are the Elite Intellectuals?" *The Public Interest* 29: 109-125(1972).

10) 나는 집단 생물학과 사회 생물학이 인간의 행동을 수용하는 방향으로 나아가야 한다

고 주장해 왔다. "Some Central Problems of Sociobiology," *Social Sciences Information* 14(6): 5-18(1975).

11) "Prometheus Bound"의 이 구절은 *The Complete Greek Tragedies*(University of Chicago Press, Chicago, 1956) 중 David Grene과 Richmond Lattimore가 편집한 *Aeschylus II*에서 Grene이 번역한 부분이다.

찾아보기

옮긴이 이한음

실험실을 배경으로 한 과학 소설 『해부의 목적』으로 1996년 《경향신문》 신춘 문예에 당선되었다. 전문적인 과학 지식과 인문적 사유가 조화를 이룬 대표 과학 전문 번역자이자 과학 전문 저술가로 활동하고 있다. 리처드 도킨스, 에드워드 윌슨, 리처드 포티, 제임스 왓슨 등 저명한 과학자의 대표작이 그의 손을 거쳤다. 저서로는 과학 소설집 『신이 되고 싶은 컴퓨터』, 『DNA, 더블댄스에 빠지다』가 있으며, 옮긴 책으로는 『지구의 절반』, 『인간 존재의 의미』, 『지구의 정복자』, 『인간 본성에 대하여』, 『복제양 돌리』, 『복제양 돌리 그 후』, 『핀치의 부리』, 『악마의 사도』, 『살아 있는 지구의 역사』 등이 있다. 『만들어진 신』으로 한국 출판 문화상 번역 부문을 수상했다.

사이언스 클래식 20

인간 본성에 대하여

1판 1쇄 펴냄 2000년 12월 15일
1판 18쇄 펴냄 2010년 10월 19일
신장판 1쇄 펴냄 2011년 9월 29일
신장판 12쇄 펴냄 2024년 4월 15일

지은이 에드워드 윌슨
옮긴이 이한음
펴낸이 박상준
펴낸곳 (주)사이언스북스

출판등록 1997. 3. 24.(제16-1444호)
(06027) 서울특별시 강남구 도산대로1길 62
대표전화 515-2000, 팩시밀리 515-2007
편집부 517-4263, 팩시밀리 514-2329
www.sciencebooks.co.kr

한국어판 ⓒ (주)사이언스북스, 2011. Printed in Seoul, Korea.

ISBN 978-89-8371-250-9 03400